高等学校土建类专业"新工科"教材

水社会循环领域创新性训练基础

刘德明　鄢　斌　主编

王立东　傅振东　万明磊　许正宏　柯泽伟　参编

中国建筑工业出版社

图书在版编目（CIP）数据

水社会循环领域创新性训练基础/刘德明等主编. ——
北京：中国建筑工业出版社，2019.12
高等学校土建类专业"新工科"教材
ISBN 978-7-112-24756-1

Ⅰ.①水… Ⅱ.①刘… Ⅲ.①水循环-高等学校-教
材 Ⅳ.① P339

中国版本图书馆 CIP 数据核字（2020）第 011574 号

本书内容共 6 章，包括绪论；创新性设计；水社会循环创新性设计；创新性训练案例；创新性训练成果类型；科学道德和科研伦理。

本书可作为工科类高等学校市政工程、环境工程、水利工程、土木工程等相关专业学生创新创业实践与素质拓展课程教材，也可适用于相关专业技术人员阅读使用。

责任编辑：王　治
责任校对：姜小莲

高等学校土建类专业"新工科"教材
水社会循环领域创新性训练基础
刘德明　鄢　斌　主编
王立东　傅振东　万明磊　许正宏　柯泽伟　参编

*

中国建筑工业出版社出版、发行（北京海淀三里河路9号）
各地新华书店、建筑书店经销
北京鸿文瀚海文化传媒有限公司制版
北京建筑工业印刷厂印刷

*

开本：787×1092毫米　1/16　印张：12　字数：301千字
2020年2月第一版　2020年2月第一次印刷
定价：**49.00**元
ISBN 978-7-112-24756-1
（34936）

第一作者简介

　　刘德明，男，1963年生，福建福州人。现任福州大学土木工程学院教授、硕士生导师，兼任福建福大建筑设计有限公司总工程师、教授级高级工程师，曾任福建省建筑工程施工图审查中心审查师（2005.11—2014.12）。主要技术资格：国家公用设备工程师，国家咨询工程师，国家注册监理工程师，闽江科学传播学者，福建省安全生产专家组成员，福建省政府投资项目评审（咨询）专家库专家，福建省工程建设标准化专家库专家，福建省职业院校技能大赛专家。主要学术兼职：中国建筑学会建筑给水排水研究分会理事、中国工程建筑标准化协会建筑给水排水专业委员会委员、福建省土木建筑学会理事、福建省工程建设科学技术标准化协会理事。主要科研与工程项目业绩：主持与参与各类课题30多项，在各类刊物发表论文100多篇，主编专业书籍7部、参编专业书籍7部，主（参）编国家与行业标准10多项、地方标准20多项、团体标准10多项，授权国家专利21项，主持建筑与市政工程设计500多项，参与建筑与市政工程施工图审查500多项。主要教学业绩（2013—2019年）：国家高校精品在线开放课程、福建省高校精品在线开放课程、福建省精品线上线下混合式课程各1门，福州大学优秀教学成果一等奖1项、二等奖3项，福州大学教学优秀一等奖2项、二等奖3项、三等奖1项，宝钢优秀教师，福州大学福能奖教金、阳光奖教金、厦航奖教金获得者，2017年度福建省职业院校技能大赛优秀工作者，国家级、福建省大学生创新创业训练计划项目优秀奖8项，福州大学优秀本科生科研训练计划项目14项，全国大学生节能减排社会实践与科技竞赛二等奖6项、三等奖5项，全国高校给排水科学与工程专业本科生科技创新优秀奖2项，第二届"全国高等学校给排水相关专业在校生研究成果展示会"最佳方案铜奖1项，全国大学生水利创新设计大赛二等奖2项，福建省首届大学生水利创新设计竞赛一等奖1项、二等奖3项、优秀奖2项，2018年福建省志愿服务项目大赛优秀项目奖1项，首届福建省大学生新能源科技创新大赛优秀奖1项，福州大学大学生节能减排社会实践与科技竞赛一等奖5项、二等奖11项等。

前　言

21世纪的国家竞争主要是经济与综合国力的竞争。创新又是推动经济发展的重要因素，创新是一个民族进步的灵魂，是一个国家兴旺发达的不竭动力。为主动应对新一轮科技革命与产业变革，支撑服务创新驱动发展、"中国制造2025"等一系列国家战略。2017年2月以来，教育部积极推进新工科建设，先后形成了"复旦共识""天大行动"和"北京指南"。开展新工科建设是教育部深入学习贯彻习近平新时代中国特色社会主义思想和党的十九大精神，写好高等教育"奋进之笔"，打好提升质量、推进公平、创新人才培养机制攻坚战的重要举措。

随着经济和社会的发展，水资源、水安全、水环境、水生态、水文化等水专业相关问题变得尤为紧迫。近年来，随着国家基础设施建设和城镇化进程的加快，党和政府要求补齐民生短板，包括海绵城市建设、城市综合管廊建设、黑臭水体治理、建筑节能与绿色建筑、节水型社会建设、智慧水务、提升城市供水水质、供水管网漏损率、确保供水最后一公里安全、城镇污水处理提质增效、美丽乡村建设、厕所革命、城镇老旧小区改造等各项工作迅速展开，使得水社会循环领域在城乡建设中处于越来越重要的地位。

本书是以创新创业类实践课程、思政类"金课"建设项目《水社会循环领域创新性训练基础》，福建省教育科学"十二五"规划2014年度课题《本科生创新实践平台构建与实践研究》、福建省高等教育教学改革研究项目《基于"四会"目标的市政工程研究生培养模式构建与实践研究》，国家、省级与校级大学生创新创业训练计划优秀项目，全国与学校大学生节能减排社会实践与科技竞赛、全国、福建省与学校大学生水利创新设计大赛获奖项目等相关内容为基础。以创新是创业的灵魂，专业是创新的基础为主题，力求帮助学生了解当今水社会循环领域的热点问题，培养学生的行业敏感性，增强学生创新创业能力。本书共六章，具体内容有：绪论、创新性设计、水社会循环创新性设计、创新性训练案例、创新性训练成果类型、科研道德与伦理。

本书可作为工科类高等学校市政工程、环境工程、水利工程、土木工程等相关专业学生创新创业实践与素质拓展课程教材，也可适用于相关专业技术人员阅读使用。

全书由刘德明、鄢斌负责校对与统稿，在读硕士研究生王立东、傅振东、万明磊、许正宏、柯泽伟参与本书部分章节的编写。限于作者的学识、时间和精力，本书中难免存在疏漏、缺点乃至错误，恳请读者批评指正。

目　录

第1章 绪 论

1.1 时代背景

1.1.1 创新创业提出的时代背景

21世纪的国家竞争主要是经济与综合国力的竞争。教育、创新又是推动经济发展的重要因素。创新是一个民族进步的灵魂，是一个国家兴旺发达的不竭动力。为稳固中华民族在世界民族之林的地位，增强国家综合国力，党和政府大力推行鼓励创新创业的政策。

为主动应对新一轮科技革命与产业变革，支撑服务创新驱动发展、"中国制造2025"等一系列国家战略。2017年2月以来，教育部积极推进新工科建设，先后形成了"复旦共识""天大行动"和"北京指南"，并发布了《关于开展新工科研究与实践的通知》（教高司函〔2017〕6号）、《关于推进新工科研究与实践项目的通知》（教高厅函〔2017〕33号），全力探索形成领跑全球工程教育的中国模式、中国经验，助力高等教育强国建设。

开展新工科建设是教育部写好高等教育"奋进之笔"，打好提升质量、推进公平、创新人才培养机制攻坚战的重要举措。教育部将拓展实施"卓越工程师教育培养计划2.0"，适时增加新工科专业点。在产学合作协同育人项目中设置"新工科建设专题"，汇聚企业资源。鼓励部属高等学校统筹使用中央高等学校教育教学改革专项经费，鼓励"双一流"建设高等学校将新工科研究与实践项目纳入"双一流"建设总体方案，鼓励各地教育行政部门认定省级新工科研究与实践项目，并采用多种渠道提供经费支持，积极争取地方人民政府将新工科建设列入产业发展规划、人才发展规划等。

1.1.2 当前高等学校人才培养存在的问题

我国高等教育现状，从学科设置、教材内容、知识传授、教学方法、指导帮助上，都尚不能说达到了鼓励"大众创业、万众创新"的要求。对我国绝大部分大学生而言，他们从高考结束之后进入到大学，更多的人选择学习课本的死知识，或者死学课本知识，至于如何在大学里创业，在学校里突破知识权威进行创新，可能完全没有意识和概念。更多的大学生毕业时，只想去求职，而没有想去谋职；或者说，多数大学生只想得到一份工作，而没有想过为别人提供工作。

自2002年教育部高教司发布《创业教育试点工作座谈会纪要》以来，创业教育激发了大学生的创业动力和激情，召唤着青年人的创业梦想，创业俨然成为大学生的时代选择。

从2010年到2019年，我国高等学校毕业生人数由631万人增加到834万人，增加了203万人。与美国大学生20%的创业成功率相比，我国大学生的创业成功率仍比较低。我国大学生的低创业成功率，既与创新创业环境不利、创业者素质不高的经济、社会发展阶段性特点有关，也与当前高等学校创新创业教育体系不完善密切相关。图1-1为2010 ～ 2019年全国高等学校应届毕业生人数，图1-2为2010 ～ 2019年考研报考人数与同比增长。

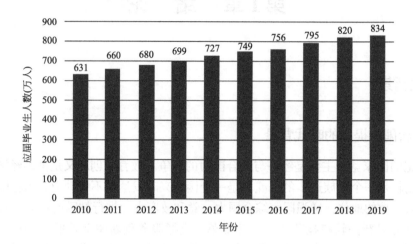

图 1-1　2010 ～ 2019 年全国高等学校应届毕业生人数

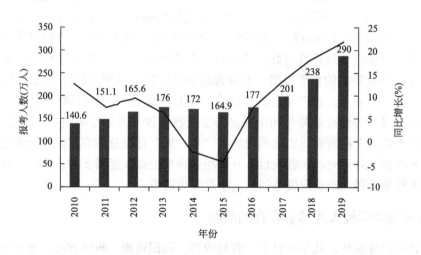

图 1-2　2010 ～ 2019 年考研报考人数与同比增长

1）高等学校创新创业教育理念有待提升

由于经济社会发展的时代制约，在就业导向为主的指导思想下，高等学校偏重于对学生理论知识、专业技能和学术能力的培养。受现有教学体制、师资结构和传统人才培养模式的制约，创新创业教育内容大多以就业指导和创业讲座的形式开展，不能覆盖学生大学生活的全过程，创新创业教育在整个教学体系中地位不高，氛围不够。

2）自主创业的社会认同有待提高

当前我国高等学校以获得学分为主的选修课程体系，以及传统职业规划等的影响，造成学生毕业后，一方面多选择考研、留学等继续学习深造；另一方面多选择有良好工作前景和社会地位的公务员、企事业单位等。即便家长鼓励孩子在学校里进行创新创业训练，但真正自主创业要想取得父母和亲朋的同意和支持还是有一定客观难度。有调查表明，约60%的毕业生创业资金主要来自"父母、亲友投资或借贷"。但是传统职业规划仍是不少家庭的第一选择，很少家庭愿意提供资金供毕业生进行创业。

3）创新创业教育的方式有待创新

当前我国大学生的创新创业教育是以创作创业计划书为主要模式，通过选题、团队、营销、财务、市场等计划创业环节，锻炼学生的创业构想和计划能力，并进行"纸上谈兵"到"实地练兵"的模拟和孵化，以达到创业教育的目标。但是，这种创业教育重理论轻"实践"的矛盾比较突出，不管创业计划如何完美或创业大赛问辩如何熟练，毕竟替代不了自主创业的真实实践，创新创业教育的成果并不能完全匹配现实的创新创业实践。

1.1.3 新时代高等学校创新创业教育

新时代高等学校创新创业教育，若要在大学生创业中发挥重要作用，在高等教育改革中发挥重要作用，并成为经济社会发展的重要支撑，必须呈现新思路、新举措、新亮点。

1）用新思想新理念作指导

在党中央确立的五大发展理念中，创新摆在了首位，这充分体现了党和政府对创新的高度重视。创新创业需要知识、人才，高等学校是培养人才的重要阵地。从长远看，高等学校培养出来的人才是否具有创新创业意识和能力，决定了整个社会的创新程度。进入新时代，用新思想新理念指导高等学校创新创业活动是社会发展的必然要求。

2）围绕国家创新驱动发展战略这个主题

党的十八大就已提出并实施了创新驱动发展战略。这是从国际经济发展趋势出发，并结合我国国情作出的重要决策部署。当前，世界已进入了新一轮科技革命和产业变革时期，全球科技创新呈现出新的发展态势和新的时代特征。传统意义上的经济增长模式，日益受到挑战。科技创新已成为新一轮经济发展的重要领跑者；创新战略竞争在综合国力竞争中的地位不断显现。实施科技创新发展战略，已然成为各国竞争的重要手段。

创新驱动发展战略的实施，"最根本的是要增强自主创新能力，最紧迫的是要破除体制机制障碍，最大限度解放和激发科技作为第一生产力所蕴含的巨大潜能"。科技创新靠什么？归根结底靠人才。没有人才，创新就是一句空话。人才从哪里来？人才靠培养，培养靠教育。在培养创新创业人才方面，高等学校负有义不容辞的责任。高等学校的教育，要切合服务于经济社会的发展，才是真正摆正了自身的功能定位，才能真正体现高等学校的作用和价值。

3）以培养大学生创新创业意识和精神作为主要内容

由于主客观条件的局限，当前我国大部分高等学校虽也建有大学生创新创业园和平台，但大部分还是形式多于内容。真正从事创新创业的学生，无论数量上还是质量上都还不够，大部分学生的创新创业意识还相对淡薄，创新创业精神并没有确立，传统的学习观和就业观仍占据主导地位。这不但不利于教育教学质量的提高，更不利于大学生的成长和成才。创新和创业，虽不是同一概念，但两者是互相联系、不可分割的。在"创业"前面加上"创新"二字，充分体现了创业是以创新为前提、以创新为基础的创业，是机会型创业，又是高增长型创业。有了"创新"作为前提，创业才能上层次上水平。创新创业教育，既内在地涵盖了创新教育与创业教育内容，又不是把两者简单地叠加。它是一个囊括了意识、精神、方法等多因素在内的综合教育系统。

在高等学校开展创新创业教育，重在意识和精神的培育，为将来真正从事创新创业打下基础，其目标是"培养具有开创性的个人""为学生灵活、持续和终身的学习打下基础"。这样的教育，不仅对于从事创新创业者，就是"对于拿薪水的人也同样重要"。因为，在任何工作岗位上想要做出成绩，都必须具备创新创业意识和精神。创新创业意识，主要指创业欲望、机遇意识、独立意识、竞争意识和风险意识等。其中，创业欲望是创业最大的原动力。创新创业精神，主要指敢闯敢干、积极进取、艰苦奋斗、坚韧不拔以及持之以恒的精神。这些精神，是任何一个成功人士必备的品格。高等学校创新创业教育，若能抓住这两大方面，就等于抓住了创新创业教育的核心和灵魂。

4）以创业带动就业、鼓励多渠道创业作为教育指向

创新创业教育开设之初，从国家层面而言，除了科技创新外，解决和缓解高等学校大学生就业问题是重要因素。自20世纪90年代开始，大学生就业分配政策进行改革，自主择业代替统一分配，创业问题就被提上议事日程，我国创业教育从此应运而生。如今，发达国家大学毕业生创业比例较高，我国到目前大学毕业生的创业率还不到1%。在经济增长速度较为迅猛的时期，各行各业人才需求旺盛，而在我国经济发展进入新常态后，人才需求进入注重质量阶段。仅从数量而言，大规模招收大学毕业生的单位已大幅减少，而每年仍有800多万大学生毕业，就业形势十分严峻。在此背景下，鼓励大学生创业，以创业带动就业就成为新时代国家和各高等学校的重要举措。

教育部把创新创业教育定义为"适应经济社会发展和国家发展战略需要而产生的一种教学理念与模式"，明确了创新创业教育是一项面向全体学生的教育，要结合专业教育，融入整个人才培养过程。

1.2 国家要求

《国务院关于大力推进大众创业万众创新若干政策措施的意见》（国发〔2015〕32号）指出："推进大众创业、万众创新，是发展的动力之源，也是富民之道、公平之计、强国之策，对于推动经济结构调整、打造发展新引擎、增强发展新动力、走创新驱动发展道路具有重要意义，是稳增长、扩就业、激发亿万群众智慧和创造力，促进社会纵向流动、公平正义的重大举措。"

《教育部 工业和信息化部 中国工程院关于加快建设发展新工科实施卓越工程师教育培养计划2.0的意见》（教高〔2018〕3号），"改革任务和重点举措"第6点"健全创新创业教育体系"指出："推动创新创业教育与专业教育紧密结合，注重培养工科学生设计思维、工程思维、批判性思维和数字化思维，提升创新精神、创业意识和创新创业能力。深入实施大学生创新创业训练计划，努力使50%以上工科专业学生在校期间参与一项训练项目或赛事活动。高等学校要整合校内外实践资源，激发工科学生技术创新潜能，为学生创新创业提供创客空间、孵化基地等条件，建立健全帮扶体系，积极引入创业导师、创投资金等社会资源，搭建大学生创新创业项目与社会对接平台，营造创新创业良好氛围。"

《中国制造2025》（国发〔2015〕28号）文件提出：实现制造强国的战略目标，必须

坚持问题导向，统筹谋划，突出重点：必须凝聚全社会共识，加快制造业转型升级，全面提高发展质量和核心竞争力。完善以企业为主体、市场为导向、政产学研用相结合的制造业创新体系。围绕产业链部署创新链，围绕创新链配置资源链，加强关键核心技术攻关，加速科技成果产业化，提高关键环节和重点领域的创新能力。推进科技成果产业化。完善科技成果转化运行机制，研究制定促进科技成果转化和产业化的指导意见，建立完善科技成果信息发布和共享平台，健全以技术交易市场为核心的技术转移和产业化服务体系。完善科技成果转化激励机制，推动事业单位科技成果使用、处置和收益管理改革，健全科技成果科学评估和市场定价机制。

1.3 行业人才需求与发展机遇

1.3.1 水行业的人才需求

我国的水行业在半个多世纪的发展历程中，不断适应国家的经济建设、社会发展和人民生活水平提高的需求。水行业主要涉及给排水科学与工程专业、环境类、水利类专业等，行业服务对象包含水社会循环领域的每个环节，每个时代行业的内涵都有所变化，从主要解决城市和工业用水的供给和排放，即解决"水量"的需求，到现在以注重水质需求为核心，水量与水质并重的水社会良性循环的目标。

水社会良性循环的目标对人才的质量及数量也提出了新的要求，除了要求掌握专业基础知识之外，还应注重以下四个方面的培养。

1）增强跨领域合作。当今社会竞争越来越激烈，团队合作变得尤为重要，特别是当下水环境问题，其所涉及的领域并非仅靠单一专业就可以解决，如何培养水专业人才的跨领域合作能力，可以通过专业课程设置出发，增加一些其他相近领域的课程，并且灵活设置选课制度，激发学生跨领域合作的兴趣。

2）掌握信息技术。随着计算机技术的发展，信息技术在水科学上的应用变得尤为重要，作为未来水行业的接班人，要培养他们拥有良好的计算机能力，积极鼓励学生拥有建筑信息模型（BIM）设计能力、工程程序设计能力等。

3）加强实践能力。无论是研究型大学还是应用型大学，都应该加强实践能力，因为实践能力会影响一个人未来的职业素养，只有通过不断的实践，才能够深化理论知识，作为高等学校要积极与企业合作，共同培养人才。

4）良好的外语能力。随着全球化的发展，未来水行业人才必然要与国际上的同行交流，只有掌握良好的外语能力，才能更好地了解当今业内的最新技术，才能在国际合作与竞争中保持自身的优势。

1.3.2 水行业的发展机遇

1）水行业与海绵城市建设

近年来，我国对于基于"低影响开发"（Low Impact Development，简称LID）与"绿色雨水基础设施"（Green Stormwater Infrastructure，简称GSI）理念的城市雨水系统开展了较为深入的研究和工程示范。2010年启动了"低影响开发城市雨水系统研究与示范"国家重大水专项，低影响开发的理念与方法也相继被国家及地方的相关政策法规及规范标准所采纳。2014年10月，住房和城乡建设部发布了《海绵城市建设技术指南——低影响开发雨水系统构建（试行）》（以下简称指南）。2015年4月，公布了第一批海绵城市建设16个试点城市名单。2016年4月，公布了第二批海绵城市建设14个试点城市名单。海绵城市建设在各地如火如荼地进行，海绵城市建设讲求的就是多专业合作，而水专业作为其中核心专业，愈来愈受重视。海绵城市是指城市能够像海绵一样，在适应环境变化和应对自然灾害等方面具有良好的"弹性"，下雨时吸水、蓄水、渗水、净水，需要时将蓄存的水"释放"并加以利用。海绵城市建设应遵循生态优先等原则，将自然途径与人工措施相结合，在确保城市排水防涝安全的前提下，最大限度地实现雨水在城市区域的积存、渗透和净化，促进雨水资源的利用和生态环境保护。

2）水行业与综合管廊

近年来，国家积极推进城市综合管廊建设，先后颁布了《城市综合管廊工程技术规范》GB 50838—2015、《国务院办公厅关于加强城市地下管线建设管理的指导意见》（国办发〔2014〕27号）、《国务院办公厅关于推进城市地下综合管廊建设的指导意见》（国办发〔2015〕61号）。作为城市的良心工程，综合管廊建设可以优化市政管线建设，集约利用与优化城市地下空间资源，避免马路"拉链"，促进地下管线技术进步和智能化网络管理，不仅具有良好的经济效益，也具有非常大的社会效益。综合管廊对于地下管线专业之一的水专业也是非常大的机遇，入廊的管线包括：给水管、污水管、雨水管等，特别是重力流管线对综合管廊的设计、施工、造价影响非常大，因此作为从业者应该积极参与其中，更应该积极培养相关人才。

3）水行业与黑臭水体

2015年4月，《水污染防治行动计划》（国发〔2015〕17号）发布，将城市黑臭水体治理作为一项重要任务，要求到2020年，全国地级及以上城市建成区黑臭水体控制在10%以内，到2030年，城市建成区黑臭水体总体得到消除。2018年5月，生态环境保护大会把消灭城市黑臭水体作为实施水污染防治行动计划的重要内容。黑臭水体作为历史欠账之一，由于水环境污染，水中存在众多污染物。水质问题的日益突出使得水行业领域的传统技术和工艺难以满足水质改善的需要，促使新工艺不断涌现。当前生物技术、膜技术、高级氧化技术和生态工程技术主导了水处理工艺技术的发展方向。在新工艺迅速发展的同时，新材料在水处理领域也得到广泛应用。新工艺、新材料的发展拓宽了专业知识面，由此带来专业知识体系的变革、导致专业方向的多元化发展。

4）水行业与绿色建筑

绿色建筑已经逐渐成为都市环境恶化的解决方案，而绿色建筑更是与雨水资源化利用息息相关。我国的绿色建筑经过多年发展，现已经建立健全专属于绿色建筑的评价体系，该体系在实际工程中运用甚广，并且取得不错成效。何为绿色建筑？绿色建筑是指在建筑的全生命周期内，最大限度地节约资源包括节约能源、节约用地、节约水资源、节约材料、保护环境减少污染，保障国民健康安全，提供舒适高效的使用空间，与自然达到和谐共生的建筑。利用生命周期评价（LCA）手段，达到人、自然与建筑和谐共处。绿色建筑关注水环境改善与水资源利用，国家标准《绿色建筑评价标准》GB/T 50378—2019，在"节水与水资源利用""场地生态与景观"两个章节与水专业关系密切，水专业应该积极抓住机遇，通过该评价指标的设置更好地实现水行业方面的经济效益、社会效益和环境效益。

5）水行业与节水型城市

为贯彻落实党的十九大精神，大力推动全社会节水，全面提升水资源利用效率，形成节水型生产生活方式，保障国家水安全，促进高质量发展，国家发布了《国家节水行动方案》（发改环资规〔2019〕695号）。其中提到推动节水技术与工艺创新，瞄准世界先进技术，加大节水产品和技术研发，加强大数据、人工智能、区块链等新一代信息技术与节水技术、管理及产品的深度融合。重点支持用水精准计量、水资源高效循环利用、精准节水灌溉控制、管网漏损监测智能化、非常规水利用等先进技术及适用设备研发。建立"政产学研用"深度融合的节水技术创新体系，加快节水科技成果转化，推进节水技术、产品、设备使用示范基地、国家海水利用创新示范基地和节水型社会创新试点建设。鼓励通过信息化手段推广节水产品和技术，拓展节水科技成果及先进节水技术工艺推广渠道，逐步推动节水技术成果市场化。

第2章 创新性设计

2.1 什么是创新性设计

设计通常被定义为将功能转化为形式，但是这个概念过于模糊，以下从不同视角给出不同定义。

1) 设计（Design）

（1）意指制作一个特定的人工制品或理解一个特定的活动的计划或者安排。

（2）用知识连接功能和结构。

（3）一种社会性的调解活动。

（4）转换需求为设计描述，需求一般被称为功能，此功能具体表达所设计的人工制品的目的。

（5）一种有目的的人类活动，使用认知过程转换人类需求和意图为物化的实体。

（6）将想法转化为现实。是复杂的问题求解活动。对一个特定的项目寻找最好的可能解。以最好的可能方式满足特定需要的智力尝试。

（7）通过理解和应用自然定律，缓解人类条件匮乏的创新和实现活动。

（8）一种由设计者为获得在设计状态下以及其相关设计过程的知识变化而进行的活动或认知过程，以达到某个设计目标。设计代理关注的主体是目标、行动和知识。

（9）推理性认知活动，被分解为更小的步骤、过程和（或）段。

2) 做设计（Designing）

（1）一种导向产生一种设计的非常规人类活动。

（2）与思考和感知等同的原始人类功能。

（3）一种特殊的活动，依次以计划、目的和实际的推理描述。

（4）大的计划设计过程，目的在于使所设计的人工制品具有预定的用途。

（5）面向目标的、由决策约束的探索和学习活动，活动背景取决于设计者对情景的感知，活动的产出是对未来工程系统的描述。

（6）充满不确定性和模糊性的社会活动。

3) 创新性设计（Innovation Design）

创新性设计是指充分发挥设计者的创造力，利用人类已有的相关科技成果进行创新构思，设计出具有科学性、创造性、新颖性及实用成果性的一种实践活动。创新性设计是对设计理念与思维的创新，也是对过去的设计经验和知识的创新。创新性设计根据性质、程度等不同可以分为跟随式、集成式与原创式三种，图2-1为创新性设计的基本形式。

（1）跟随式创新性设计，就是在别人的基础上，做一些必要的扩展或者变动，这样去发展出一些新的东西。比如在引进别人技术的基础上，形成了拥有自己知识产权的技术，

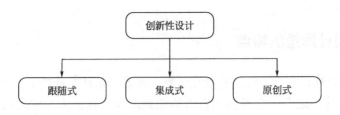

图 2-1　创新性设计的基本形式

这就属于一种跟随创新。这种创新应该说还是有很重要的意义，使得引进技术有自己的特色，有一定的先进性。

（2）集成式创新性设计，就是指把现有的技术组合起来，创造一种新的产品或者新的技术，或者是把别的领域里的成熟的技术引进到另外一个领域里，而使得它能够创造新的变化。这是水社会循环领域常用的、常见的创新设计方式。

（3）原创式创新性设计，就是从一种发明开始，先通过发明做出了最初的样机，然后再通过不断地完善、成熟，成为一种新产品或者一种新技术。原创式创新设计当然是最困难的，也是最有价值的。原创式创新设计是一种突破性发明，从其创新程度上来说一般拥有自主知识产权，原创式创新产品与普通产品相比，其性能有质的改变，难以被仿冒。

2.2　什么是创新性设计思维

创新性设计思维是创造力的核心。创新活动是人们对未知世界的认识、发现和发明的活动过程。在这一过程中，感觉、知觉、记忆、想象等心理机制，都将发生一定的作用，但起主要作用的是思维、想象和推理，合起来简称创新性设计思维。创新性设计思维是一种具有开创意义的思维活动，即开拓人类认识新领域、开创人类认识新成果的思维活动。创新性设计思维是常规设计思维的拓展，它和常规设计思维的最大区别就是在常规设计思维的基础上，在解决问题时，希望人们首先忘掉现状，忘掉自己的身份和角色，以人为本设计一个美好理想的未来，将设计的未来分为理想家、批评家和现实家的想法，然后再观察现状，研究从现在到未来的实现存在哪些瓶颈，是以目标为导向，反向回推，寻找需要什么样的资源、技术、战略和行动才可以实现美好的未来，往往获得的结果可能是颠覆性的创新。设计思维强调的不是以现状问题为出发点，而是以用户为中心，以人为本，站在客户角度寻找创新方案的思维模式。而创新性设计思维是以人为本，寻找颠覆性创新方案的思维模式。

设计的目的是人，而不是产品。产品只是创新性设计的中介。产品满足了人们的行为方式，但同时也规定和限制了人们的使用方式。因而，创新性设计必须不断地更新，消除与人们生理、心理上不相适应或不便的因素，创造更新的，更能够满足人们需求方式的产品。从这种意义上说，创新性设计源于需要，需要使人类不断走向新的文明世界，或者说，创新性设计必须关注人的需求。一切工业产品都是抓住了人类提高生活质量的强烈愿望而开发出来的，创新性设计在其中具有举足轻重的中介作用，它顺应人的需要，促进科技进步，不断地把人们的需求变为现实产品。因此，时时关注人的需要，是新产品的起点。

2.3 创新性设计思维的特点

创新性设计思维具有新颖性，它贵在创新，或者在思路的选择上，或者在思考的技巧上，或者在思维的结论上，有着前无古人的独到之处，在前人、常人的基础上有新的见解、新的发现、新的突破，从而具有一定范围内的首创性、开拓性。创新性设计思维具有极大的灵活性。它无现成的思维方法、程序可循，人可以自由地海阔天空地发挥想象力。创新性设计思维有着十分重要的作用和意义。首先，创新性设计思维可以不断增加人类知识的总量；其次，创新性设计思维可以不断提高人类的认识能力；再次，创新性设计思维可以为实践活动开辟新的局面。此外，创新性设计思维的成功，又可以反馈激励人们去进一步进行创新性设计思维。

创新性设计思维是人类创造力的灵魂，它贯穿于整个设计活动的始终。进行工业设计的创新性设计思维开发，对于提高设计人员的科学思维素养，获得更多的创新性设计知识成果，有效推动创意产业发展意义重大。创新性设计思维以其突破性、独创性与多向性等特点向传统的思维方式挑战，显示其创新的活力。创新性设计思维最大的特点就是要摒弃"惯性思维"，很多好的想法都是在还没有发芽时就被消灭在萌芽阶段，当有人提议一个点子时，往往很多人就开始议论、开始批评、开始指责，甚至讲这样的想法"不可能""你错了""疯子"等，为什么这些人会认为不可能呢？就是他们沿用了"惯性思维""逻辑推理"以及自己的偏见。我们从小到大受的教育就是学会一套理性的逻辑思维模式，找到一个唯一正确的答案，但是这样往往扼杀了很多创新的点子和想法。创新必须做到没有权威（专家）和非权威（非专家）之分，因为很多情况下，当权威（专家）一讲话，就给定了调，没有人敢多讲自己的想法，或者受了权威（专家）的引导和暗示，大家都朝着一个方向考虑问题了。创新必须做到不批评、不指责、不议论，创新就是要广泛听取各种不同人的意见和建议，将不可能变成可能。创新必须做到右脑思维，贡献狂野的点子，就需要打破条条框框，不破不立。

2.4 创新性设计思维基本类型与具体表现形式

2.4.1 创新性设计思维基本类型

创新性设计思维包括逻辑思维与非逻辑思维，逻辑思维是严格遵循逻辑规则按部就班地进行思维的一种思考方式。非逻辑思维是与逻辑思维相对的另一类思维方式，非逻辑思维不严格遵循逻辑格式，表现为更具灵活性的自由思维。在现实生活中，逻辑思维与非逻辑思维总是相互交织、相互渗透的。逻辑思维则始终处于决定和支配的地位，逻辑思维是非逻辑思维的基础，非逻辑思维则总是处于从属、补充的地位。也就是说，非逻辑思维的运作与使用是离不开逻辑思维的。图2-2为创新性设计思维基本类型。

逻辑思维包括纵向推理、横向推理和逆向推理等。纵向推理是针对现象或问题进行纵深思考，探寻其原因和本质而得到新的启示；横向推理是根据某一现象联想到特点与其相似或相关的事物，进行"特征转移"而进入新的领域；逆向推理是针对现象、问题或解

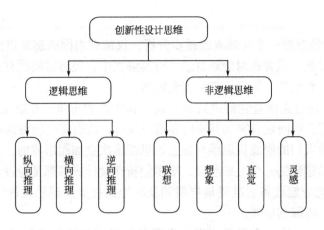

图 2-2 创新性设计思维基本类型

法，分析其相反方面，从另一角度探寻新的途径。逻辑思维通过有意识有步骤的逻辑思考、推理，一步步使问题得到解决。逻辑思维的解决过程往往把问题进行分解和组合、分析和综合。

非逻辑思维是用通常的逻辑程序无法说明和解释的那部分思维活动。非逻辑思维的基本表现形式是联想、想象、直觉和灵感。非逻辑思维基本功能在于启迪心智、扩展思路，非逻辑思维在创新性设计思维的关键阶段起着重要作用。

2.4.2 创新性设计思维具体表现形式

创新性设计思维具体表现形式有抽象思维、想象思维、直觉思维、灵感思维、发散思维、收敛思维、分合思维、逆向思维、联想思维等。图 2-3 为创新性设计思维具体表现形式。

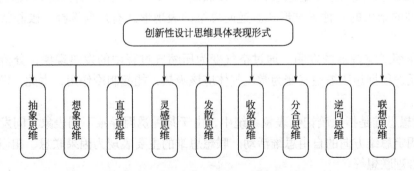

图 2-3 创新性设计思维具体表现形式

1）抽象思维是认识过程中用反映事物共同属性和本质属性的概念作为基本思维形式，在概念的基础上进行判断、推理，反映现实的一种思维方式。

2）想象思维是建立在知觉的基础上，通过对记忆表象进行加工改造以创造新形象的过程。想象思维借助于想象，把经验和概念化作联想丰富、构思新颖的设想。

例如浮力定律的推导过程，阿基米德从洗澡时浴缸中水的溢出产生灵感而推出浮力定律。

3）直觉思维是指对一个问题未经逐步分析，仅依据内因的感知迅速地对问题答案作出判断、猜想、设想，或者在对疑难百思不得其解之中，突然对问题有灵感和顿悟，甚至对未来事物的结果有预感、预言等都是直觉思维。

4）灵感思维是指凭借直觉而进行的快速、顿悟性的思维。在解决问题时抓住瞬时、一闪念的直觉思维，对问题有突如其来的顿悟或理解，从而使问题得到解法。

灵感思维是由人们的潜意识思维与显意识思维多次叠加而形成的，是人们进行长期创新性设计思维活动达到的一个突破阶段，很多创新性设计成果都是通过灵感思维而最后完成的。灵感需要充分地准备、准确地把握和及时地捕捉。灵感思维的结论并不总是可靠的，但它可以给人以深刻启迪。

5）发散思维是指从一个目标出发，沿着各种不同的途径去思考，探求多种答案的思维，与聚合思维相对。发散思维不受现有知识范围和传统观念的束缚，它采取开放活跃的方式，从不同的思考方向衍生新设想。发散思维可以从广泛的方面发散，从不同的方向开拓。对此，我们可以把一些已经完成的设计，从内在联系假设，作出发散思维的模型。

例如自行车的发明。自行车的开发设计，以两轮自行车为中心进行发散和开拓，派生出不同款式，形成一个"设计圈"，把一种设计深化为一系列产品。

6）收敛思维是指在解决问题的过程中，尽可能利用已有的知识和经验，把众多的信息和解题的可能性逐步引导到条理化的逻辑序列中去，最终得出一个合乎逻辑规范的结论。

7）分合思维是一种把思考对象在思想中加以分解或合并，然后获得一种新的思维产物的思维方式。

8）逆向思维是对司空见惯的似乎已成定论的事物或观点反过来思考的一种思维方式。逆向思维是通过与原来的想法相对立或表面上看起来似乎不可能解决问题的办法，获取意想不到的结果的一种思维形式。逆向思维的表现形式有反向选择、破除常规与转化矛盾。

例如压缩式空调器的发明。通过空气变为压缩气过程中的发热现象，分析其相反方面，从相反途径推想压缩空气变为常压气体应该吸热，能起制冷作用，由此，发明压缩式空调器。

9）联想思维是指人脑记忆表象系统中，由于某种诱因导致不同表象之间发生联系的一种没有固定思维方向的自由思维活动。联想思维的主要表现为因果联想、相似联想、对比联想、推理联想等。

例如飞机的发明。鸟能飞翔而人的两手臂却无法代替翅膀实现飞翔的愿望。因为鸟翅的拱弧翼上空气流速快，翼下空气流速慢，翅膀上下压差产生了升力。根据这一原理人们改进了机翼，加大运动速度，成功地制造了现在的飞机。

2.5 创新性设计思维一般过程

创新性设计思维一般过程分为三大阶段和六大步骤。三大阶段是指：观察、思考、执行；六大步骤是指：范围、探索、构思、合成、原型、价值。图2-4为创新性设计思维一般过程。

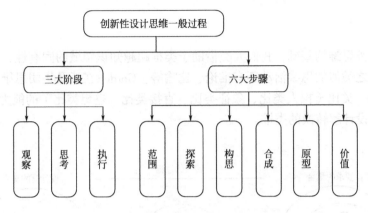

图 2-4 创新性设计思维一般过程

1）三大阶段

（1）第一阶段。观察就是要了解用户潜在的渴望性。观察应该以最终用户的身份出现，观察具体的问题和现状，从方方面面了解，围绕着主题仔细观察、审视，发现问题，找出问题的根源。

（2）第二阶段。思考就是要考虑创意在技术实现的可行性。对前期提出的点子和原型进行充分的论证，判断其是否具有创意，是否能巧妙的解决问题根源，是否能进一步优化，发现更疯狂的点子和想法。

（3）第三阶段。执行就是要延续其使用价值，要具有落地实施的可能，做到可复制，可推广。

2）六大步骤

（1）范围。根据某些现状和存在的问题、客户的投诉、企业的投资、大家期待解决的问题，设定需要研究的主题，制订需要研究主题设计方案的范围。

（2）探索。通过一系列的探索，包括第一手和第二手资料，利用亲身体验或者调研的模式，快速了解需要解决主题的现状、存在的问题、客户的期望和自己亲身的体验经历。

（3）构思。通过对主题的充分了解，对现状及问题的掌握，以最终用户的身份，利用头脑风暴，构思更多新的想法，再转换角度，站在设计者的角度，既能满足客户的期望，还可以在一些约束条件下获得大胆创新的想法和点子。

（4）合成。将创新的想法、点子进行合并，分类，排列优先级，罗列出哪些点子是梦想家的点子，哪些是现实家的点子，哪些是批评家的点子。

（5）原型。将想法采用视觉艺术，利用乐高、积木、画草图等任何可以利用的道具设计出直观方案，这是对于离散想法的整理、总结，获得直观的视觉设计，让大家了解到想法的直观体验，获得最直观了解主题的实现思路。

（6）价值。将设计的方案进行实现，和最终用户进行沟通，实现方案的落地和推广。

2.6 创新性设计思维的可操作性方法

2.6.1 类推

类推是人类思维的基础，我们人类借助于类推超越知识领域的固有性，从而不断获取新的知识。与之类似的思维活动还有推论、比喻等。Gordon在谈及集团思维人选的时候首先提到了隐喻、类比（拟人类比、象征类比、直接类比、空想类比）的能力。图2-5为设计要求概念向设计解转换的类推。

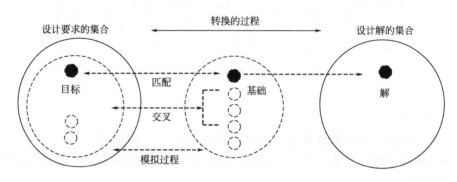

图2-5 设计要求概念向设计解转换的类推

类推又可分为属性类推和关系类推，前者基于形状、色彩、重量、大小这样的特定值，如将某物比喻为另一物，在设计上主要表现为形态关系的类似，而后者是基于某种关系连接起来的，多体现为功能性关系。在扩散性设计思维的过程中，类推是提高设计独创性的重要的思维活动和手段，艺术设计创意中的很多奇思妙想就是借助这种想象和联想的能力来实现的。儿童的天真的想法，常常令我们成年人拍案叫绝，感到妙不可言，甚至自叹弗如，其原因就在于孩子的既有概念和知识结构单纯，又较少受到现实因素的干扰和影响，往往会出人意料地把不相干的事物联系在一起。就设计而言，很多跨越式的远隔联想，实际上可以通过属性和关系的列举这样的中间环节，以类推的方式得到实现。

以一个典型的例子说，水流是直观的、可视的，而电流是抽象的、不可视的，它们虽然属于不同的概念范畴，但是依据它们之间存在的对象、属性、关系上的类似，我们可以把"电"这样一个无形的概念借助有形的"水流"来加以认识、理解和说明，这种方法通常称之为"比喻""类推"。同样，家具中的"柜子"与"电"也是两个不同的概念范畴，不过设计师可以从电路图的框架形式以及摆放电器这样的关系中找到线索，设计出具有电路形状和功能的柜子——木电流（Wood Current）。"木电流"有两层传导材料组成，可以无线连接放在上面的电器。从创意思维的角度看，这是一个从电路类推到柜子的构思过程。

Apple Computer公司主管设计的副社长Jonathan Ive在谈到iMacG3（一款苹果电脑）的设计时讲到了现代派画家达利的三段论——"柔软的东西可以食用/食用的东西美观/柔软

的东西美观"，达利创作的像融化了一样的柔软的钟表绘画就是一个很好的体现。iMac 的设计与之有异曲同工之处，柔和美丽，连名字也以水果命名，广告也使用了"Yum"这一"美味"的词汇，不光是色，味这一视点更为重要。通常计算机多采用单纯、有力度的形态来说明构造，使用户更容易接受，素材方面多放在触觉上，而 iMac 富有透明感的设计则赋予生硬费解的机械以一种可爱时尚的全新印象。

我们可以通过比喻这样的手法得到的产品造型语言，反过来讲，产品造型语言作为图像符号也会引发人们的联想。联想有积极、中性、消极之分，避免消极联想是我们在设计过程中所应该留意的。如果车的设计让人联想到爬行动物，把水瓶盖设计成动物的脑袋拧下来喝水，都会引起人的不快。

2.6.2　文脉的转移和变更

在设计要求和答案之间往往存在着某种习惯性的脉络，这种既成文脉产生的设计往往带有很强的特定性。改变既成文脉是导入不同范畴的要素的有效方法，并通过文脉的转移或变更改变思维定式，进而实现扩散性设计思维。文脉的变更是一种推理的转移，是将存在于某种文脉的关系或者关系的集合向其他文脉的转移。不同范畴的结合可以理解为文脉生成的过程，它伴随着文脉的构想并随着文脉的变更获得进一步展开的可能性。

情景分析法是设计创意过程中常用的手法，场景和情节的设定可以为设计行为者提供一条思考的线索，帮助其发现问题的切入点，进而实现理想的设计定位。不过通常这种场景和情节的设定是根据我们的生活经验来做成的，也就是说，它是一种既定的生活脉络的记述。然而要想更有创造性地发现和解决问题，文脉的变更可以帮助我们找到一种更有效的方法。比如自行车一般是在路面上使用的，与之相关的是轻便、折叠、结实、安全等要素。假如我们把它放到冰雪的世界中去设想，如何行走便成为主要的问题，这样就可以产生雪地自行车的设计创意。同样，设计对象的转换、变更也可以为我们找到新的设计概念。无障碍设计就是在社会平等关爱的思想下，对使用对象由一般到特殊聚焦，将淹没在普通人群中的老年人、儿童、残疾人、不同语言的人等特殊群体加以放大，进而产生了无障碍设计的概念，并且在此基础上通过由特殊到一般的过程，发展为通用设计的概念。

2.6.3　否定

即通过对既有概念的否定，以期摆脱思维惯性的影响，改变思路，得到新的问题切入点和更宽泛的思维空间的方法。从集合的类型上讲，否定有全称否定和特称否定之分，比如所有的 A 都不是 B，有的 A 不是 B（或者说并不是所有 A 的都是 B）。从语言的意义上讲，A 存在着某种对应的现象、形态或行为表现。比如读与听、写与看。从否定思维的创意角度看，我们可以从"并不是所有写的东西都是用来看的""并不是所有读的东西都是用来听的"这样的角度来思考，这样就可以导出"为了听而写""为了看而读"的概念，将其定位为产品的话，可以是聋哑人与盲人的交流工具，它可以把聋哑人写的内容转换为声音，也可以把盲人读的内容转换为文字。否定思维的好处在于它可以跳跃式地在不同的甚至对立的范畴间建立起关系，扩张的距离相对更远，也更容易产生个性化的创意。

一般来说，设计创意过程中的否定多为部分的否定，它可以是对材料的否定、形态的否定，使用者、使用目的、使用环境的否定，也可以是对使用方式、操作方法的否定……

假如对"按动开关来开闭灯具的电源"这一操作加以否定的话，可以产生"不按动开关来开闭灯具电源"的新思路，比如声控、触摸、光感等方式，也可以想到吹灭电灯这样的独特创意。

2.6.4 对事物的逆转

即通过逆向思维的方法，改变思维的定向。主要包括：形态结构的逆转、功能的逆转、状态的逆转、因果关系的逆转等，通过对原有的形态、状态、功能的逆向思维，赋予其新的价值。

比如，将楼梯不动人在动的状态，逆转为人不动梯动的状态，就会产生从楼梯到电梯、滚梯的变化。将形态遵循功能这样的关系逆转的话，我们可以从非特定的形态出发去探索其功能的可能性，进而从形态中发现新的功能。比如Finke、Ward和Smith研究小组通过提供一定的图形让实验参加者完成某种课题的方法，对创新性设计思维进行了研究。具体说就是把各种单纯的形状物作为部件，通过它们的重新组合，从中发现新的创造物。一些几何要素单独看起来并没有什么具体的实用性意义，然而将若干要素加以组合，却可以从中联想出某种具体的实用价值。这种形态先行的发明模式显示了形态与功能的新的关系，揭示了创新性设计思维过程中形象思维的重要作用。

2.6.5 思维的暂停

灵感被称为创造性高度发挥的突发性心理过程。在探讨设计创意的时候，最常听到的是"灵感"一词，很多设计师在谈到创作动因时也喜欢用来自某个灵感的说法。同样的例子在科学发明中更多，比如牛顿从苹果由树上落下而发现万有引力定律、瓦特从水壶盖被热气鼓动而发明蒸汽机的传说。"踏破铁鞋无觅处，得来全不费功夫。"灵感似乎总是在偶然、无意识和不经意间发生，灵感一词既是一种解释，却又难以把握。不过其中有两点是很说明问题的：其一是产生灵感的人，在牛顿发现万有引力定律之前苹果同样在坠落，牛顿被触发灵感不是偶然的，其间有一个思考的积累；其二，是触发灵感的事物，我们之所以称之为灵感，是因为像苹果坠落与万有引力定律那样两者从表面上看是毫不相干的，重要的是能将两者联系在一起。

从范畴扩张的角度看，灵感实际上是将"触发灵感的事物"这一不同的范畴，与"需要解决的问题"这一目标范畴建立起关系，进而找到设计答案的思维过程，是在原型的启发下出现的。它也许在瞬间发生或者完成，实际上能够把风马牛不相及的事或物基于某种属性或关系建立起联系，是思考者长期的思维活动（也可以解释为一种持续的范畴扩张）的结果。丹麦著名的女设计师Nanna Ditzel在谈到创作方法时说到，她创作时很重要的一点就是对接触到的事物进行深入的观察，让那些也许一时派不上用场的东西留在心里，当某种目标（想法）出现的时候，那些随着时间而解体的东西便会以新的方式构建起来，成为意想不到的创意。

如何获得灵感？在这里我们提出一种称之为思考暂停，或者说积极忘却的方法，借以脱离思维的定势和已有思绪的纠葛，将"偶发"转化为一种有意图的行为。这里所说的暂停和忘却并不意味着让思维重新开始的"清零"操作，我们可以把前期的思考理解为一个未完成的、模糊的混沌体。一个没有明确界线的、开放的、包含诸多范畴的体系。暂停和忘却只是使其处于一种假眠状态，进而通过阅览、体验等其他一切活动中的偶发事物唤起我们的潜意识，或将其中的某个要素激活，使其复苏或从意想不到的层面上展开。

2.6.6 范畴的还原

范畴的还原看似一种收拢的过程，其实质是一种通过抽象化实现范畴扩张的方法。汽车可以从功能上还原为移动工具，椅子可以理解为一种身体支撑用具，房屋的形态可以视为基本的几何体……使用什么动力，以什么形状存在，它的构造和材料等在这一阶段也就变得无关紧要了。这样的抽象化的过程，可以帮助我们去除对象物上的附着物，摆脱既有概念和实体的影响，得到更广阔的思维空间。用笔书写也好，敲击键盘输入也好，从传达信息的角度讲只是方式的不同。

功能论的设计方法也是通过把对产品的思考切换到对功能的思考这样一个抽象化的过程，来摆脱现有产品的影响和束缚，达到拓展思路的目的。温度计——测量温度，空调——调节温度，洗衣机——洁净衣物，椅子——支撑身体，这样的用最简洁的语言定义设计对象的功能的方法，起到了向上位概念扩张的作用，避免了具象的表现。例如：洗涤衣物表现了洗这一具体方式，而洁净属于上一层的概念，它包含了多种可以使衣物变干净的方式，可以水洗，也可以是干洗，可以用机器洗，也可以手洗，或者设计一种可以蜕皮的衣服，甚至发明一种不肮脏的衣料。同样的例子，电熨斗的功能是用来平整衣物，为了更好地实现这一功能，于是就有了具有喷水、蒸汽功能的电熨斗。如果以平整衣物作为设计目标的话，无皱布料以及定型加工也起到了同样的作用。

2.6.7 抽象化

设计中的抽象化过程，主要包含有概念的抽象化和形态的抽象化。概念的抽象化又可分为命题概念的抽象化和解释的抽象化这样的两个方面。命题概念的抽象化是指设计课题的抽象化表述，通常以制约条件的形式出现。制约通常被理解为思维活动的限制要素，不过也有由于限制条件的限定而使思维变得直接和单纯的一面，而比较抽象、空泛的设计课题往往会使一些设计者感到茫然和无所适从。一般情况下，设计行为的初期制约通常以语言表述的设计要求出现，设计者对其作进一步的分解，并最终确立自己的设计目标，这一思维活动也就是我们所说的设计创意的过程。通过制约要素的变化来促进设计思维活动既是设计教育实践中经常使用的方法，也是研究设计思维的主要手段。日本的设计创意研究者野口尚孝将制约分为目标表现这样的初期性内部制约和材料、制作方法等媒介性外部制约两部分，对其给艺术设计思维带来的影响作了较为深入的研究。野口尚孝把语言表现的设计目标作为关系到设计思维活动的领域或者探索空间的初期制约来考虑，提出了思维的抽象度可以提高创新性的观点。在他与永井由佳里的共同研究中，对艺术设计的思维过程中从语言表述到形态表现的变换过程做了进一步的观察研究，得出的结论是，由于概念向形态转换难易程度的不同，思维的方式和途径也会不同，语言表现的领域与视觉空间领域的相互作用的类型也存在着差异。照此观点，为了提高设计的创新性，在设计初期的概念思考阶段，将设计要求概念加以抽象是必要的，因为概念的抽象化可以增加向形态转换的难度，进而扩展探索的空间。像大阪国际设计竞赛采用了

"风""集""火""土""交""触""水""游""界""编"这样的抽象概念的命题，为设计者提供了非常宽容的思考空间，出现了一些富有创意的概念设计。

命题概念的抽象化还表现在设计教学实践中，即有意图地通过抽象的设计命题来训练和培养学生的创新性设计思维能力。也有人把设计问题分为"轮廓明确的问题"和"轮廓模糊的问题"，前者存在适当的知识、经验和解决手段，而后者的结果和方法是未知的。抽象的课题多为"轮廓模糊的问题"，它需要我们的重新定义。

具象的概念往往很容易联想到具体的对象物以及它们的形态，而概念的抽象化可以变可视化的系统为不可视的系统，借以摆脱具象的影响，比如前面提到的功能定义的方法，就是一种从功能性的角度对概念加以抽象化的过程。概念的抽象化和形态的抽象化是一个相互影响的过程，概念的抽象化、基于抽象的概念来进行形态的探索，探索到具体形象的抽象化、判断和修正、定案或者抽象概念的切换，这种交互作用的程度决定着设计思维的深度。

2.6.8　概念的合成

语言是思维的工具，也是思维外化的形式。作为结果，文学是以文字（语言）来表现的，而艺术则更多运用形和色这样的视觉语言。科学也是通过语言文字来外在化的，不过它讲究的是逻辑的严密，并且拥有自己的数式、公式、符号等独特语言；产品设计是语言向形态转换的过程，它包含了文学、艺术、科学的诸多特征，最终以人工物的方式表现出来。概括地说，产品设计的流程可以理解为问题的概念化、概念的可视化和设计商品化的过程，作为设计初期创意阶段的概念合成，对设计思维的展开具有决定性的作用。

从广义的设计学的角度看，设计过程是要求概念和解概念的变换过程，也是一个从订单到图面的信息传递的过程，它涉及范畴化和符号学领域的问题。对于设计与范畴的关系，原东京大学校长吉川用以下例子做了说明，肉有新鲜的肉、干硬的肉和腐烂的肉之分，新鲜的肉可以食用但不易保存，干硬的肉可以保存但不易食用，而腐烂的肉则既不能食用也不能保存。如果把"新鲜的肉"和"干硬的肉"这两个概念结合的话，便是既可以食用又能保存的肉，这种新的肉存在状态的物质化结果产生了一种新的食品——"香肠"。吉川认为，范畴关系可以指示现实的世界，通过概念的操作来导入抽象概念，人类可以在头脑中生成比已知的现实体验更丰富的概念体系。在此基础上吉川还以集合论的方法做了进一步的说明，首先假定 M1 和 M2 这两个集合。M1 包括要素 a 和 c，M2 包括要素 b 和 c，把这个空间作为数学意义上的相位空间的话，M1 和 M2 的乘集与合集也同属于这一空间，也就是说追加了作为部分集合的（a，b，c）和（c）。这样一来，如果把 M1 定义为"红色"、M2 定义为"行驶"的话，最初被单独认识的"红色"和"行驶"这两个概念，便产生了比如像消防车那样的"红色并且行驶"的新的认识。从设计论的角度看，吉川的研究相对于以往以设计步骤为重点的研究视点，将焦点对准了设计过程的数学性记述，确立了一般设计学这一领域，其中也提及了概念创新问题，并论及了思维的本质。他认为人类创造性地发挥其推理能力，并利用它实现新的发现和发明的核心问题，是如何把不同的要素引入到思考的过程中这一抽象化的过程。

2.7　常用的创新性设计方法

当今世界，因设计流派的不同而有诸多的创新设计理论和方法，其中影响最大、流传最广的应属头脑风暴法（Brainstorming，BS）。再者，就是源于苏联的发明问题解决理论（TRIZ，系俄文 теории решенияизобретательскихзадач缩写。其英文译名为Theory of Inventive Problem Solving，TIPS），自20世纪90年代初（TRIZ）理论传播到美国后，迅速引起了学术界和企业界的极大关注。

2.7.1　头脑风暴法

头脑风暴法又称为智力激励法，是美国人Alex Faickney Osborn提出的一种创新技法。头脑风暴法让参加讨论的与会者可以无拘无束地任意发表其想法，使参与者能互相启发，从而能突破种种思维障碍和心理约束，让思维自由驰骋。借助参与者之间的知识互补、信息刺激来提出大量有价值的设想。头脑风暴法所遵循的四项原则是：①自由联想；②延退批判；③追求一定的数量；④探索、研究、组合和改进设想。头脑风暴法的正确运用，可以有效地发挥集体的智慧，这就比一个人的设想更富有创意。

1）立足点

发明是如何产生的？创新的过程是只凭借人的直觉和灵感还是有其内在的规律性呢？头脑风暴法认为创新是人们克服思维定式，在已有经验的基础上进行的想象、联想、直觉、灵感等非逻辑思维过程，其没有一定的规律可言。因此它的求解要有一定的数量，再由数量来保证解的质量。人们越提出更多的设想，就越有可能走上解决问题的正确轨道。

2）可用资源

头脑风暴法对参与者的要求是专业构成要合理，不应局限于同一专业，而是考虑全面而多样的知识结构。这样才能使参与者能互相启发，从而突破种种思维障碍和心理约束，让思维自由驰骋，借助参与者之间的知识互补、信息刺激来提出大量有价值的设想。可以看出，头脑风暴法主要依赖的资源是参与者的头脑中存在的知识与经验，因而一般要求与会者应是相关领域的专家。

3）解空间

对于一个问题，可以有多种不同的解答方式，不同的解答方式会导致不同的结果。根据解答结果的不同，问题的解分为最优解、局部最优解和一般解等。而所有的这些解就构成了问题的解空间。各种创新方法的运用过程的实质就是在现有条件下，在解空间中搜寻最优解的过程。图2-6为解空间示意。

头脑风暴法由于参与者的经验与知识结构所限，参与者的知识与经验很有可能覆盖不到最优解，在这种情况下，头脑风暴法的应用结果只能是找到问题

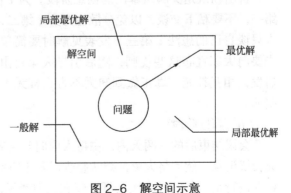

图 2-6　解空间示意

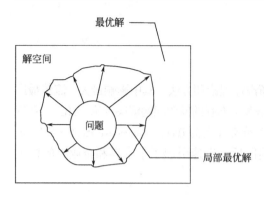

图 2-7 头脑风暴法解空间示意

的局部最优解。更由于参与者的思维是非逻辑性的和发散跳跃式的，因此其搜索过程是全方位的和无目的性的。这会导致大量无用解的产生，而在产生这些无用解和最后对解进行评价的过程中，则会浪费大量的可用资源。图2-7为头脑风暴法解空间示意。

4）实施过程与可操作性

头脑风暴法非常容易学习并组织实施，而且不需要额外的资源。头脑风暴法实施过程如下。

（1）准备阶段

项目负责人事先对所议问题进行一定的研究，弄清问题的实质，找到问题的关键，设定解决问题所要达到的目标；选定参加会议人员，一般以5～10人为宜；然后将会议的时间、地点、所要解决的问题、可供参考的资料和设想、需要达到的目标等事宜一并提前通知与会人员，让大家做好充分的准备。

（2）热身阶段

热身阶段的目的是创造一种自由、宽松、祥和的氛围，使大家得以放松，进入一种无拘无束的状态；主持人宣布开会后，先说明会议的规则，然后随便谈点有趣的话题或问题，让大家的思维处于轻松和活跃的境界；如果所提问题与会议主题有着某种联系，人们便会轻松自如的导入会议议题，效果自然更好。

（3）明确问题

介绍有待解决的问题；对问题进行分析，并将问题分为几个小问题；主持人或问题的提出者对问题发问并做引导性发言。

（4）重新表述问题

经过一段讨论后，大家对问题已经有了较深程度的理解。这时，为了使大家对问题的表述能够具有新角度、新思维，主持人或书记员要纪录大家的发言，并对发言纪录进行整理。通过纪录的整理和归纳，找出富有创意的见解，以及具有启发性的表述，供下一步畅谈时参考。

（5）自由畅谈

自由畅谈是头脑风暴法的创意阶段。为了使大家能够畅所欲言，需要制订的规则是：第一，不要私下交谈，以免分散注意力；第二，不妨碍他人发言，不去评论他人发言，每人只谈自己的想法；第三，发表见解时要简单明了，一次发言只谈一种见解。主持人首先要向大家宣布这些规则，随后引导大家自由发言，自由想象，自由发挥，使彼此相互启发，相互补充，真正做到知无不言，言无不尽，畅所欲言，然后将会议发言纪录进行整理。

（6）筛选阶段

会议结束后的一两天内，主持人应向与会者了解大家会后的新想法和新思路，以此补充会议记录。然后将大家的想法整理成若干方案，再根据可识别性、创新性、可实施性等标准进行筛选。经过多次反复比较和优中择优，最后确定1～3个最佳方案。这些最佳方案往往是多种创意的优势组合，是大家的集体智慧综合作用的结果。

5）应用范围

头脑风暴法自产生以来，因其易用性与科学性，在全世界范围内得到了广泛的应用，并形成了许多类型的头脑风暴法。其应用领域包括技术革新、管理、预测、发明及专项咨询等多个领域。可以说，只要有存在问题的地方，就可以使用头脑风暴法，它几乎可以解决任何问题。

2.7.2　发明问题解决理论

发明问题解决理论（TRIZ）是由苏联海军部专利局专家G.S.Altshuller创立，它是一种建立在技术系统演变规律基础上的问题解决系统。技术系统演变的8个模式、40条发明原理、39个技术参数、冲突矩阵、76个发明性问题的标准解决方案、发明问题解决算法（ARIZ）以及工程知识效应库等一同构成了TRIZ的理论与方法体系。

1）立足点

发明问题解决理论（TRIZ）的创立者G.S. Altshuller从开始就坚信发明问题的基本原理是客观存在的。任何领域的产品改进、技术、创新和生物系统一样，都存在产生、生长、成熟、衰老和消亡的过程，是有规律可循的。人们如果掌握了这些规律，就能能动地进行产品设计并能预测产品的未来发展趋势。运用这一理论，可大大加快人们创造发明的进程，而且能得到高质量的创新产品。借助发明问题解决理论（TRIZ），设计者能打破思维定式、拓宽思路、正确地发现现有产品或流程设计中存在的物理冲突或技术冲突，并按照程式化的方法，找到具有创新性的解决方案，从而在概念设计阶段保证了产品开发设计方向的正确性。

2）可用资源

发明问题解决理论（TRIZ）认为问题的解是有级别的，在产品从低级向高级进化的过程中，高级别的解的产生需要更多的知识及更多的可选解，表2-1为解的级别。

解的级别　　　　　　　　　　　　　表 2-1

级别	创新的程度	百分比	知识来源	参考解的数目
1	显然的解	32%	个人的知识	10
2	少量的改进	45%	公司内的知识	100
3	根本性的改变	18%	行业内的知识	1000
4	全新的概念	4%	行业外的知识	100000
5	发明	1%	所有已知的知识	1000000

表2-1表明，随着解的创新程度的提高，对知识来源的要求也越来越高。到了发明的阶段，可用资源需要达到所有已知的知识。

3）解空间

在发明问题解决理论（TRIZ）中，理想解是一个很重要的概念，理想解是采用与技术及实现无关的语言对需要创新的原因进行描述。在理想解的条件下，系统不占有更大的空间，没有多余的重量，不需要更多的劳力，也不需要额外的维护，技术系统只有有用的功能而没有无用的或有害的功能。理想解可表示为：

$$Ideality=\sum Benefits/\left(\sum Costs+\sum Harm\right)$$

式中：Ideality——理想化水平；

Benefits——利益；

Costs——成本；

Harm——危害。

由于发明问题解决理论（TRIZ）并不依赖于个人的知识和经验，因此其搜索的范围可以充满全部解空间，而理想解则为搜索提供了明确的方向和指导，它使设计者避免在解空间中迷失方向。理想解比其他的可想象或不可想象到的解都更加有力，可使设计者不受头脑中已存在的经验的影响，激发设计者的突破性思维。理想解可能存在于解空间中，也可能不存在于解空间中。如果理想解存在于解空间中，这时理想解与最优解重合；如果理想解不存在于解空间中，则最优解存在于系统向理想解进化的途中。图2-8为TRIZ解空间示意。

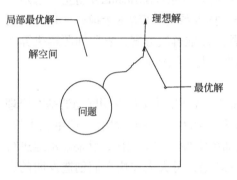

图2-8　TRIZ解空间示意

4）实施过程与可操作性

发明问题解决理论（TRIZ）强调了创造发明的规律性及其过程的程式化，往往在一开始学习、训练和实际应用上都有着较大的困难。如在发明问题解决理论（TRIZ）中，定义小问题和将求出的解具体化这两步就非常困难，它要求使用者具备丰富的领域知识。另外，在应用发明问题解决理论（TRIZ）时如何将面对的具体对象抽象为物场分析中的模型，也是一个值得探索的关键难题。因此，发明问题解决理论（TRIZ）的使用者要有一个相当长的学习与训练过程。发明问题解决算法ARIZ-85C的实施过程如下。

（1）定义小问题；

（2）对冲突区域进行描述；

（3）确定理想解；

（4）利用外部可用资源或场资源；

（5）利用知识库；

（6）若问题有解转（7）反之转（1）重新定义小问题；

（7）分析解决过程；

（8）将求出的原理解具体化；

（9）分析全过程。

5）应用范围

发明问题解决理论（TRIZ）是在研究产品发明的基础上产生的，其理论只能解决技术冲突与物理冲突方面的问题。因此，发明问题解决理论（TRIZ）的应用目前只限于机械、建筑、电子等产品制造领域，而对管理、经济等方面存在的问题却无能为力。但TRIZ理论已经形成了一套比较完整的理论体系，有着很强的逻辑严密性与操作程序性。这使得发明问题解决理论（TRIZ）能够借助于计算机技术和人工智能的发展优势来提高其易用性。随着对发明问题解决理论（TRIZ）研究的深入和其易用性的提高，可以预见，发明问题解决理论（TRIZ）将有着广阔的应用前景。重视发明问题解决理论（TRIZ）的研发和教育，应有着重要的实际意义。

第3章 水社会循环创新性设计

3.1 什么是水社会循环

3.1.1 水社会循环与自然循环

地球上水的循环，可分为自然循环和社会循环，图3-1为水自然循环和社会循环示意。

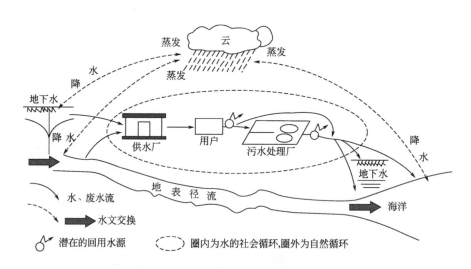

图 3-1 水自然循环和社会循环示意

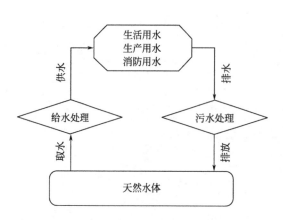

图 3-2 水社会循环示意

水是人类生存、生活和生产不可替代的宝贵资源。人们为了人类生存、生活和生产的需要，由天然水体取水，经适当处理后，供人们生活、生产和消防等使用，用过的水又排回天然水体的过程，就是水社会循环，图3-2为水社会循环示意。

3.1.2 良性水社会循环

在水的社会循环中，生活和生产用过的水，含有大量废弃物，如未经处理直接排入水体，将大大超出水体的自净能力，对水体

造成污染。对城市污水、工业废水、一级
农田排水进行处理，使其排入水体不会造成
污染，从而实现水资源的可持续性利用，称
之为水的良性社会循环。城市由未受污染的
天然水体取水，一般是比较经济的，因为为
了满足用水对水质的要求（特别是生活饮用
水）而进行的水处理比较易行。当水资源短
缺危机出现时，为减少由天然水体取水的
量，可以采取循环回用使用过的污、废水的
方法，图3-3为良性水社会循环示意。

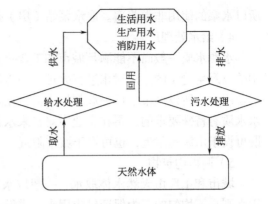

图 3-3　良性水社会循环示意

将污染较轻的冷却水循环使用于工业用
水比较简单，也比较经济。将含废弃物较多的城市污水和工业废水回用于工业，为满足工
业用水水质要求而进行的水处理会复杂得多，当然也比较昂贵。将尽可能多的污、废水回
用于工业，可以显著减少由天然水体的取水量，缓解水资源危机。

水对于人类社会，虽然是不可替代的，却是可以再生的。水在城市用水过程中，不是
被消耗掉了，即水量上不发生大的变化，而只是水质发生了变化，失去了使用功能。用水
处理的方法改变水质，使之无害化、资源化、特别是再生回用，就能实现水的良性社会循
环，既减少了对水资源的需求，又减少对水环境的污染，一举两得，对推动人类社会发展
有着重大意义。

3.2　水社会循环构架与当前突出的问题

3.2.1　水社会循环构架

水社会循环是通过一系列绿色设施与灰色设施来实现的，这些设施构成了水社会循环
构架。

1）水资源的保护和利用

无论是地表水资源，还是地下水资源，其水质水量都需要用绿色设施与灰色设施加以
保护。对于地表水资源，需要进行流域的统筹规划；水源地的水质，应确保不受污染；水
源地上游的城市污水和工业废水应得到治理；水源地附近，应建立卫生防护地带。对于地
下水资源，应合理开采，不应超采，以免引起生态环境恶化、地面沉降等不良后果。对于
地下水源地，还需要建立卫生防护地带，以确保水质不受污染。

2）取水工程

无论是地下水源还是地表水源都有其专门的取水工程，将水从天然水体取集过来。由
于地下水源和地表水源的类型以及取水条件各不相同，所以取水工程也是多种多样的。

3）水泵站（房）

一般水源地势较低，城市和工厂地势较高，此外，水源和用户之间还有一定距离，要
将水由低处抽送到高处，并输送一定距离，需要用专用的水力机械（水泵）对水加压。设
置水泵的建筑物，称为水泵站（房）。在水的社会循环过程中常常需要对水进行多次加压，

所以水泵的使用非常普遍。取水泵站（房）是取水工程的重要组成部分。

4）给水处理厂

水源水质一般尚不能满足城市和工业企业的要求，所以常用物理的、化学的、物理化学的以及生物学的方法对水进行处理。城市给水工程既要供应居民生活饮用水，也要供给工业用水，所以城市水厂一般都按生活饮用水的要求对水源水进行处理，各工业企业对用水水质有特殊要求的，再在企业内对自来水作进一步处理，以满足生产要求。给水处理厂既可设于水源地附近，也可设于城市附近。

5）调贮构筑物

城市和工厂由天然水体取水，一般取水量在一天24h是相对均匀的，但城市和工厂的用水则是不均匀的，为保证供应用水，需设置一定容积的调贮水池，当用水量少时，多余的水贮于水池中，当用水量多时，不足水量由调贮水池进行补充。此外，有时取水水质恶化时，如泥沙含量过高，或受海水影响含盐量过高，需中止取水，为此也需要设置调贮水池等。

6）输、配水系统

一般城市水源都位于城市上游。水源水在水厂被净化后，用输水管道输往城市，再由沿街道敷设的管道将水分配到千家万户以及工厂等用水单位。城市街道纵横交错，所以配水管道事实上形成一个网络，即管网。因城市具体情况、地形高差等不同，城市管网可以是单一的，也可以是分区的。为控制调节、维护管理的需要，在输水管路和管网上还设置了大量闸阀、消火栓等附属构筑物，从而形成一个复杂的输、配水系统。

7）民用建筑水工程

民用建筑是供人们居住、生活、工作和从事文化、商业、医疗、交通等公共活动的房屋。包括居住建筑和公共建筑。民用建筑水工程主要包含建筑与小区的给水系统、消防水系统、排水系统（含雨水以及污水，废水）、热水系统、中水系统、景观水系统等。

8）工业建筑水工程

位于城区的工厂，大多数由城市管网供水。水经工厂给水管网配往各车间及用水部门，用过的水流出车间，由排水管网收集，然后排入厂外城市排水管网。在工厂中，由各车间排出的废水，如含有重金属等毒质，需经局部处理，使水质符合排入城市排水管网的水质要求。工厂内的给水管网，也供应各车间及工作部门的生活用水以及消防用水。此外，为排除厂区的雨水需设雨水管网。

城市自来水的水质，常不符合工厂某些特殊用水的要求，为此常设有专门的水处理车间。为提高用水效率和节约用水，工厂内常建设循环用水和水的重复利用系统，包括专用的泵站、管道、水处理设备等。

9）污水排水系统

由住宅、公用建筑、工厂排出的污、废水，都经排水管网汇集，然后流入污水处理厂。排水管网系统中，包括排水井、检查井、消能井以及提升污水的污水泵站等。

10）污水处理厂

在污水处理厂中，使用物理的、化学的、生物的方法将废弃物除去，使处理后的水质满足排入天然水体的要求。由于城市污水中主要含有机污染物，所以生物处理的方法在污水处理厂中使用得非常普遍。污水经处理后，水质达到排入天然水体的要求，方可排入水体。

污水经处理后形成的污泥，仍含有大量的有机物，可经消化产生沼气用作发电；可脱水干燥后制成有机肥料出售；可焚烧发电等。

11）雨水排水系统

大、中城市市区都占有很大面积，一遇暴雨，如雨水得不到及时排除，将会淹没房屋和工厂，造成灾害。雨水系统就是为迅速排除地面雨水而设置。

雨水排水系统与城市污水系统完全分开的，称为分流制雨水系统。由于降雨初期，雨水能将地面大量污物冲刷并排入水体，造成污染，这是分流制的缺点。将降雨初期雨水排入城市污水排水系统，较清洁的雨水直接排入水体，这种两者结合的系统，称为合流制雨水系统。

12）城区防洪

紧临城区有山体坡地，遇暴雨山溪洪水暴发，会淹没城区，形成灾害，所以环城区周围需设排洪沟渠。

13）城市水系统

现代城市区域内常有纵横的沟渠、水道、水景、湖泊等，与上述的各种系统共同组成城市的水系统，也可称为市政水工程。

14）农业水工程

传统的农田灌溉是通过渠道系统向农田进行大水漫灌，用水效率很低。发展中的高效节水农业，即使用喷灌、地下管道灌溉、滴灌等，当以地表水为水源时，水中浑浊杂质会沉积管中，堵塞管道，所以需要对水进行适当处理。现代畜禽工厂化养殖，不仅要供应畜禽清洁的饮水，并且畜禽的排泄物含有大量有机物会污染环境，需要加以处理。水产工厂化养殖，需要对循环水进行处理等。所以现代农业水工程，已把水质提高到很重要的位置。

3.2.2　当前突出的问题

1）水资源短缺

中国水资源总量为2.81万亿 m^3，居世界第6位，而人均占有量却居世界第108位，是世界上21个贫水和最缺水的国家之一，人均淡水占有量仅为世界人均的1/4。基本状况是人多水少、水资源时空分布不均匀，南多北少，沿海多内地少，山地多平原少，耕地面积占全国64.6%的长江以北地区的水资源仅为20%，近31%的国土是干旱区（年降雨量在250mm以下），生产力布局和水土资源不相匹配，供需矛盾尖锐，缺口很大。600多座城市中有400多个供水不足，严重缺水城市有110个。随着人口增长、区域经济发展、工业化和城市化进程加快，城市用水需求不断增长，将使水资源供应不足、用水短缺问题，必然成为制约经济社会发展的主要阻力和障碍。

2）水环境污染

2018年《中国生态环境状况公报》表明，2018年全国地表水监测的1935个水质断面（点位）中，劣V类比例为6.7%。2018年，长江、黄河、珠江、松花江、淮河、海河、辽河七大流域和浙闽片河流、西北诸河、西南诸河监测的1613个水质断面中，I类占5.0%，II类占43.0%，III类占26.3%，IV类占14.4%，V类占4.5%，劣V类占6.9%。西北诸河和西南诸河水质为优，长江、珠江流域和浙闽片河流水质良好，黄河、松花江和淮河流域为轻度污染，海河和辽河流域为中度污染。图3-4为2018年全国流域总体水质状况。

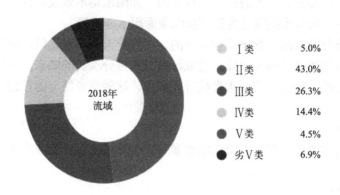

图3-4　2018年全国流域总体水质状况

据监测，当前全国多数城市地下水受到一定程度的点状和面状污染，且有逐年加重的趋势。日趋严重的水污染不仅降低了水体的使用功能，进一步加剧了水资源短缺的矛盾，对我国正在实施的可持续发展战略带来了严重影响，而且还严重威胁到城市居民的饮水安全和人民群众的健康。

3）水生态形势严峻

据2014年1月公布的湿地资源调查结果，近10年来我国湿地面积减少了339.63万hm^2，其中自然湿地面积减少了337.62万hm^2，减少率达9.33%。河道断流、湖泊干涸、湿地退化等问题严重，影响到我国生态安全。

4）中小河流山洪灾害与城市内涝问题

目前，我国中小河流山洪灾害损失超过全国水灾害损失的2/3，根据《全国山洪灾害防治规划》的相关统计，我国流域面积在100hm^2以上的山丘区河流约有5万条，其中约70%经常发生山洪灾害，山洪灾害防治区横跨我国东、中、西部三大区域，共涉及29个省（自治区、直辖市）级、305个地级、2058个县级行政区。防治区内现有人口4.6亿人，占全国总人口的34.3%。

城市内涝指的是强降水或连续性降水超过城市排水能力，导致城市内产生积水灾害的现象。近5年来，我国300多个城市均发生了不同程度的内涝灾害，其特征表现为发生范围广、积水时间长、对城市发展及管理的后续影响严重、生命财产损失巨大。

5）水资源的宣传和管理不到位

长期以来，水资源短缺现状的宣传教育力度不够，科学有效使用水资源的引导和督察不到位，工农业和生活用水管理处于缺失状态，水的立法工作严重滞后，各行各业及居民生活用水浪费现象普遍存在，民众节水意识淡薄，水资源管理工作有待加强。从未来发展看，水资源供需矛盾将更加尖锐。

3.2.3　解决突出问题的规划与措施

针对水社会循环中的突出问题，需要明确目标，做出规划，规划可以按照水资源、水环境、水生态、水安全和水文化五个方面来深入细化，具体的规划与措施如下。

1）水资源利用系统规划

结合城市水资源分布、供水工程，围绕城市水资源目标，严格水源保护，制定再生水、雨水资源综合利用的技术方案和实施路径，提高本地水资源开发利用水平，增强供水安全保障度。明确水源保护区、再生水厂、小水库山塘雨水综合利用设施等可能独立占地的市政重大设施布局、用地、功能、规模。复核水资源利用目标的可行性。

2）水环境综合整治规划

对城市水环境现状进行综合分析评估，确认属于黑臭水体的，要根据《水污染防治行动计划》（国发〔2015〕17号）中的要求，结合住房和城乡建设部颁发的《城市黑臭水体整治工作指南》，明确治理的时序。黑臭水体治理以控源截污为本，统筹考虑近期与远期，治标与治本，生态与安全，景观与功能等多重关系，因地制宜地提出黑臭水体的治理措施。

结合城市水环境现状、容量与功能分区，围绕城市水环境总量控制目标，明确达标路径，制定包括点源监管与控制，面源污染控制（源头、中间、末端），水自净能力提升的水环境治理系统技术方案，并明确各类技术设施实施路径。要坚决反对以恢复水动力为理由的各类调水冲污、河湖连通等措施。

对城市现状排水体制进行梳理，在充分分析论证的基础上，识别出近期需要改造的合流制系统。对于具备雨污分流改造条件的，要加大改造力度。对于近期不具备改造条件的，要做好截污，并结合海绵城市建设和调蓄设施建设，辅以管网修复等措施，综合控制合流制年均溢流污染次数和溢流污水总量。明确并优化污水处理厂、污水（截污）调节、湿地等独立占地的重大设施布局、用地、功能、规模，充分考虑污水处理再生水用于生态补水，恢复河流水动力，并复核水环境目标的可达性。

有条件的城市和水环境问题较为突出的城市综合采用数学模型、监测、信息化等手段提高规划的科学性，加强实施管理。

3）水生态修复规划

结合城市产汇流特征和水系现状，围绕城市水生态目标，明确达标路径，制定年径流总量控制率的管控分解方案、生态岸线恢复和保护的布局方案，并兼顾水文化的需求。明确重要水系岸线的功能、形态和总体控制要求。

根据《国务院办公厅关于推进海绵城市建设的指导意见》（国办发〔2015〕75号）中的要求，加强对城市坑塘、河湖、湿地等水体自然形态的保护和恢复，对裁弯取直、河道硬化等过去遭到破坏的水生态环境进行识别和分析，具备改造条件的，要提出生态修复的技术措施、进度安排，改造渠化河道，重塑健康自然的弯曲河岸线，恢复自然深潭浅滩和泛洪漫滩，实施生态修复，营造多样性生物生存环境。通过重塑自然岸线，恢复水动力和生物多样，发挥河流的自然净化和修复功能。

4）水安全保障规划

充分分析现状，评估城市现状排水能力和内涝风险。结合城市易涝区治理、排水防涝工程现状及规划，围绕城市水安全目标，制定综合考虑渗、滞、蓄、净、用、排等多种措施组合的城市排水防涝系统技术方案，明确源头径流控制系统、管渠系统、内涝防治系统各自承担的径流控制目标、实施路径、标准、建设要求。

对于现状建成区，要以优先解决易涝点的治理为突破口，合理优化排水分区，逐步改造城市排水主干系统，提高建设标准，系统提升城市排水防涝能力。明确调蓄池、滞洪区、泵站、超标径流通道等可能独立占地的市政重大设施布局、用地、功能、规模。明确对竖向、易涝区用地性质等的管控要求。复核水安全目标的可达性。

有条件的城市和水安全问题较为突出的城市综合采用数学模型、监测、信息化等手段提高规划的科学性，加强实施管理。

5）水文化建设规划

水生态文明的建设不仅是工程技术问题，也是一种文化和社会管理问题，涉及许多部门、涉及社会各方面。文明是社会进步的体现，水生态文明是水环境和水生态不断改善的体现，需要社会各界和全体民众参与才可能取得成效，所以除了建立必要的法律法规和技术体系外，更需要加强全民伦理、道德或者文化建设，使广大民众自觉参与社会实践活动。

具体措施包括：（1）从中小学教育开始，将水环境、水生态、人水和谐相关的科学知识添加进青少年学习教材中去；（2）开展全民水环境和水生态保护知识的宣传、教育和培训；（3）发挥包括非政府环保组织在内的各类组织或者机构的作用，鼓励更多志愿者参与水环境和水生态保护行动；（4）加强新闻媒体和网络生态环境监督、宣传和报道；（5）进一步完善水利风景区建设，开展生态旅游、水文化创新等活动，营造和创新水文化氛围等。

3.3 给水工程

3.3.1 给水管网系统

1）给水管网系统的组成

给水管网系统一般是由输水管渠、配水管网、水压调节设施（泵站、减压设备）、调节构筑物（清水池、水塔、高位水池）及附属构筑物等构成。图3-5为地表水源给水管网系统示意，图3-6为地下水源给水管网系统示意。

（1）输水管渠

输水管渠是指从水源取水口到水厂和从水厂到给水管网的管道或管渠，仅起输水作用，不沿线配水。输水管线应当尽量缩短，减少占用农田，便于管渠施工和运行维护，保证供水安全，输水管应采用双线供水。输水管渠的输水方式可分成两类：第一类是水源低于给水区，例如取用江河水时，需要采用泵站加压

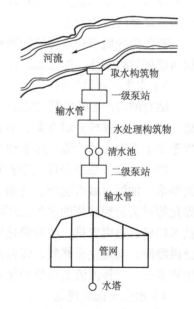

图3-5 地表水源给水管网系统示意

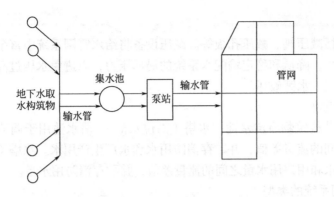

图 3-6　地下水源给水管网系统示意

输水，根据地形高差、管线长度和水管承压能力等情况，有时需在输水途中再设置加压泵站；第二类是水源位置高于给水区，例如取用蓄水库水时，有可能采用重力管渠输水。

根据水源和给水区的地形高差变化及地形变化，输水管渠可以是重力式或压力式。远距离输水时，地形往往有起有伏，采用压力式的较多。重力管渠的定线比较简单，可敷设在水力坡线以下并且尽量按最短的距离供水。

（2）配水管网

配水管网是担任输送沿线流量，并将水送到分配管以至用户的管系（有时还输送转输流量）。它是给水系统中重要组成部分之一，由水管与其他构筑物（如水泵站、水塔等）组成。配水管网的布置形式，一般分为树枝形和环形两种。从经济和供水安全比较，在一定范围内树枝形管网总长度较短，但断水的可能性较大，不够安全，环形管网则相反。因此，在实际运用时，可二者结合布置，或近期采用树枝形管网，将来再发展成环形管网。在大城市多采用环形，中小城市和一些工业区多采用树枝形管网。整个给水工程投资中，管网费用占50%～80%，因此必须进行各种方案的计算和比较，以达到经济合理地满足近期和远期用水的目的。配水管网的布置应满足如下要求：①管线遍布在整个给水区内，保证用户有足够的水量和水压；②必须安全可靠，当局部管网发生事故时，仍能不间断供水；③力求沿最短距离敷设管线，供水到用户，以降低管网造价和经营管理费用；④按照城市规划，留有充分发展余地。

（3）水压调节设施

水压调节设施包括泵站和减压设备等。

①泵站

泵站是给水工程系统中的扬水设施，根据泵站在给水系统中的作用划分主要有一级泵站、二级泵站、增压泵站和循环泵站。其中一级泵站将原水从水源输送（一般为低扬程）到处理厂，当原水无需处理时直接送入给水管网、蓄水池或水塔。二级泵站将处理厂清水池中的水输送（一般为高扬程）到给水管网，以供应用户需要。增压泵站是提高给水管网中水压不足地带水压的泵站。在扩建或新建管网时都可采用。特别是在地形狭长或高差较大的城市或对个别水压不足的建筑物，设置增压泵站一般较为经济合理。循环泵站是将生产过程排出的废水经处理后，再送回生产中使用的泵站，如冷却水的循环泵站。

②减压设备

减压设备包括减压阀、减压孔板等。减压设备将给水管网系统中富余的能量消除，使管路末端压力减小，降低和稳定输配水系统的局部压力，以避免水压过高造成管道或其他设施的爆水、爆裂、水锤破坏。

（4）调节构筑物

给水工程调节构筑物有清水池、水塔（高位水池）。清水池用于调节一级泵站供水和二级泵站供水之间的流量差值，并贮存消防用水和水厂生产用水。水塔（高位水池）用于调节二级泵站供水和用户用水量之间的流量差值，并贮存消防用水量。

2）给水管网系统的类型

给水管网系统主要有统一给水管网系统和分系统给水管网系统。

（1）统一给水管网系统

根据向管网供水的水源数目，统一给水管网系统可分为单水源给水管网系统和多水源给水管网系统两种形式。

①单水源给水管网系统。即只有一个水源地，处理过的清水经过泵站加压后进入输水管和管网，所有用户的用水来源于一个水厂清水池，较小的给水管网系统，如企事业单位或小城镇给水管网系统，多为单水源给水管网系统，系统简单，管理方便。图 3-7 为单水源给水管网系统示意。

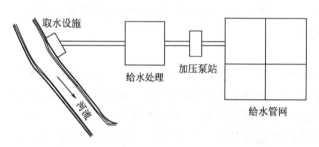

图 3-7　单水源给水管网系统示意

②多水源给水管网系统。有多个水厂的清水池（清水库）作为水源的给水管网系统，清水从不同的地点经输水管进入管网，用户的用水可以来源于不同的水厂。较大的给水管网系统，如中大城市甚至跨城镇的给水管网系统，一般是多水源给水管网系统，图 3-8 为多水源给水管网系统示意。

多水源给水管网系统的特点是：调度灵活、供水安全可靠（水源之间可以互补），就

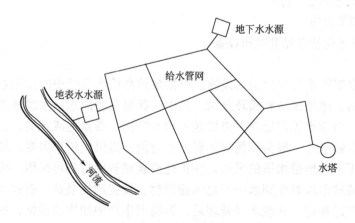

图 3-8　多水源给水管网系统示意

近给水，动力消耗较小；管网内水压较均匀，便于分期发展，但随着水源的增多，管理的复杂程度也相应提高。

（2）分系统给水管网系统

分系统给水管网系统和统一给水管网系统一样，也可采用单水源或多水源供水。根据具体情况，分系统给水管网系统又可分为：分区给水管网系统、分压给水管网系统和分质给水管网系统。

①分区给水管网系统

管网分区的方法有两种：一种是城镇地形较平坦，功能分区较明显或自然分隔而分区，城镇被河流分隔，两岸工业和居民用水分别供给，自成给水系统，随着城镇发展，再考虑将管网相互沟通，成为多水源给水系统，图3-9为分区给水管网系统示意。另一种是因地形高差较大或输水距离较长而分区，又有串联分区和并联分区两类：采用串联分区，设泵站加压（或减压措施）从某一区取水，向另一区供水；采用并联分区，不同压力要求的区域有不同泵站（或泵站中不同水泵）供水。大型管网系统可能既有串联分区又有并联分区，以便更加节约能量。图3-10为并联分区给水管网系统示意，图3-11为串联分区给水管网系统示意。

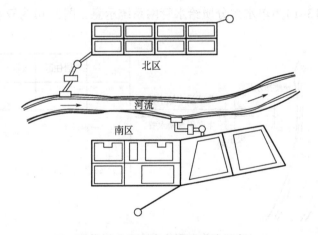

图3-9 分区给水管网系统示意

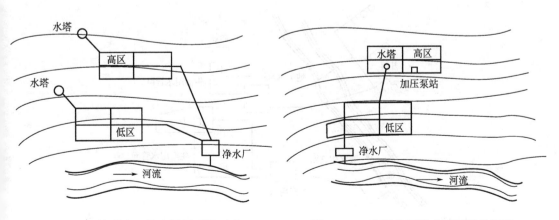

图3-10 并联分区给水管网系统示意   图3-11 串联分区给水管网系统示意

②分压给水管网系统

由于用户对水压的要求不同而分成两个或两个以上的系统给水。符合用户水质要求的水，由同一泵站内的不同扬程的水泵分别通过高压、低压输水管网送往不同用户。图3-12为分压给水管网系统示意。

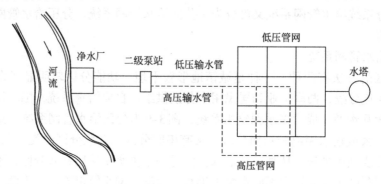

图 3-12　分压给水管网系统示意

③分质给水管网系统

因用户对水质的要求不同而分成两个或两个以上系统，分别供给各类用户，称为分质给水管网系统，图3-13为单水源分质给水管网系统示意、图3-14为双水源分质给水管网系统示意。

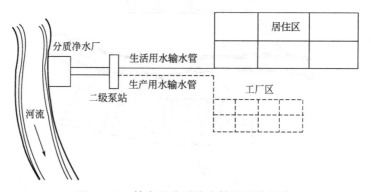

图 3-13　单水源分质给水管网系统示意

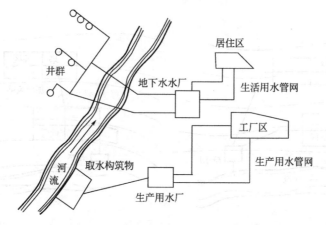

图 3-14　双水源分质给水管网系统示意

3）给水管网系统存在的主要问题

给水管网系统是城市基础设施，城市给水管网系统对于城市的意义相当于人的血管，具有举足轻重的作用。随着城市的扩大，水资源需求变得越来越大，需要给水管网相应地扩大供水能力，这时就显现出城市给水管网必须进行改造的必然性，需要改造的原因主要有以下4个方面。

（1）给水管网管径偏小

我国城市老城区给水管网基本由20世纪80～90年代的规划建设而成，那时对城市发展和工商企业发展没有科学地预判，导致城市给水管网管径过小，虽然在当时可以满足城市供水需要，但是对于当前人口和生产压力，原有管径已经远远不能满足需要。

（2）给水管网严重老化

城市供水管网长期以来一直处于运行状态，其中有相当一部分出现了老化，管网老化在老城区较为突出，其中老城区有些管网铺设时间甚至超过了50年，且管材质量较差，再加上长期超负荷运行，年久失修，城市供水管道出现爆管，以及各种明漏、暗漏问题。有统计资料显示，一般的城市自来水由于供水管导致的漏损率要达到10%～30%，当前的平均水平高达24%左右的漏损率，这个数字要远远高于欧洲发达国家7%的漏损率，同时，城市给水管网又处于超负荷供水状态，进一步增加了不必要的能耗和漏耗。相关部门测算结果表明，当前状态下，每年我国因给水管网漏损和爆管所造成的经济损失高达近5亿元人民币。

（3）给水管网布局不合理

①由于20世纪80～90年代对供水管网缺乏整体的规划控制，供水管网布置只根据当时的需要布置而没有进行远期规划；

②随着国内城镇化的迅速发展与居民生活水平的提高，人们对生活用水的质量和水量要求也逐步提高；

③旧城的经济、文化中心地域规划的调整。随着人口密集度及用水功能的不同，使已建管网不能适应当前的供水要求，部分城市的供水管网出现流速偏低、停留时间长或水厂能耗大、管网压力极不均衡等现象。

（4）给水管网运行状态不佳

当前在城市给水管网运行中，经常会因供水压力过大而引发城市给水管网爆裂、管网堵塞、管网压力过低等实际问题，造成城市给水管网的输水能力在原本已有不足的情况下继续下降，会形成对城市给水管网供水能力的进一步影响，因此，进行城市给水管网改造也就成为趋势和必然。

4）给水管网系统问题的解决思路

（1）加强城市老旧供水管网的抢修、维护和管理力度

开展快速、高效的供水管网抢修工作、缩短抢修时间、提高抢修速度对供水管线安全运行意义重大。供水管道漏水分为明漏和暗漏。明漏比较直观可以快速找到，但暗漏就需要配备一支装备精良、经验丰富的专业听漏队伍。有经验的测漏人员利用测漏仪器根据管网中流水声音的细微差别能判断供水管道的漏点位置以及漏水的严重程度，进而为快速定位维修提供依据。成立专业的管线维护和抢修队伍也至关重要。抢修队伍要求成员都必须熟悉管网的分布，熟悉和掌握抢修机具的使用和维护，明确闸阀等重要部件的具体位置、

口径和控制范围，做到有抢修任务能快速反映、准确操作。并且要通过不断地抢修专业培训和实战演练全面提升抢修人员的整体素质，"招之即来，来之能战，战之能胜"的精干管线抢修力量是供水管网维护抢修的有力保障。

（2）积极实施老旧供水管网改造

在对城区老旧供水管网加大日常维护、管理和抢修的同时。积极实施老旧供水管网改造也是目前采取较多的解决现实问题的方法之一。实施老旧供水管网改造过程中要注意在供水管道材质上应当选择采用防渗性好、渗漏率低、耐腐蚀、内阻小的新材料管材，毕竟管道材质和质量的好坏直接影响管道的使用寿命和管道的渗漏情况。从管理的角度而言，管道的寿命和渗漏是运行成本的重要构成部分，我们应当追求建设成本和运行成本的最优化，也就是供水管道全寿命周期的成本最小化。

目前，老旧供水管网改造多采用的是废弃旧管网的办法。采用大开挖施工方式进行新管线铺设，这种方式施工工艺简单，施工进度较快。但往往施工前期协调难度大，工程量大，投入多，由于是大开挖施工容易对施工区域周围的环境造成不良的影响。

在供水管网实施改造的过程中，应积极探索采用新技术、新工艺、新方法和新措施等。非开挖管道修复技术是近年来供水管网改造常用的新技术。

①非开挖管道修复技术有以下六大优势：a. 针对老、旧管道设施的改造，能同时满足结构更新和扩容的需求；b. 最大限度地避免了拆迁麻烦和对环境的破坏，减少了工程的额外投资；c. 局部开挖工作坑，减少了掘路量及对公共交通环境的影响；d. 采用液压设备，噪声低，符合环保要求，减少了扰民因素，社会效益明显提高；e. 施工速度快、工期短，有效降低了工程成本；f. 工程安全可靠，提高了服务性能，有益于设施的后期养护。

②目前非开挖管道修复技术工艺有4大类：

第一类是采用树脂固化的方法。在管道内部形成新的供水管道，典型应用为CIPP工艺，CIPP工艺是在现有的旧管道内壁上衬一层浸渍液态热固性树脂的软衬层，通过加热或常温使其固化，形成与旧管道紧密配合的薄层管，管道断面几乎没有损失。该类修复技术可修复铸铁管、钢管及混凝土等多种材质的地下管道，尤其适用于城市中交通拥挤、地面设施集中或占压严重、采用常规开挖地面的方法无法修复与更新的管道。该修复技术可适用管径范围为50～2000mm的各类管线。其局限性是对管道清洗的要求高、成本大、树脂固化时间长（一般在5h以上）以及每段施工编织管均需单独定制。

第二类是采用小管穿大管的方式。在原有管道内部套入小的管道，以解决燃眉之急，典型应用为U形内衬HDPE管修复工艺。U形内衬HDPE管修复技术其原理是采用外径比旧管道内径略小的HDPE管，通过变形设备将HDPE管压成U形并暂时捆绑以使其直径减小，通过牵引机将HDPE管穿入旧管道，然后利用水压或气（汽）压与通软体球将其打开并恢复到原来的直径，使HDPE管涨贴到旧管道的内壁上，与旧管道紧密的配合，形成HDPE管的防腐性能与原管道的机械性能合二为一的一种"管中管"复合结构。此类修复技术一般适用于结构性破坏不严重的直圆形管道，可适用管径范围为75～2000mm，管线长度1000m左右的各类管道。该技术因其具备卫生性能良好、过流断面损失小、变形适用范围大以及可长距离修复等优点，已广泛应用于给排水等相关管网修复工程。

第三类是采用螺旋制管的方式。在原有管道的内部采用缠绕法形成1条新管道，典型应用为螺旋缠绕法，螺旋缠绕法修复技术主要是通过螺旋缠绕的方法在旧管道内部将带状型材通过压制卡口不断前进形成新的管道。采用该技术修复后的管道内壁光滑，过水能力比修复前的混凝土管要好，而且材料占地面积较小，适合长距离的管道修复。

第四类是碎（裂）管法修复技术。碎（裂）管法是采用碎（裂）管设备从内部破碎或割裂旧管道，将旧管道碎片挤入周围土体形成管孔，并同步拉入新管道（同口径或更大口径）的管道更新方法。此类修复技术可适用于陶瓷、不加筋混凝土、石棉水泥、塑料或铸铁管的旧管道更新，适用管径范围为75 ~ 2000mm。

（3）积极探索实施地下综合管廊建设

在城市建设过程中，综合管廊建设可以说将会逐渐成为地下管道管理部门发展的方向。地下综合管廊即在城市地下建造一个隧道空间，它将电力、通信，燃气、供热、给水排水等各种工程管线集于一体，设有专门的检修口、吊装口和监测系统，实施统一规划、统一设计、统一建设和管理，是保障城市运行的重要基础设施和“生命线”。地下城市管廊的修建需要政府部门统一实施规划、统一协调需要使用综合管廊的单位申报使用情况，合理进行设计，统一协调逐步推进实施。地下综合管廊前期投入巨大，但是一旦实施完成将对城市供水、供电、供气、供暖、通讯以及防洪等意义深远。地下管廊的实施将会彻底改变目前各地下管线单位施工过程中存在的各自为政的局面。避免地下管线各单位由于规划和进度不统一，而造成的对城市已建成道路的多次开挖和恢复，减少对路面的破坏和节省重复施工成本，地下综合管廊的经济效益和社会效益将是不可估量的。

3.3.2　给水处理系统

给水处理的任务是通过必要的处理方法去除水中杂质，使之符合生活饮用或工业使用所要求的水质。水处理方法应根据水源水质和用水对象对水质的要求确定。在给水处理中，有的处理方法除了具有某一特定的处理效果外，往往也直接或间接地兼收其他处理效果。为了达到某一处理目的，往往几种方法结合使用。

1）给水处理系统流程概述

（1）沉淀与消毒

沉淀工艺通常包括混凝、沉淀和过滤。处理对象主要是水中悬浮物和胶体杂质。原水加药后，经混凝使水中悬浮物和胶体形成大颗粒絮凝体，而后通过沉淀池进行重力分离。过滤是利用粒状滤料截留水中杂质的构筑物，常置于混凝和沉淀构筑物之后，用以进一步降低水的浑浊度。完善而有效的混凝、沉淀和过滤，不仅能有效地降低水的浊度，对水中某些有机物、细菌及病毒等的去除也是有一定效果的。根据原水水质不同，在上述沉淀工艺系统中还可适当增加或减少某些处理构筑物。例如在处理高浊度原水时，往往需设置泥沙预沉池或沉沙池，原水浊度很低时，可以省去沉淀构筑物而进行原水加药后的直接过滤。但在生活饮用水处理中，过滤是必不可少的。大多数工业用水也往往采用沉淀工艺作为预处理过程。如果工业用水对沉淀要求不高，可以省去过滤而仅需混凝、沉淀即可。

消毒是灭活水中致病微生物，通常在过滤以后进行。主要消毒方法是在水中投加消毒剂以灭致病微生物。当前我国普遍采用的消毒剂是氯，也有采用漂白粉、二氧化氯及次氯酸钠等。

（2）除臭、除味

这是饮用水净化中所需的特殊处理方法。当原水中臭和味严重而采用沉淀和消毒工艺系统不能达到水质要求时方才采用。除臭、除味的方法取决于水中臭和味的来源。例如：对于水中有机物所产生的臭和味，可用活性炭吸附或氧化法去除；对于溶解性气体或挥发性有机物所产生的臭和味，可采用曝气法去除；因藻类繁殖而产生的臭和味，可采用微滤机或气浮法去除藻类，也可在水中投加除藻药剂；因溶解盐类所产生的臭和味，可采用适当的除盐措施等。

（3）除铁、除锰和除氟

当地下水中的铁、锰的含量超过生活饮用水卫生标准时，需采用除铁、锰措施。常用的除铁、锰方法是：自然氧化法和接触氧化法。前者通常设置曝气装置、氧化反应池和砂滤池，后者通常设置曝气装置和接触氧化滤池。工艺系统的选择应根据是否单纯除铁还是同时除铁、除锰，原水中铁、锰含量及其他有关水质特点确定。还可采用药剂氧化、生物氧化法及离子交换法等。通过上述处理方法（离子交换法除外），使溶解性二价铁和锰分别转变成三价铁和四价锰沉淀物而去除。当水中含氟量超1.0mg/L时，需采用除氟措施。除氟方法基本上分为两类：一是投入硫酸铝、氯化铝或碱式氯化铝等使氟化物产生沉淀；二是利用活性氧化铝或磷酸三钙等进行吸附交换。目前使用活性氧化铝除氟的较多。

（4）软化

处理对象主要是水中钙、镁离子。软化方法主要有：离子交换法和药剂软化法。前者在于使水中钙、镁离子与阳离子交换剂上的阳离子互相交换以达到去除目的，后者系在水中投入药剂如石灰、苏打等以使钙、镁离子转变成沉淀物而从水中分离。

（5）淡化和除盐

处理对象是水中各种溶解盐类，包括阴、阳离子。将高含盐量的水如海水及"苦咸水"处理到符合生活饮用或某些工业用水要求时的处理过程，一般称为咸水"淡化"，制取纯水及高纯水的处理过程称为水的"除盐"。淡化和除盐主要方法有：蒸馏法、离子交换法、电渗析法及反渗透法等。离子交换法需经过阳离子和阴离子交换剂两种交换过程；电渗析法系利用阴、阳离子交换膜能够分别透过阴、阳离子的特性，在外加直流电场作用下使水中阴、阳离子被分离出去；反渗透法系利用高于渗透压的压力施于含盐水以使水通过半渗透膜而盐类离子被阻留下来。电渗析法和反渗透法属于膜分离法，通常用于高含盐量水的淡化或离子交换法的前处理工艺。

2）给水处理系统技术发展

（1）市政给水处理工艺

现阶段，我国给水处理技术实现了对传统意义上的混凝、消毒等水处理工艺的优化与完善，也实现了给水深度处理技术的进一步发展。

①聚合硫酸铁的应用

聚合硫酸铁是一种高分子聚合物，其有着良好絮凝功能，在水解之后可以形成许多络合物，实现水中微小颗粒的有效吸附，重要的是基本不会受原水的水温与pH等相关要素影响，具有比较强的适应性；投加量少，成本低，反应速率较高；给水处理时不会出现二次污染物，从而保证用水安全。

②微生物絮凝剂的应用

微生物絮凝剂作为无毒、无污染、高效率的一种净水剂，其主要由微生物的自然发酵代谢而形成，基本成分由蛋白质与核酸等一些高分子化合物组成，由此微生物絮凝剂拥有生物降解性与絮凝活性，是一种新型水处理剂。微生物絮凝剂除了净化原水外，能及时、有效杀灭细菌等，切实提升水处理工作效率。

③二氧化氯消毒技术

从本质上分析，二氧化氯拥有良好的吸附渗透作用，可以附着与穿透低级微生物细胞壁，有效抑制蛋白质进行合成，防止细菌与病毒的滋生。其在水中比较容易扩散，基本上不会和水中的有机物出现任何形式的反应，所以说二氧化氯消毒是原水消毒最理想的一项技术。此外，二氧化氯消毒技术具有极强的杀菌能力，基本不受原水 pH 等有关要素的影响，尤其在大肠杆菌、肝炎病毒等方面的杀菌效果十分突出。在管网供水过程中二氧化氯可以保有稳定余量，实现微生物滋生的有效抑制，从而确保用水安全。

④臭氧消毒技术

臭氧属于强氧化剂，可以实现细菌细胞中葡萄糖氧化酶的有效氧化分解，具有比较强的除菌作用。臭氧作用在病毒或细菌上时，可以实现细胞器中的脂类与遗传物质等有关大分子聚合物的分解，防止微生物进行代谢与繁殖，具有良好的消毒效果。此外，臭氧可以通过侵入细胞膜与外膜脂蛋白和内脂多糖发生反应，从而使细菌、病毒和支原体溶解和变性，实现杀菌。

⑤紫外线消毒技术

紫外线是指波长在 200～380nm 之间的电磁波，其能对蛋白质的合成进行高效抑制，避免细菌与病毒的滋生。借助于波长在 200～380nm 之间的电磁波实现微生物 DNA 的有效破坏，发挥杀菌作用。此外，紫外线消毒具有无二次污染、操作便捷、成本低等优势，使其在水处理消毒中易于推广应用。

（2）给水深度处理新工艺

①臭氧－生物活性炭工艺

臭氧－生物活性炭工艺作为一种新型的处理技术，它能够有效融合生物氧化降解、臭氧化学氧化、活性炭物理化学吸附以及臭氧灭菌消毒。臭氧－生物活性炭工艺可以利用臭氧的预氧化作用来氧化分解水中的有机物，这不仅有利于减少生物活性炭滤池中的有机负荷，还有利于降解水中难以生物降解的物质。与此同时，臭氧－生物活性炭工艺还可以利用充氧的作用来氧化生物活性炭滤池，这不仅有利于提高活性炭的吸附成效，还有利于富集水中的微生物。

②净化工艺中氨氮的有效去除

要想有效去除净化工艺中的氨氮，可以采取以下 4 种措施：a. 在预加氯的过程中，促使氨和氯发生一定的化学反应，或是采用生物预处理的方法去除净化工艺中的氨氮；b. 在混凝沉淀的过程中，可以去除水中以胶体态或是以悬浮颗粒形式存在的有机氮和氨氮；c. 臭氧能够氧化部分氨氮，同时借助充氧作用将剩余的氨氮进行生物降解；d. 在加氯消毒的过程中会化合部分氨。由此可见，在去除氨氮的过程中，必须进行多次处理且充分发挥生物作用，只有这样，才能有效去除水中的氨氮。

③中水回收再利用技术

　　中水回收再利用技术作为一种循环利用水资源的方法，它主要对已经使用过的水进行再处理。比较常用的中水回收再利用技术大致可分为3种。

　　a. 生物处理法。生物处理法可以充分利用好氧微生物的氧化和吸附作用来去除污水中的可降解有机物。生物处理法包括兼性微生物处理法、好氧微生物处理法以及厌氧微生物处理法，其中，好氧微生物处理法是中水处理时比较常见的方法。由于生物处理法具有经济效益高，运行成本低的特点，适用于规模较大的中水回用工程；

　　b. 物理化学处理法。物理化学处理法能够有效融合混凝沉淀技术与活性炭吸附技术。物理化学处理法具有占地面积小、工程流程短和波动性较强的特点，适用于规模较小的中水回用工程；

　　c. 膜处理法。膜处理法主要借助膜技术来处理水，从而确保水质符合标准。目前常用的两种膜处理技术是膜生物反应器和连续微过滤。现阶段，膜处理法已成为现代城市给水处理的一种潮流，水质在经过膜处理法处理后，不仅能够达到排放标准，还能够将处理后的中水用于冲厕、城市绿化以及洗车等，有利于节约城市水资源。

3.4　排水工程

3.4.1　排水管网系统

　　1）排水管网系统概述

　　排水管网系统是现代化城市不可缺少的重要市政基础设施，也是城市水污染防治和排涝、防洪的骨干工程，它的任务是及时收集、输送城市产生的生活污水、工业废水和降水。其作用是及时可靠地排除城市区域内产生的生活污水、工业废水和降水，使城市免受污水之害和暴雨积水之灾，从而给人们创造一个舒适安全的生存和生产环境，使城市生态系统的能量流动和物质循环正常进行，维持生态平衡，保证可持续发展。

　　排水管网系统上6个常见的组成部分。

　　（1）废水收集设施与室内排水管道。收集建筑物内废水的各种卫生设备，它们既是人们用水的容器，也是承受污水的容器，又是污水排水系统的起点设备。

　　（2）排水管网。指分布于排水区域内的排水管道（渠），其功能是将收集到的污水、废水和雨水等输送到处理地点或排放口，以便集中处理或排放。

　　（3）排水管网系统上的构筑物。排水管网系统中设置有雨水口、检查井、跌水井、溢流井、水封井、换气井、倒虹管等附属构筑物及流量等检测设施，便于系统的运行与维护管理。

　　（4）水量调节池。指拥有一定容积的污水、废水和雨水储存设施。用于调节排水管网流量或减少水量的差值。通过水量调节池可以降低其下游高峰排水量，从而减少输水管渠或污水处理设施的设计规模，降低工程造价。

　　（5）提升泵站，又称中途提升泵站。当重力流排水管道埋深过大，施工运行困难时，需要提升污水，减小下游的管道埋深，就需要设立中途泵站。泵站的位置由管渠系统规划确定，同时也要考虑卫生要求、地质条件、电力供应及应急排放口等条件。图3-15为排水提升泵站示意。

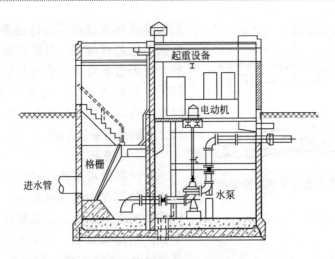

图 3-15　排水提升泵站示意

（6）出水口与事故排出口。排水管道的末端是废水排放口，与接纳废水的水体连接。为保证排放口部的稳定，或者使废水能够比较均匀地与接纳水体混合，需要合理设置排放口。为了减少环境污染，排放口也选在远离城市的水体下游。

事故排出口是指在排水系统发生故障时，把废水临时排放到天然水体或其他地点的设施，通常设置在某些易于发生故障的构筑物面前（如在总泵站的前面）。

2）排水管网系统体制

生活污水、工业废水和雨水用一套或两套独立的管网系统排除，不同的排除方式所形成的排水系统称为排水体制。排水体制包括合流制和分流制。

（1）合流制

合流制排水系统是将生活污水、工业废水和雨水混合在同一个管网系统内排除的排水系统，按照其产生的次序及对污水处理的程度不同，合流制排水系统又分为直排式合流制、截流式合流制和完全处理式合流制三种形式。

①直排式合流制排水系统

直排式合流制排水系统的管道布置就近坡向水体，分若干排出口，混合的污水未经处理直接排入水体，我国城市老城区大多采用这种排水体制。图 3-16 为直排式合流制排水系统示意。

②截流式合流制排水系统

截流式合流制排水系统是在直排式合流制的基础上，修建沿河截流干管，在城市下游修建污水处理厂，并在适当的位置设置溢流井。该系统可以保证晴天的污水全部进入污水处理厂，雨天一部分污水得到处理。图 3-17 为截留式合流制排水系统示意。

③完全处理式合流制排水系统

完全处理式合流制排水系统是将生活污水、工业废水和雨水集中于一条管渠排除，并

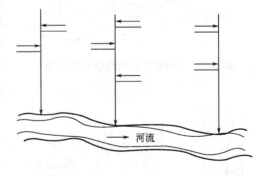

图 3-16　直排式合流制排水系统示意

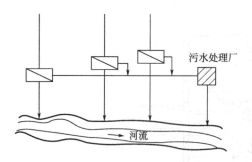

图 3-17　截留式合流制排水系统示意

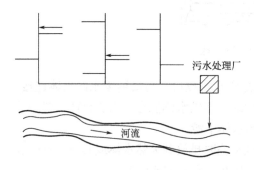

图 3-18　完全处理式合流制排水系统示意

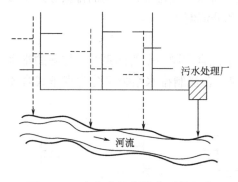

图 3-19　完全分流制排水系统示意

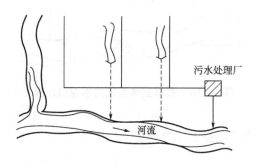

图 3-20　不完全分流制排水系统示意

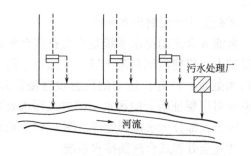

图 3-21　半分流制排水系统示意

全部送往污水处理厂进行处理。显然，这种体制的卫生条件较好，对保护城市水环境非常有利，在街道下管道综合也比较方便，但工程量较大，初期投资大，污水厂的运行管理不便。因此，目前国内采用不多。图 3-18 为完全处理式合流制排水系统示意。

（2）分流制

分流制排水系统是将生活污水、工业废水和雨水分别在两套或两套以上管道（渠）系统内排放的排水系统。分流制排水系统又分为完全分流制排水系统、不完全分流制排水系统以及半分流制排水系统三种形式。

①完全分流制排水系统

完全分流制排水系统是指在同一排水区域内，既有污水管网系统，又有雨水管网系统，图 3-19 为完全分流制排水系统示意。

②不完全分流制排水系统

不完全分流制排水系统只设有污水管网系统，没有完整的雨水管网系统。污水通过污水管网系统，处理后排入水体，而雨水沿天然地面，街道边沟，水渠等排泄，图 3-20 为不完全分流制排水系统示意。

③半分流制排水系统

半分流制排水系统，也称为截流式分流制排水系统，是指将分流系统的雨水排水系统仿照截流式合流系统，将它的小部分流量截流到污水排水系统，将城市废水对水体的污染降到最低程度的排水系统，图 3-21 为半分流制排水系统示意。

3）污水源分离排水系统

（1）概述

污水源分离排水系统是指根据水质特点，从源头上实现污水的分离式收集进而实现污水分质处理的新型排水方式，这为解决传统排水系统带来的危机提供了一种新的更可持续的解决方法，在国内外受到了广泛关注。最早能见到的公开文献报道始于 1995 年，kirchmann 等介绍了在瑞典农村部分地区安装的粪尿分离式便器，由于这些地区没有接入污水管网，因此希望通过安装分离式便器以方便对人类的排泄物进行就地处理，减轻其对水体的污染。之后，学界针对污水分离式收集、污水输送、分质处理技术等关键技术点开展了有针对性的研究工作。与此同时，以欧洲国家为主体，一系列污水源分离排水系统实践计划颁布，丹麦政府于 1997 年投资 4200 万美元，用于实施"生态活动计划"，德国政府于 2001 年启动了一项生态卫生系统计划，主要以人口密集的城市为目标建立生态卫生系统示范工程。随着技术研发的不断深入，生态卫生系统在全球范围内的实际应用与示范工程案例也与日俱增。

（2）污水源分离排水系统的优势

在过去的百余年间，城市传统污水排水系统在提高人们的生活质量以及用水状况方面作出极大的贡献。但是，这种方式将粪便、尿液和其他污水一同混合排放，不仅消耗大量的水资源，同时也阻断了粪便、尿液中的碳、氮、磷、钾等营养物质在污水的混合处理中流失，或进入水循环，在一些国家（如瑞士），迫于消费者的压力，污泥回用也被全面禁止，如此，污水中的营养物质回归土地的途径就完全被断绝。与此同时，污水的不当处理排放很可能引起环境污染，使得水环境保护的压力日益增大。随着人口密度的增长和社会经济的发展，要消耗大量能源和有限的矿物资源（如磷矿、钾矿）来生产化肥，人类正面临着严重的能源和资源枯竭危机。在倡导可持续发展的今天，传统排水系统正遭受到越来越多的质疑。

（3）污水源分离排水系统的应用与发展

清华大学张弛等人针对可持续卫生发展联盟（Sustainable Sanitation Alliance，简称SuSanA）的案例研究数据库选取了 36 个污水源分离排水系统工程案例，这些案例主要分布在 2001～2010 年间。从工程在各类地区的分布情况看，30 个工程分布在非洲和亚洲地区，污水源分离排水系统工程又以城郊和农村的工程项目为主，约占总工程数量的 72%；欧洲的工程项目仅占 11%，却全部集中在城市地区。从污水源分离排水系统工程案例的服务人口数量概况看，这些工程主要用于从极小规模的学校或小型村庄（<100 人）至大规模的农村地区或者城市公园（>50000 人）等，其中服务人口介于 100～500 人的工程最多，约占 42%，这些工程大多服务于小型城区、社区或学校。随着人口服务数量的扩大，工程数量逐渐减少。服务人口在 50000 人以上的工程共有 4 个，分别是北京奥林匹克森林公园项目、陕西省农村地区项目、南非德班市郊区项目、德国汉堡项目。这说明目前污水源分离排水系统工程的建设还是主要集中于小型的城区和学校，即以示范性质为主，真正意义上的工程实施仍然极少。

根据污水来源与水质特性，城市生活污水包括粪便污水、尿液污水、餐厨污水、洗衣、洗浴、洗漱污水等，在源头上实现各种污水的分离式收集之后，粪便污水称为褐水或棕水，尿液污水称为黄水，黄水和褐水合称为黑水，厨房污水和洗衣、洗浴、洗漱污水等合称为灰水。

根据项目实施地的实际需求，在工程实施中，污水源分离排水系统既可以是"全分离"，也可以是"部分分离"。顾名思义，全分离是指将黄水、褐水、灰水甚至雨水全部进行分离式收集的排水系统；部分分离通常是指分离式收集其中的一种或几种污水、其余污水混合收集的排水系统。

污水源分离排水系统构建中，粪尿分离式便器是最关键的构成部分。目前，雨水与生活污水分离式收集是主流的城市排水方式之一，灰水或黑水也只需要在建筑物中安装独立的收集管道即可实现其分离式收集，因此这两种污水的分离式收集都容易实现。然而，除了公共建筑中男士厕所中的小便斗可以实现部分黄水的分离式收集之外，要实现黄水或褐水的分离式收集则需要安装新型的粪尿分离式便器，以改变传统上尿液和粪便的混合排放方式。

在工程中应用的粪尿分离式便器有很多种类型，从冲洗水的角度可分为干式和水冲式粪尿分离式便器，水冲式便器通常用于发达地区或者发展中地区的城市中，在公共建筑、住宅楼和公共厕所中均有应用，单层和多层建筑中均能安装。干式便器中，绝大多数都是干式生态便器，这种便器除了能实现尿液和粪便的分离式收集之外，粪便会直接落入容器中，其中通常添加一定量的锯末、植物灰烬或灰土等进行堆肥发酵。干式便器在发展中国家应用较多，此时，粪尿肥料能够直接用于用户的农业生产中。在发达地区中干式便器很少应用，仅有德国汉堡市吕贝克生态小区使用了少量干式便器，一是由于发达地区居民对厕所卫生程度要求较高，二是由于发达地区对粪尿肥料没有迫切的要求。此外，干式便器通常安装在平房中，因为在楼房建筑中实现粪便的干式收集是很困难的，在我国鄂尔多斯的项目中设计了多个直通居民楼底下操作间储存罐的粪便收集管道，从而实现了粪便的干式收集。

污水源分离排水系统的初衷和最终的目标都是针对污水水质特性更好地实现污水的资源化处理，亦即污水中碳、氮、磷、钾等物质的回收或再利用。灰水和雨水水量大且水质相对较好，主要将其资源化后再利用，处理技术主要包括直接回灌于生态湿地、经过人工湿地或者简单工艺处理后用作再生水，北京奥林匹克森林公园中则使用了膜生物反应器等生物处理设施处理灰水后回用补充公园景观水。黄水富含氮、磷、钾，主要以营养元素为资源化对象，虽然黄水资源化处理技术多达几十种，但实际工程中的处理技术主要是通过腐熟肥化后用作农业生产的肥料。

4) 深隧排水系统

(1) 概述

随着全球气候变化、城市化进程的不断推进，城市排水系统能力不足和排水标准偏低等问题日益凸显，城市暴雨内涝、溢流污染等事件频繁发生，不仅对道路交通、居民出行造成困难，更引发了下游水体黑臭等灾害，严重威胁着城市的发展和人民的生命财产安全。为有效解决这一问题，对城市原有排水系统的改造和完善刻不容缓。但受空间条件、改造费用、施工影响等因素的限制，对浅层管网改造难度较大且效果不甚明显。

城市深隧排水系统作为一种缓解内涝问题的方式，在国外已有了多年实践应用的历史，且延伸出更广泛的用途。我国多个城市也已展开了有关研究和规划，计划以深隧排水系统来解决城市的内涝问题，消除溢流污染，根本改善水质，增强城市防涝能力。

（2）深隧排水系统的工作原理

城市深隧排水系统主要由主隧道、竖井、排水泵组、通风设施、排泥设施等五部分组成。其中，主隧道用于对合流污水、初雨和暴雨的调蓄、输送；竖井作为合流污水或暴雨径流通过浅层管网进入深隧的进水点；排水泵组用于转输、放空或排洪；通风设施用于隧道在充水过程中排气；排泥设施位于隧道尾端，用以清除积泥。这五大部分互相配合，各司其职，使得深隧排水系统发挥作用。

深隧排水工作原理可分为两大工况。首先在降雨时，将多余雨水经由竖井送入到地下的深层隧道，以此来减轻浅层排水管网的压力，减少城市路面积水，防止发生内涝影响交通运输；其次在降雨停止时，通过泵站将降雨时隧道内存储的雨污水输送到浅层管网中，从而进入地面污水处理厂进行雨污水处理。

作为缓解城市内涝的一种先进手段，深隧排水系统有许多优点，在对城市建设方面，深隧工程能够避免路面开挖，对交通和环境的破坏可降低至最小。有效地避免工程与现有的地下公用设施或基础设施产生冲突。此外，由于隧道的布设避开了建筑物桩基，可以采用直线设计，不会受现有路网影响，且节约了土地资源。在对雨水处理方面，深隧系统可有效提高排水管网的截流倍数，控制面源污染。但深隧工程并不是完美无缺的，也存在一些不足之处，如初期工程费用投资较大、需要配建大容量的污水提升泵站、系统运行管理较为复杂，且污水提升成本较高；容易产生污泥沉淀淤积，需要设计深隧清理方案；清理维护成本较高，每次使用过后，需要进行清理维护等。

（3）深隧排水系统的应用与发展

① 芝加哥深隧排水系统

美国第三大城市芝加哥位于湿润性大陆季风气候区，年平均降水量约为965mm，主要集中在夏季。由于雨季内涝频繁发生，初期雨水和溢流污染严重，对其饮用水源地—密歇根湖造成严重污染。原有的截污管线截留倍数低，大暴雨时仍有污水进入河道，溢流污染发生的概率大约为每年100次，对河道造成严重污染。因此，芝加哥投资建设了一套长176km、直径2.5 ~ 10m、埋深45 ~ 106m的深隧系统，旨在减少因污水溢流对水体造成的污染，为雨洪提供出水口以减少城市内涝。芝加哥深隧工程设置竖井264个，直径1.2 ~ 7.6m；排水泵站3座，最大的泵站流量$378 \times 10^5 m^3/d$，提升扬程107m；地面连接设施超过600个。通过竖井及深隧收集，减少溢流点405处，收集的雨水通过3座调蓄水库被输送到一个$450 \times 10^5 m^3/d$的超大规模污水处理厂，处理达标后的雨水最终排入自然河流。工程实施后，有效减轻了芝加哥的城市内涝和水体污染，对保护密歇根湖发挥了重要作用。美国芝加哥市是世界上最早、最成功的采用地下深隧技术的城市，芝加哥的成功经验也在美国的其他城市得到推广和应用。图3-22为芝加哥Stickney污水处理厂。

② 伦敦深隧排水系统

伦敦是英国的首都，也是欧洲最大的城市。伦敦跨泰晤士河下游两岸，面积$1605km^2$，属温带海洋性气候，年降水量约594mm，人口密度为5285人/km^2。伦敦的下水道系统始建于150多年前，但由于城市人口和面积的增加，原有的排水系统已不足以支持城市发展需要，甚至导致泰晤士河污染问题严重，溢流频发，2007年伦敦政府确定了伦敦泰晤士深层隧道工程方案。

该工程投资36亿英镑，计划2023年建成。深层隧道长度22km，两端高度差为20m，

合流污水经过Stickney回用水厂处理后排入河流，Stickney水厂的处理能力450×10⁵m³/d

图 3-22　芝加哥 Stickney 污水处理厂（资料来源：刘家宏等，2017）

隧道直径7.22m，调蓄容量$85×10^5m^3$，隧道埋深35～75m。工程建成后泰晤士河的溢流次数将由目前每年60次减少到4次，大幅提高污水收集能力，有效减少合流制溢流带来的污染，有效地改善泰晤士河水体环境。图3-23为泰晤士河的深隧系统设计示意。

③巴黎深隧排水系统

法国巴黎市从1833年开始着手规划市内下水道系统网络，其地下排水系统建于1856年，总长达2347km。城区下水道均建于地面以下50m处，纵横交错。管道设计采用多功能设计理念，中间是排水道，两旁是供检修人员通行的通道。城区内6000余个地下蓄水池均统一编号，由专业人员负责维护。巴黎下水道建设创造性地使用了1.5～6m的大尺寸管道断面设计，因此目前仍能满足排水的需要，旱季污水和雨季洪水均能顺利排放。此外，其还在管道上方预留了安装电力、供水等其他管道的空间，大大提高了地下空间的利用率。

④新加坡深隧排水系统

新加坡地处热带，多年平均降水量为2355mm，降水充沛，其地势低洼且四面环

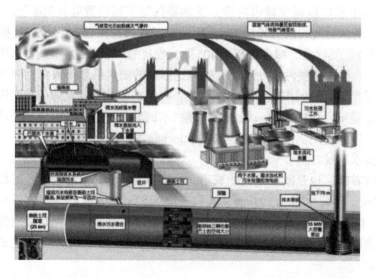

图 3-23　泰晤士河的深隧系统设计示意（资料来源：刘家宏等，2017）

海，因此经常遭受水淹威胁困扰。新加坡现存在的主要问题包括：a. 污水处理厂小而分散；b. 污水处理设施距离居民区较近，容易产生臭味污染；c. 城市用地紧张，限制了污水处理设施的扩建等。针对现有问题，新加坡政府采取措施拟建设一条48km、直径6m、埋深20～55m的污水隧道，以及50km长的污水连接管，将所有污水收集输送到一座 $80 \times 10^5 m^3/d$ 的污水厂处理。工程建成后有助于置换原有分散的污水厂和泵站用地，从而用于城市建设，同步提升周围物业的土地价值。

⑤日本深隧排水系统

日本的隧道排水系统到现在为止已建成4条深隧，分别为首都圈外围排水深隧（江户川）、东京都环状七号地下深隧（和田弥生干线）、寝室川南部地下深隧以及今井川地下深隧，其长度共计约23.9km，调蓄量达 $218 \times 10^5 m^3$。其中江户川排水深隧工程始建于1992年，总投资约200亿元人民币，由地下隧道、5座竖井、调压水槽、排水泵房和中控室组成，最大排洪流量可达 $200 m^3/s$。除此之外还有规划及正在施工中的3条深隧，分别为矢上川地下深隧调节池、鹤见川地下深隧以及东京都古川地下深隧调节池，总长度为11.26km，调蓄量约 $64 \times 10^5 m^3$。

5）真空排水系统

（1）概述

长期以来，排污管道系统大都采用重力排污系统。然而，重力排污系统存在众多弊端，易受地形限制、不能灵活与其他专业管线进行整体协调需较大的坡度和埋深，需设置大量污水检查井、提升泵站或倒虹吸管等附属构筑物，致使施工难度、建设和维护成本大幅增加。真空排水系统正是在这一背景下应运而生的新型压力流污水收集系统。

真空排水系统利用管道中的压力梯度将各处的污水输送并收集到中央真空站后集中处理及排放。真空排水系统是一种新型的污水收集系统，符合生态排水理念，具有广泛的应用前景。自19世纪荷兰工程师Liernur首先提出并建立世界上第一套真空排水系统以来，已经历了近200年的发展历史，在美国、欧洲、日本及澳大利亚等发达国家和地区得到了广泛应用，具体形式多种多样。

真空排水系统是由真空泵在密闭的排水管网中形成真空条件，通过各收集井中的真空阀控制，利用真空负压产生的压差来实现污水流向污水罐，最后排至市政污水管网或污水处理设备，属于压力流排水系统。与传统重力排水系统相比，真空排水系统只需保证覆土深度，对管道坡度要求较低，管道的布置具有很大的灵活性，可用于地质构造复杂（不稳定地面、地下水位高、岩石地层等），地形坡度不够（平原），及对排水有特殊要求的地区（如赛车场、高档住宅区、地下商场、别墅区）。

（2）真空排水系统的优势

真空排水系统建设费用较低，对于生活污废水排水点分散，排水距离长的场所具有较高的适用性。特别是在地形起伏多变、人口密度较低、排水点分布较为分散的地区，这时建设重力排水系统往往需要在管道沿线设置若干个提升泵站，而真空排水系统则可节省很大的中途提升泵站的建设及运行费用。

真空排水系统卫生条件较好，特别适用于生态旅游区、环境敏感区及对卫生条件要求较高的建筑。确保排水通畅、防止污水泄漏和浊气入室是排水系统设计的基本准则，而真空排水管道的密闭性在建设阶段就已确保良好，在运行阶段保持负压，完全满足上述要求。真空排水系统可以消除重力排水系统中检查井对外散发臭气的弊端。

真空排水系统节水效果显著、是从源头上节水、黑水和灰水分流处理及粪尿资源化的重要途径。真空排水系统用水较少，真空管道仅需少量水润滑管壁，且由于管道内的多相流流速远远大于自净流速，管道不易发生淤塞，符合新兴生态排水理念。

真空排水系统施工简便，管道铺设灵活，特别适合丘陵、河川等地表起伏较大的地区及地下水位高、土壤稳定性差、地下有管道和岩石等障碍物的复杂地形。

（3）真空排水系统发展及应用现状

1987年洛蒂格公司在未改变原先内部房屋的重力排污结构的基础上，将真空收集原理运用到户外排污系统，这一利用空气作为传输介质的理念，使室内、外排污系统设计更完美、经济地得到发挥。之后，AIRVAC、ENVIROVAC、WPCF等公司对真空排污系统进行了研究，取得了一定的成果，申请了许多专利。美国的第一套民用真空排污系统建于1970年，在弗吉尼亚州弗雷德里克斯堡附近的湖区。至今，美国有多达500套不同规模的真空排污系统在运行或建设之中。美国国家环保局已将真空排污系统列为推广普及的新技术，用于替代传统的重力排污系统。澳大利亚、英国等欧洲国家至今也有上千套的真空排污系统。1997年英国公共标准协会制定了真空排污系统的规范BSEN1091：1997。目前真空排污系统已在欧美渐呈流行趋势。日本于20世纪90年代开始研究真空排污系统，并较快地实现了应用，日本下水道协会修订的《下水道设施计划与设计指针》加入了真空排污系统。目前我国仍没有真空排水系统设计、施工和验收规范，通常都参照欧洲或美国的真空排水系统设计规范。

1996年，佛罗里达州西南部的Englewood住宅区安装了第一套真空排污系统，第一期工程服务1500户。后来，在该地区又兴建5套真空排污系统，服务人数达到8000户。在该项目的建设过程中，真空下水道系统被证实比重力下水道系统的人均建设费用节省25%，运行维护费用与其他已建成的重力排污系统相当。待所有项目竣工之后，Englewood Water District将拥有7个真空站，3000个阀井，服务人数超过10000人。

广州白云国际会议中心，总建筑面积31.6万 m^2，地下室为设备间和停车场，停车场总长375m，设有公共卫生间7个，化妆间11个。由于集水井潜水泵排水系统为非密封系统，地下层卫生间会散发异味，影响周围的空气环境；鉴于卫生间和化妆间所在地下室位置的特殊性，不宜采用潜水泵抽升污水的排水方式，因而选用了完全密闭的真空排水系统。该真空排水系统采用了先进的电子监测装置，随时监控整个系统的运行，一旦出现异常，自动控制系统会自动报警指示并反馈控制中心，隔离故障部分，保证其余部分正常工作，减少了工作量，提高了效率和系统运行的可靠性，并且该系统每天耗电量是集水井系统的26%。

上海国际赛车场"上"字形赛道总长5.541km，最长的直道赛段为1175m，赛车场沿"上"字形赛道周边设置了固定卫生设施共29栋。由于赛车场地为软土地基，为确保赛道基础施工质量和赛道表面层的平整，不宜全部采用传统重力排污系统，确定赛车场内距离污水重力排污管道系统较远的22栋固定卫生设施采用真空排污系统。整个真空排污系统共设2座真空站，分为两个独立的系统，总管长分别为1714m和1277m。

北京南站作为2008年奥运会的标志性工程，采用德国洛蒂格公司研制的真空排水系统将站内卫生间所有的出水与真空排水系统连接。Ⅰ、Ⅲ区设备间各设大型真空泵站1

处，内设15kW真空排水系统4台，$10m^3$收集罐2台，并设有一体化泵站9个。真空管路系统采用HDPE管材，电热熔连接。重力系统部分采用PVC管材，胶粘连接。对于北京南站来说，主站房若采用传统的重力排水系统，就需要设置伸顶通气立管，严重破坏建筑的整体视觉效果；而真空排水系统本身无需伸顶通气立管，并且系统密闭、无异味，具有高度的卫生性及安全性。

上海银座大厦地下共四层，主要为商业用房，各层均设有卫生间，设计采用真空排水系统，取消了地下室污水集水坑。系统设置真空排水泵站一套，卫生间内坐便器采用真空排水专用坐便器，其余为普通卫生器具。真空排水专用坐便器每次冲洗用水仅1L，相比常用的节水型坐便器的6L冲洗用水量，可节水80%。系统运行过程中无异味散发、无污水外溢及管道内污物沉积的现象。

6）排水系统综合信息管理系统

近年来随着城市化进程的加快，面对复杂、遍布城区的排水管网系统，传统的粗放型管理方式无法使管理部门及时掌握排水管网系统的相关信息及运行状况。为了提高城市排水管网系统的数字化、信息化管理和社会服务水平、保障设施的安全稳定运行，需要建设一个融合GIS系统和排水管网管理、规划、监控一体的排水系统综合信息管理系统。其管控平台可以运用以下几个关键核心技术。

（1）地理信息系统（GIS）技术。地理信息系统，简称GIS，是在计算机硬件和软件支持下，科学管理、综合分析那些表征地理环境的空间数据，以对规划、管理、决策和研究提供所需信息的系统。简言之，地理信息系统是处理和分析空间数据的系统。一般来说，地理信息系统有以下几部分组成：数据输入、数据库、数据处理与分析、数据输出、用户界面。

（2）中国北斗卫星导航系统。实时定位的设备是巡查、维护的手持移动终端，其采用北斗和GPS双定位模块，可以实现迅速定位功能。

（3）数据库技术。数据库系统承担所有空间数据和属性数据的存储和管理任务，是整个管理系统的基础，它的数据质量直接影响整个系统管理、分析的准确性，其数据结构是否合理直接影响到整个系统运行维护、更新工作的成效和费用。

（4）ArcSDE空间数据引擎技术。ArcSDE是一个用于访问存储于关系数据库管理系统（RD—BMS）中的海量多用户地理数据库的服务器软件。它是ESRI公司产品ArcGIS中所集成的一部分。也是任何企业GIS解决方案中的核心要素。它的基本任务是作为存储在RDBMS中的空间数据的GIS网关。ArcSDE提供了一组服务，用于增强数据管理功能、扩展数据类型以便于存储于RDBMS中、使模型在RD—BMS间便于操作并提供灵活的配置。

（5）海量空间地理信息的一体化存储与管理技术。分布与集中相结合的空间地理信息数据库又包括空间地理信息基础数据库和交通专题空间地理信息数据库。要管理这些海量的城市空间地理信息，必须利用大型关系数据库例如Oracle存储和管理海量空间数据的能力，实现空间属性数据的高效一体化存储和管理；支持海量空间数据存储；强大的并发控制能力，支持多用户同时操作；高效准确的空间索引机制；分布式多层应用程序体系结构；高度可控的查询能力；强大的空间查询能力；安全高效的管理能力。

（6）多尺度和无比例尺的空间地理信息库。空间地理信息基础数据库包含多种比例尺的地形图和影像数据。在空间基础数据库设计中，比例尺的概念对用户是透明的。根据当前的窗口视野范围，系统将自动调用和显示相应比例尺的数据。用户也可以选择任意范围按要求输出某一比例尺范围的任意比例尺地图，在数据库中没有地图比例尺的概念，取而代之的是坐标精度、分辨率与可靠性。从而实现无比例尺和多尺度城市空间地理信息数据库。

（7）城市排水系统的监测检测设施的传感网模型。传感网是一组传感器以 AdHoc 方式构成的有线或者无线网络，其目的是协作的感知、采集和处理网络覆盖的代地理区域之感知对象的信息，并发布给观测者。"城市排水系统传感网"，即传感网在给排水方面的应用，利用传感网实时采集处理排水管网的各种水文信息，并将数据交换至软件系统，为各种模型计算提供基本数据参数。

（8）RFID 传感器技术、UWB 无线载波技术、WiFi 和近距信息传输技术以及合路传输技术。这些技术能够将不同类型信息进行链接，经数字变换、编码、合成，调制成符合 IE 标准的曼彻斯特码型，使其可通过互联网传输。解决了面对大量杂乱信息进行有效识别的问题，避免了信息混淆，实现了信息的高效监控和传输，使系统具备信息传输速度快、应用范围广、运行稳定安全等优点。

（9）Modbus、LonTalk、SNMP 和私有协议。在整合系统各模块链接当中，这些网络协议被主要的应用。其中，Modbus 协议主要采用了 Modbus ASCII/RTU/TCP，分别为异步串行传输和以太网对应的通信传输协议；通过该协议，较好地解决了控制器之间、控制器经由以太网和其他设备之间的通信问题。图 3-24 为 Modbus 协议信息互联路径示意。

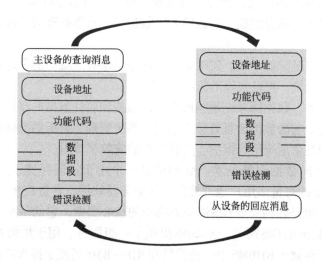

图 3-24 Modbus 协议信息互联路径示意

7）"智慧排水"系统平台
（1）"智慧排水"系统平台总体框架
针对目前排水基础设施信息化建设和信息采集不足，使得信息内容不丰富、更新时效性差、数据精度不够的现状及问题，行业内提出了"智慧排水"顶层设计框架体系。以现有信息系统及数据为基础，建设感知设备，形成智慧排水物联感知体系，利用物联网、大数据、云计算、下一代移动通信等技术，建成较为完善的排水设施智慧化管理体系，整合各部门业务数据，建立一个功能健全完善、数据整合统一的"智慧排水"系统平台，实现排水信息及运行状态的查询统计、分析预警、状态模拟、维护更新、信息共享等功能。为实现动态管理、预警预报、智慧管网的建设目标，平台总体框架设计主要分为感知层、网络层、平台层、数据层、应用层、使用者层。图3-25为"智慧排水"总体框架示意。

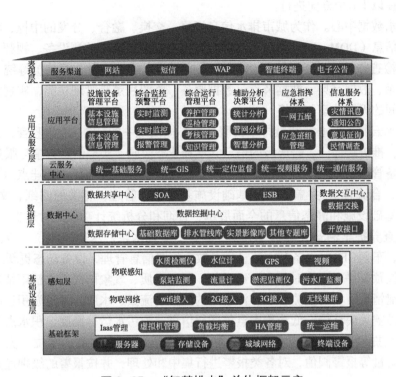

图 3-25　"智慧排水"总体框架示意

①感知层。通过水质监测、水位监测、流量监测、淤泥监测、泵站自控、车辆GPS、视频等仪器设备、传感器，采集水质、水位、流量、淤泥量、水泵运行参数、污水厂运行数据、GPS、视频等数据，并上传至数据库。

②数据层。采集的数据通过数据传输网络、网关等设备传输到数据库服务器，将基础设施数据、基本设备数据、监测数据、视频数据、管理数据、地理空间数据、知识库、统计分析数据、智慧分析数据等保存在数据库服务器，实现数据共享、数据交互。

③应用支持层。通过云服务中心的建设，使物理计算、存储资源通过云操作系统实现统一管理和分配，实现大数据平台管理，根据需要动态地部署、配置及回收计算、存储资源，实时监控资源使用情况，为系统基础支撑平台，提供公共的基础性服务、GIS服务、数据交换、数据分析等功能。

④应用系统层。提供两中心、四平台、两体系应用功能，包括设施设备管理平台、综合监控预警平台、综合运行管理平台、辅助分析决策平台以及应急指挥体系和信息服务体系。

⑤信息发布层。通过Web、移动终端等浏览系统的功能，通过多种展现形式，为工作人员及市民等提供信息发布服务。

（2）智慧排水物联感知体系

物联网技术在排水管网系统可以应用在诸多层面。以现有信息系统及数据为基础，建设感知设备，形成智慧排水物联感知体系，利用物联网、大数据、云计算、下一代移动通信等技术，建立较为全面完善的对于排水管网系统的管理体系。我们在其具体功能的开发建立上可以往以下6个方向进行。

智慧排水数据中心。作为城市排水信息汇聚、交换、融合、分发的中枢，将各类数据如基础地理信息（DOM、DLG、DEM、DRG）、传感资源信息（监测设备、视频、前置机）、排水设施（检查井、管道、闸门）、实时在线监测（水质、流量、雨情）等统一管理，提供元数据著录、数据字典、数据节点、数据服务、资源目录等管理功能，实现数据在业务部门和系统间的无缝共享与交换。

智慧排水云服务中心。智慧排水云服务中心提供统一的GIS、定位监管、视频、数据等基础服务，推进跨部门、跨层级的信息共享和业务协同，实现信息共享与服务。

设施设备管理平台。实现泵站、排水户、排水口、污水处理厂、低洼点、管网（雨水管、污水管、合流管）、井盖等排水基础设施基本信息管理，相关的图纸、文档、图片、视频管理，基础设施和静态信息的全面展示、查询和分析统计功能。对巡查车、吸污车、冲洗车等巡查养护车辆安装车辆GPS定位装置；实现水泵、水质监测仪、液位计、流量计、摄像头、车辆GPS等设备基本信息、参数、位置信息管理，设备动态更新。

综合监控预警平台。实时监测河道水位、断面水质、气象雨情等水情雨情信息，掌握水系调配预泄情况；实时监测泵站和污水厂的液位、流量、水质，管道淤积程度、排污口出水情况、井盖丢失移位、低洼积水点等运行信息，为污水运行调度、积水点改造、管道健康状况评估提供依据。建立报警的分类、分级管理，建立水质、水位、流量、淤积程度、水泵、雨量等报警阀值，对各类报警进行集中和处理，并按报警的级别通知相关的人员处理。

巡检养护管理平台。制订巡检计划，对巡查车辆、养护机械设备及应急处置车辆和设备安装GPS定位，在信息系统中可实时显示具体位置，并记录移动轨距，方便全面掌握排水设施设备使用、管道巡查养护和积水应急处置情况；制订养护计划，养护单位完成养护工作后，在移动终端可以提交养护的情况、结果、照片供管理人员审核，提高养护的实时性。

辅助分析决策平台。按管道的数量、长度、材料、年代、分类、管径、坡度、埋深等进行管道统计分析；通过流向分析、横截面分析、纵截面分析、坡度分析、连通性分析、爆管分析、污染源溯源分析、污染追踪分析、管网历史对比、逆管分析等进行管网综合分析；通过历史数据、泵站流量、污水厂水量水质、河道水位变化统计分析。结合管网，河道，三维地面模型等边界条件建立城市排水模型，模拟极端降雨情况下城市易涝区积水过程，对积水内涝进行预判，对城市内涝风险进行评估分析。结合管网、河道资料和运行数据，对管道充满度进行分析，对现状污水管网系统进行综合评估。

（3）"智慧排水"建设对排水管网系统的影响

目前，虽然"智慧排水"的建设在全国内得到初步的应用，但由于物联网系统的局限性，因此带给排水管网系统的主要影响有以下3点。

①在线监测设备

在线监测设备处于智慧排水系统的感知层，其监测结果直接关系着系统的实时调度决策。在线监测设备常需面对如下问题：a. 通常设置于城市污水中，环境条件较为恶劣；b. 由于排水管网的种种不确定性，系统中的水量、水质变化幅度较大；c. 城市污水成分较为复杂，管底部的沉积物可能会导致传感器的灵敏度大大降低；d. 排水系统覆盖范围较广，通讯及电力设施很难配套，常需电池供电和无线通信。针对智慧排水系统的发展，还需进一步提升在线监测设备的功能和性能，大力发展各种低功耗、高性能、低成本及智能化、网络化、集成化的新型在线监测设备。

②智慧排水系统安全机制

安全机制是对整个网络系统平台做出的一个多层次的体系结构。通过在物理层、网络层、应用层和系统层使用安全技术，最终通过内部的安全管理规定，协调统一地构成完整的系统安全机制。在建设的过程遵守两个原则：a. 系统必须具备足够的安全权限，保证数据不被非法访问、窃取和破坏；b. 系统要具备足够的容错能力，以保证合法用户操作时不至于引起系统出错，充分保证系统数据的逻辑准确性。

③智慧排水系统标准化体系

标准化是促进智慧排水系统成功的一个关键性因素。如果没有统一的标准，就会使整个行业混乱，极大地制约物联网技术在排水系统中的发展以及相关终端产品的研发与应用，同时也严重阻碍排水系统应用软件的设计与开发。

3.4.2　雨水控制与利用系统

我国从20世纪80年代开始重视雨水利用方面的研究，取得了一系列成果，推动了我国雨水利用的发展。雨水作为一种优质的淡水资源，收集和利用方便、污染少、处理简单、不消耗或很少消耗能源，是解决21世纪水资源短缺的重要途径。城市雨水利用正在作为缓解干旱和水资源短缺等问题的一项重要措施正日益受到重视，它是一种新型的多目标综合性技术，对于实现节能、节水，水资源环境与保护、控制城市水土流失和水涝、减少水污染和改善城市生态与环境有着重要意义。对于北方干旱和半干旱地区，水资源十分匮乏的地区，雨水也是不可忽视的重要资源。

城市化使原有植被和土壤为不透水地面替代，造成大量地面硬化，改变了原地面的水文特性，加速了雨水向城市各条河道的汇集，使洪峰流量迅速形成，造成洪涝灾害。城市雨水利用系统是针对地面硬化而采取的对雨水进行就地收集、入渗、储存、利用等技术措施，通过土壤入渗调控和地表径流调控，削减雨水外排总量，保持建设用地内原有的自然雨水径流特征，避免雨水流失，节约自来水，有利于水资源的涵养与保护。还能使整个建设用地向外排放的雨水高峰流量得到削减，减轻城市排洪的压力和受水河道的洪峰负荷。城市雨水利用是水资源综合利用中一种新的系统工程，实现了雨水的资源利用，具有良好的经济效益和环境生态效益。雨水利用系统一般包括雨水入渗、雨水收集回用、雨水调蓄排放。目前我国城市雨水利用工程中最普遍采用的是雨水入渗和雨水收集回用，一个工程项目可采用其中的一种，或两种同时采用。下面介绍几种雨水控制与利用的方法。

1）屋顶雨水集蓄利用系统

利用屋顶做集雨面的雨水集蓄利用系统主要用于家庭、公共和工业等方面的非饮用水，如浇灌、冲厕、洗衣、冷却循环等中水系统。可产生节约饮用水，减轻城市排水和处理系统的负荷，减少污染物排放量和改善生态与环境等多种效益。该系统又可分为单体建筑物分散式系统和建筑群集中式系统。由雨水汇集区、输水管系、截污装置、储存、净化和配水等几部分组成。有时还设渗透设施与贮水池溢流管相连，使超过储存容量的部分溢流雨水渗透。

2）屋顶绿化雨水利用系统

屋顶绿化是一种削减径流量、减轻污染和城市热岛效应、调节建筑温度和美化城市环境的生态技术，也可作为雨水集蓄利用和渗透的预处理措施。也是一种非常节约城市空间的园林绿化形式，它几乎可以等建筑面积的补偿建筑所占用的城市绿地，在城市绿化中具有广泛的应用前景，但屋顶花园一般建在离地面十几米至几十米的建筑物或构筑物的屋顶上，屋顶风速大，水分极易蒸发，且种植土层薄，保水持水能力弱，使屋顶花园在北方干旱和半干旱地区应用受到一定的限制。按植物的类型、覆盖范围以及绿色屋顶所起到的景观和生态效应，绿色屋顶大体可以分为开敞型、半密植型和密植型屋顶三类。

（1）开敞型绿色屋顶

开敞型绿色屋顶也称简单式绿色屋顶，是指在很薄的土壤种植介质层上（一般为200mm以内），种植一些地被类的轻型植物所形成的屋顶。这类屋顶一般种植成本较低，施工较简单，不需要专门的维护和灌溉，但是对植物的选择也比较局限，不太适合作为人们的休憩场所使用。图3-26为开敞型绿色屋顶雨水利用系统剖面示意。

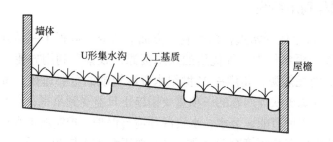

图3-26　开敞型绿色屋顶雨水利用系统剖面示意

（2）半密植型绿色屋顶

半密植型绿色屋顶指适用于种植瓜果蔬菜或者采用模块式种植的屋顶绿化模式。这类屋顶一般介于开敞型绿色屋顶和密植型绿色屋顶之间，投入成本相对较高，管理维护的成本也比较高，但是对植物的选择上更加宽泛，屋面的视觉造型和结构功能也更加灵活多样，对屋顶的荷载要求也较高。

（3）密植型绿色屋顶

密植型绿色屋顶主要是作为景观和供人们休憩使用，因此对屋顶的结构和承载能力要求较高，这类屋顶的人工基质往往较厚，可种植物类型也较多，还可以配合景观水体和亭台水榭一起使用，因此屋面植物对雨水的截留和土壤的蓄水能力都比较强，这类屋顶设计雨水集蓄利用系统的关键是收集渗入土壤深层的多余雨水，防止雨水进入室内，收集的雨水可以集中用于屋顶植物的灌溉。图3-27为密植型绿色屋顶雨水利用系统平面示意。

对于屋顶绿化来说植物和种植土壤的选择是技术关键，防渗漏则是安全保障。植物应根据当地气候和自然条件，筛选本地生长的耐旱植物，还应与土壤类型、厚度相适应。上

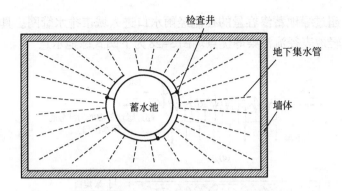

图3-27　密植型绿色屋顶雨水利用系统平面示意

层土壤应选择孔隙率高、密度小、耐冲刷且适宜植物生长的天然或人工材料。在德国常用的有火山石、沸石、浮石等，选种的植物多为色彩斑斓的各种矮小草本植物，十分宜人。屋顶绿化系统可提高雨水水质并使屋面径流系数减小到0.3，有效地削减雨水径流量。该技术在德国和欧洲城市已广泛应用。

3）绿地和路面雨水利用系统

在新建生活小区、公园或类似的环境条件较好的城市园区，可将区内屋面、绿地和路面的雨水径流收集利用，达到更显著削减城市暴雨径流量和非点源污染物排放量、优化小区水系统、减少水涝和改善环境等效果。因这种系统较大，涉及面更宽，需要处理好初期雨水截污、净化、绿地与道路高程、室内外雨水收集排放系统等环节和各种关系。

（1）植被浅沟技术

植被浅沟是指在地表沟渠中种有植被的一种工程性措施，一般通过重力流收集处理径流雨水。当雨水流经浅沟时，在沉淀、过滤、渗透、吸收及生物降解等共同作用下，径流中的污染物被去除，达到雨水径流的收集利用和径流污染控制的目的。它一般适用于城市园区道路的两侧、不透水地面的周边、大面积绿地内等，可以同雨水管网联合运行，也可代替雨水管网，在完成输送排放功能的同时满足雨水的收集与净化处理的要求。

植被浅沟主要具有以下功能：①可以有效地减少悬浮固体颗粒和有机污染物，并能去除Pb、Zn、Cu、Al等部分金属离子和油类物质。其中，它对SS的去除率可以达到80%以上，由于城市径流中SS与COD、TP、TN等污染指标存在良好的相关性，在SS得到较高去除率的同时其他污染物也会得到相应的去除；②浅沟中植被的截流作用以及土壤的渗透作用，能降低雨水径流的流速，削减径流峰流量，从而达到减少水土流失、间接补充地下水的目的；③输送雨水，一般用草覆盖浅沟表面，建造费用低，管理运行简单，并兼有一定的景观效果，有些地方可代替传统的雨水管道，减少工程投资。

应用植被浅沟存在的主要问题是：植被浅沟只适用于小流量的收集输送雨水，其设计比传统的雨水管道对地形和坡度的要求高，需要更多地与道路景观设计相协调，并且需要相应的维护和管理。如果设计或维护不当，会造成冲蚀，导致水土流失。

（2）下凹式绿地技术

下凹式绿地是一类结构特殊的绿地，其高程低于路面，内设高程低于路面但高于绿地的雨水口。下凹式绿地可汇集周围道路、屋面等降雨径流，前期径流渗入地下，后期径流蓄积于绿地中，超过绿地蓄渗容量的径流经雨水口进入城市排水管网。具有渗蓄雨水、削减洪峰流量、减轻地表径流污染等优点。图3-28为下凹式绿地示意。

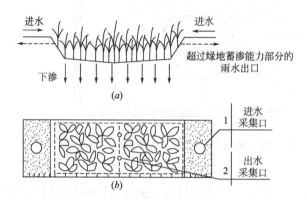

图3-28　下凹式绿地示意

(a) 剖面图；(b) 平面图

（3）洼地渗渠系统

洼地渗渠系统包括各个就地设置的洼地、渗渠等组成部分，这些部分与带有孔洞的排水管道相连接，形成一个分散的雨水处理系统。该系统通过雨水在低洼草地中短期储存和在渗渠中的长期储存，保证尽可能多的雨水下渗。该系统代表了一种新的雨水利用和控制系统的设计理念，即"径流零增长"，这个理念的目标是使得城市范围内的水量尽量平衡接近降雨之前的状况。该系统的优点在于不仅大大减少了城市化而增加的雨洪暴雨径流，延缓了雨洪汇流时间，对防震减灾起到了重要的作用，及时补充地下水，可以防止地面沉降，使城市水文生态系统形成良性循环。图3-29为德国洼地渗渠系统外观。

图3-29　德国洼地渗渠系统外观

4）雨水渗透系统

在雨水利用与控制系统中，也可以采用各种类型的雨水渗透设施。让雨水回灌地下，补充地下水。还可以起到缓解地面沉降、减少水涝和海水倒灌等多种效益。可分为分散渗透技术和集中回灌技术两大类。分散式渗透技术可应用于城区、生活小区、公园、道路和厂区等各种情况下，规模大小因地制宜，设施简单，可减轻对雨水收集、输送系统的压力，补充地下水，还可以充分利用表层植被和土壤的净化功能减少径流带入水体的污染物。但一般渗透速率较慢，而且在地下水位高、土壤渗透能力差或雨水水质污染严重等条件下应用受到限制。集中回灌技术回灌容量大，可直接向地下深层回灌雨水，但对地下水位、雨水水质有更高的要求，尤其对用地下水做饮用水源的城市应慎重。图3-30为雨水渗透设施及其主要功能。

（1）渗透地面

渗透地面可分为天然渗透地面和人工渗透地面两大类。天然渗透地面在城区以绿地为主。优点是透水性好、节省投资、便于雨水的引入利用、可减少绿化用水并改善城市环

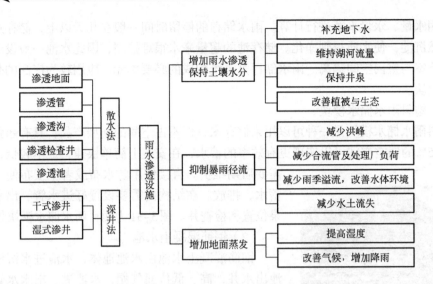

图 3-30　雨水渗透设施及其主要功能

境、对污染物有较强的截留和净化作用。缺点是渗透流量受土壤性质的限制、雨水中如含有较多的杂质和悬浮物，会影响绿地的质量和渗透性能。人工渗水地面是指城区各种人工铺设的透水性地面。其优点是对预处理要求相对较低、技术简单、便于管理、有大量的地面可利用。其缺点是渗透能力受土质限制、对雨水径流量的调蓄能力低。

（2）渗透管（沟）

雨水通过埋设于地下的多孔管材向四周土壤层渗透。优点是占地面积少、有较好的调蓄能力。缺点是难清洗恢复、对雨水水质有要求。在用地紧张的城区，表层土渗透性很差而下层有透水性良好的土层、旧排水管系的改造利用、雨水水质较好、狭窄地带等条件下较适用。

（3）渗透检查井

渗透检查井包括深井和浅井两类。深井适用水量大而集中，水质好的情况，城区一般宜采用浅井。其形式类似于普通的检查井，雨水通过井壁、井底向四周渗透。适用于拥挤的城区、地面和地下可利用空间小、表层土壤渗透性差而下层土壤渗透性好等场合。优点是占地面积和所需地下空间小、便于集中控制管理。缺点是净化能力低、水质要求高、不能含过多的悬浮固体、需要预处理。

（4）渗透池

适合在城郊新开发区或新建生态小区里应用。结合小区的总体规划，可达到改善小区环境、提供水景观、开源节流、降低雨水管系负荷与造价等目的。优点是渗透面积大、能提供较大的渗水和储水容量、净化能力强、对水质和预处理要求低、管理方便、有渗透（调节、净化、改善景观）等多重功能。缺点是占地面积大、在拥挤的城区应用受到限制、设计管理不当会造成水质恶化、干燥缺水地区蒸发损失大。

5）雨水储存系统

雨水储存设施有钢筋混凝土水池、成品容器、塑料模块拼装池等多种类型。设置规模宜使自来水替代率不小于4%，并不小于集水面积重现期1a的日降雨净产流量，可根据降水量、用水量、水量平衡进行计算。雨水储存的停留时间一般在几天以上，储存过程中会形成自然沉淀，使水质得到净化。储存池的超量来水很难控制，因此水池一般设于室外或设在地下室与室内空间隔离。雨水储存是系统构成的必要单元。应用较为广泛的是塑料雨水储水模块。

（1）塑料雨水储水模块

塑料雨水储水模块是一种可以用来储存水，但不占空间的新型产品，具有超强的承压能力，95%的镂空空间可以实现更有效率的蓄水，在安装上简单快速，成本较低，一般不需要后期维护。直接使用防水布或者土工布便可以完成蓄水，排放。在结构内需要设置好进水管、出水管、水泵位置和检查井。图3-31为塑料雨水储水模块外观。

图3-31　塑料雨水储水模块外观

（2）钢筋混凝土水池

钢筋混凝土水池由水池池体，水池进水沉沙井，水池出水井，高、低位通气帽，水池进、出水水管，水池溢流管，水池曝气系统等几部分组成。

6）雨水控制利用系统模型

雨水控制利用系统在提高城市雨水排水标准方面有着重要的作用。将其纳入城市雨水排水系统，能有效地应对超标降雨，缓解城市排涝压力。设计标准方面，应通过标准的修订完善城市雨水排水系统设计标准；规划设计手段方面，应引进国外先进城市的雨水排水系统模型；技术措施方面，应研究基于减流控源技术、滞蓄技术、强排技术等新技术；工程措施方面，应研究楼底空地滞蓄工程、运动场滞蓄工程、地下蓄水空间等新形式的雨水控制利用工程，以及雨水控制利用工程与城市雨水排水系统的竖向接口问题；预警预报方面，应加强基于数学模型技术的智能化雨水管理研究。

3.4.3　污水处理系统

1）传统污水处理工艺

我国解决城市污水的净化问题始于20世纪70年代。随着城市化进程的加快和城市水污染问题日益受到重视，城市排水设施建设有较快发展。近年来，我国城市污水处理能力逐渐提升。截至2017年6月底，全国设市城市建成运行污水处理厂共计2337座，形成污水处理能力1.48亿m^3/d，全国城镇污水处理厂累计处理污水269.39亿m^3。

目前我国新建及在建的城市污水处理厂所采用的工艺中，各种类型的活性污泥法仍为主流，占90%以上，其余则为一级处理、强化一级处理、生物膜法及与其他处理工艺相结合的自然生态净化法等污水处理工艺技术。传统上污水处理方法分为物理法、化学法和生物法。物理法去除对象是污水中不溶解的悬浮物质。化学法是指向污水中投加化学物质，通过化学反应达到净化污水的目的。生物法是指采取一定的人工措施，创造微生物生长、繁殖的环境，使微生物大量繁殖，从而提高微生物氧化、分解有机污染物的一种技术。生物法主要用于去除污水中呈溶解态和胶态的有机物，与物理和化学法相比，生物处理在去除物水中有机碳、硫、氮、磷等污染物方面，具有诸多的优势。

（1）传统活性污泥法

传统活性污泥法是一种污水生物处理技术，是以活性污泥为主体的污水生物处理的主要方法。这种技术将污水与活性污泥混合搅拌并曝气，使污水中的有机污染物分解，生物固体随后从已处理污水中分离，并可根据需要将部分回流到曝气池中。活性污泥法是向污水中连续通入空气，经一定时间后因好氧性微生物繁殖而形成的污泥状絮凝物。其上栖息着以菌胶团为主的微生物群，具有很强的吸附与氧化有机物的能力。利用活性污泥的生物凝聚、吸附和氧化作用，以分解去除污水中的有机污染物，使污泥与水分离，大部分污泥再回流到曝气池，多余部分则排出活性污泥系统。图3-32为传统活性污泥法流程示意。

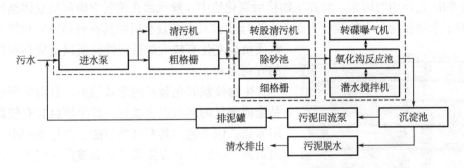

图3-32　传统活性污泥法流程示意

活性污泥法在供氧方式、运转条件、反应器形式等方面不断得到革新和改进。活性污泥法的主要优点是能以相对合理的费用得到优良的出水水质，这是因为排放之前细胞物质就从污水中去除，能耗较低、运营费用较低。规模越大，这种优点越明显。传统活性污泥法适用于大中型城市污水处理厂，日处理能力在20万 m^3 以上的污水处理厂，一般采用传统活性污泥法，去除有机物的效率高；主要缺点为处理单元多，操作管理复杂，特别是污泥厌氧消化要求高水平的管理，消化过程产生的沼气是可燃易爆气体更要求安全操作。由于大型污水处理厂背靠大城市，技术力量强，管理水平较高，能满足这种需求，因而，传统活性污泥法的缺点不会成为限制使用的因素，传统活性污泥法对氮和磷的去除率比较低，可控制性差。

（2）生物膜法

生物膜法是污水好氧生物处理技术，属于固定膜法，是污水水体自净过程的人工化和强化，主要去除污水中溶解性的和胶体状的有机污染物。在活性污泥法中，微生物处于悬浮生长的状态，所以活性污泥法处理系统又称为悬浮生长系统。而生物膜法中的微生物则附着在某些介质的表面，所以生物膜法处理系统又称为附着生长系统。处理技术有生物滤池（普通生物滤池、高负荷生物滤池、塔式生物滤池）、生物转盘、生物接触氧化设备和生物流化床等。它们的运行都是间歇的，既过滤—间歇或充水—接触—放水—间歇，构成一个工作周期。

（3）生物接触氧化法

生物接触氧化法是以附着在载体（俗称填料）上的生物膜为主，净化有机污水的一种高效水处理工艺。污水与生物膜相接触，在生物膜上微生物的作用下，可使污水得到净化，因此又称"淹没式生物滤池"是具有活性污泥法特点的生物膜法，兼有活性污泥法和生物膜法的优点。其特点是在池内设置填料，池底曝气对污水进行充氧，并使池体内污水处于流动状态，以保证污水与污水中的填料充分接触，避免生物接触氧化池中存在污水与填料接触不均的缺陷。其净化污水的基本原理与一般生物膜法相同，以生物膜吸附污水中的有机物，在有氧的条件下，有机物由微生物氧化分解，污水得到净化。

　　该法中微生物所需氧由鼓风曝气供给，生物膜生长至一定厚度后，填料壁的微生物会因缺氧而进行厌氧代谢，产生的气体与曝气形成的冲刷作用会造成生物膜的脱落，并促进新生物膜的生长，此时，脱落的生物膜将随出水流出池外。生物接触氧化池内的生物膜由菌胶团、丝状菌、真菌、原生动物和后生动物组成。在活性污泥法中，丝状菌常常是影响正常生物净化作用的因素。而在生物接触氧化池中，丝状菌在填料空隙间呈立体结构，大大增加了生物相与污水的接触表面，由于丝状菌对大多数有机物具有较强的氧化能力，对水质负荷变化有较大的适应性，所以是提高净化能力的有利因素。

　　生物接触氧化装置的形式很多，目前应用较好的是全面曝气的网状组合填料，纤维填料具有较好的应用前景。该工艺因具有高效节能、占地面积小、耐冲击负荷、运行管理方便等特点而被广泛应用于各行各业的污水处理系统。图3-33为生物接触氧池中纤维填料。

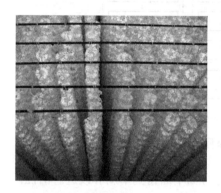

图3-33　生物接触氧池中纤维填料

（4）膜生物反应器（MBR）

　　膜生物反应器（MBR）是膜分离和生物处理组合而成的一种新型、高效的污水处理技术。MBR处理工艺在日本、加拿大等许多国家已经得到较好的运用。

　　膜生物反应器（MBR）工艺不必设立沉淀、过滤等其他固液分离设备。高效的固液分离将污水中有悬浮物质、胶体物质、生物单元流失的微生物菌群与已净化的水分开，不需经三级处理即直接可回用，具有较高的水质安全性。由于膜生物反应器（MBR）高效的氧利用效率，以及其独特的间歇性运行方式，减少了曝气设备的运行时间和用电量，节省电耗。由于膜可滤除细菌、病毒等有害物质，可显著节省加药消毒所带来的长期运行费用，膜生物反应器工艺不需加入絮凝剂，减少运行成本。处理单元内微生物维持高浓度，使容积负荷大大提高，膜分离的高效性使处理单元水力停留时间大大缩短，占地面积减少。膜生物反应器由于采用了膜组件，不需要沉淀池和专门的过滤车间，系统占地仅为传统方法的60%。系统可采用PLC控制，易于实现全程自动化。图3-34为膜生物反应器（MBR）

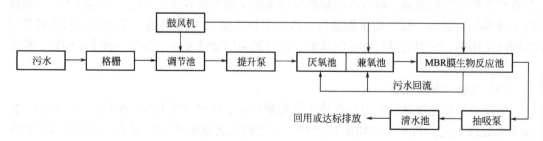

图3-34　膜生物反应器（MBR）工艺污水处理系统工艺流程示意

工艺污水处理系统工艺流程示意。

但是膜生物反应器（MBR）工艺造价相对较高，为普通污水处理工艺的 1.5 ~ 2.0 倍。目前国产膜片质量较差、使用时间较短；进口膜片价格过高，运行维护及更换费用较高。

（5）序批式活性污泥法（SBR）

序批式活性污泥法（Sequencing Batch Reactor, 简称 SBR）是一种按间歇曝气方式来运行的活性污泥处理技术，技术的核心是 SBR 反应池，该池集均化、初沉、生物降解、二沉等功能于一池，无污泥回流系统。尤其适用于间歇排放和流量变化较大的场合。

图 3-35 为序批式活性污泥法工艺流程示意。主要工艺分 5 个阶段：进水、反应、沉淀、滗水、闲置。从污水流入开始到闲置待机时间结束算作 1 个周期。在 1 个周期内，一切过程都在设有曝气和搅拌装置的反应池内依次进行，这种操作周期周而复始反复进行，以达到不断进行污水处理的目的。该工艺的推流过程使生化反应推动力增大，效率提高，池内厌氧、好氧处于交替状态，净化效果好；运行效果稳定，污水在理想的静止状态下沉淀，需要时间短、效率高，出水水质好；耐冲击负荷，池内有滞留的处理水，对污水有稀释、缓冲作用，有效抵抗水量和有机污物的冲击；工艺过程中的各工序可根据水质、水量进行调整，运行灵活；处理设备少，构造简单，便于操作和维护管理；反应池内存在 DO、BOD_5 浓度梯度，有效控制活性污泥膨胀；SBR 法系统本身也适合于组合式构造方法，利于污水处理厂的扩建和改造；脱氮除磷效果好，适当控制运行方式，实现好氧、缺氧、厌氧状态交替，具有良好的脱氮除磷效果；工艺流程简单、造价低。主体设备只有一个序批式间歇反应器，无二沉池与污泥回流系统，调节池与初沉池也可省略，布置紧凑且占地面积省。但是，其自动化控制要求高；排水时间短（间歇排水时），并且排水时要求不搅动沉淀污泥层，因而需要专门的排水设备（滗水器），且对滗水器的要求很高；水头损失较大。

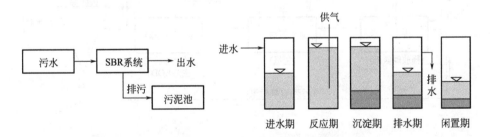

图 3-35 序批式活性污泥法工艺流程示意

（6）氧化沟法（CLR）

氧化沟法（Continiuous Loop Reator, 简称 CLR）是活性污泥法的一种变形，在水力流态上不同于传统的活性污泥法，是一种首尾相连的循环流动曝气沟渠，其池体狭长，故称氧化沟。氧化沟技术已广泛应用于大中型城市污水处理厂，规模从几百 m^3/d 至几万 m^3/d，工艺日趋完善，其构造型式也越来越多。氧化沟处理污水的整个过程如进水、曝气、沉淀、污泥稳定和出水全部集中在氧化沟内完成，氧化沟不需要设初次沉淀池、二沉池和污泥处理设备，采用延时曝气、连续进出水，所产生的污泥在污水净化的同时得到稳定，处理设施大大简化。

氧化沟的平面图像跑道一样，曝气转刷设置在氧化渠的直段上，曝气转刷旋转时混合液在池内循环流动，使活性污泥呈悬浮状态。氧化渠的流型为环状循环混合式，污水从环的一端进入，从另一端流出。一般混合液的环流量为进水量的数百倍以上，接近于完全混合，具备完全混合曝气池的若干特点。

该工艺的进出水装置简单；污水的流态可看成是完全混合式，由于池体狭长，又类似于推流式；BOD负荷低，处理水质良好；污泥产率低，排泥量少。污泥龄长，具有脱氮的功能。但其在进行污水处理时，能耗较高；设备的占地面积大。

（7）厌氧—缺氧—好氧法（A²O）

厌氧—缺氧—好氧法（Anaerobic — Anoxic — Oxic，简称A²O）是应用最广泛的脱氮除磷工艺。图3-36为厌氧—缺氧—好氧法工艺流程示意。主要由以下4个部分构成。

①厌氧反应器。原污水及从沉淀池排出的含磷回流污泥同步进入该反应器，其主要功能是释放磷，同时对部分有机物进行氨化；

②缺氧反应器。污水经厌氧反应器进入该反应器，其首要功能是脱氮，硝态氮是通过内循环由好氧反应器送来的，循环的混合液量较大，一般为2Q（Q—原污水量）；

③好氧反应器—曝气池。混合液由缺氧反应器进入该反应器，其功能是多重的，去除BOD、硝化和吸收磷都是在该反应器内进行的，这三项反应都是重要的，混合液中含有$NO_3 - N$，污泥中含有过剩的磷，而污水中的BOD（或COD）则得到去除，流量为2Q的混合液从这里回流到缺氧反应器；

④沉淀池。其功能是泥水分离，污泥的一部分回流厌氧反应器，上清液作为处理水排放。

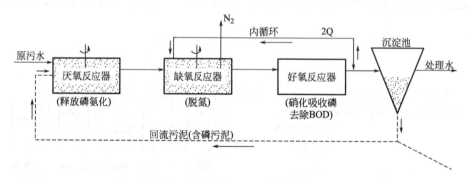

图3-36 厌氧-缺氧-好氧法工艺流程示意

厌氧—缺氧—好氧法（A²O）工艺体积负荷高，停留时间短，节约占地面积；生物活性高，较高的脱氮除磷效果；污泥产量低；出水水质好且稳定；动力消耗低；不产生污泥膨胀；挂膜方便，可间歇运行；工艺运行简单，操作方便，抗冲击负荷强。但对运行控制要求高，管理运行复杂；池内填料间的生物膜会出现堵塞现象。

2）可持续污水处理工艺

污水处理的主要对象为有机物（BOD、COD）、氨氮和磷酸盐。目前传统污水处理工艺的主要问题是以能消能，消耗大量有机碳源，剩余污泥产量大，同时释放较多CO_2到大气之中。因此，研发以节省能源消耗、并最大程度回收有用能源的可持续污水处理工艺已势在必行。

（1）超声波污水处理技术

超声降解水体中有机污染物技术正受到越来越多的关注。超声波（ultrasound）指频率在15kHz以上的声波，在溶液中以一种球面波的形式传递，一般公认为频率范围在15kHz ~ 1MHz的超声辐照溶液会引起许多化学变化。超声加快化学反应，被认为是声空化。超声空化是液体中的一种极其复杂的物理现象，它是指液体中的微小泡核在超声波作用下被激化，表现为泡核的振荡、生长、收缩及崩溃等一系列动力学过程。

一定频率和声强的超声波辐照溶液时，在声波负压相作用下产生大小仅为几个至几十个微秒的空化泡，在随后声波正压相作用下迅速崩溃，整个过程发生在纳秒至微秒时间内，气泡快速崩溃伴随着气泡内蒸气相绝热加热，产生瞬时高温高压，即形成所谓"热点"。进入空化泡中的水蒸气在高温和高压下发生分裂及链式反应，产生氢氧自由基和过氧化氢。空化泡崩溃产生冲击波和射流，使氢氧自由基和过氧化氢进入整个溶液中。易挥发的有机物可进入空化泡内进行类似燃烧化学反应的热解反应；不易或难挥发的有机物在空化泡气液界面上或进入本体溶液中同氢氧自由基和过氧化氢进行氧化反应。同时，在空化过程中还形成一种既不同于气态也不同于液态和固态的新的流体态——超临界态水（Super critical water，简称SCW）。SCW具有低的介电常数（常温常压下同极性有机溶剂相似）、高的扩散性和快速传输能力，是一种理想的反应介质，有利于大多数化学反应速率的增加。

尽管单纯使用超声波降解水体中化学污染物具有操作简单、方便等优点，但从能量观点来看，该法不是很经济。为提高其降解速度，降低费用，一些学者相继开发了几种超声波与其他水处理法相耦合的新工艺。Olson等采用超声/臭氧氧化法降解水体中的天然有机物，发现加入超声能够大幅度提高降解速度，其原因是挥发性中间产物可在空化气泡内直接燃烧和臭氧在超声作用下分解速度加快所致。Sierka等研究了紫外/超声/臭氧法降解水体中的腐殖酸和三氯甲烷的前驱物。Trabelsi等用超声电化学法降解水体中的酚，并取得了良好的效果，认为超声在该工艺中有两个作用，一是机械作用，即超声空化效应可使电极表面不断更新；二是化学作用，即超声空化效应本身可使水中化学污染物发生降解。Ingale等研究了超声/湿法氧化法降解水体中的难溶有机污染物。此外，还有一些学者在探索光催化氧化法与超声相结合用于水处理。

超声空化技术利用声解将水体中有毒有机物转变为CO_2、H_2O、无机离子或比原有机物毒性小的有机物，具有少污染或无污染，设备简单、操作方便、高效等优点，同时伴有杀菌消毒功效。它既可以单独使用，又可以与其他水处理技术联合，是一种很有应用潜力的水处理新技术；在能耗方面，超声降解单位体积对硝基苯酚（P-NP）摩尔数总能耗远低于光解。目前，超声空化技术主要用在实验室小水量的水处理研究，尚处于基础研究阶段。通过相关学科联合攻关。这项技术最终会成为一种新型有效的水处理手段，特别是处理难以降解的污水、饮用水和地下水中微量有机物。

（2）非金属矿物的应用

许多非金属矿物因其特有的成分及结构特征而具有吸附、过滤、分离、离子交换、催化等优异的物理化学性能，对环境污染物治理效果较好。用矿物作为污水处理材料，具有储量丰富，方法简单，可去除水中无机和有机污染物，化学和生物性能稳定，容易再生等优点。近几年来廉价吸附材料的研究开发和利用非常活跃，研究矿物的表面物化性质，活化矿物材料，通过人工改性，提高其表面活性成为扩展矿物材料工业应用的主要途径。

①硅藻土

硅藻土是一种生物成因的硅质沉积岩，主要是由古代硅藻土及一部分放射虫类硅质遗骸所组成的。硅藻土具有多孔性、低密度、大的比表面积，并且还有相对不可压缩性和化学稳定性等特殊性质，所以常被作为吸附剂。硅藻土处理城市生活污水，研究表明悬浮物、COD、BOD_5、总氮的去除率分别是99%、72%、83%、39%，除磷效果高于96%，且运行成本低。用改性硅藻土处理工业污水中的氟，结果表明改性过后的硅藻土为吸附氟提供了更好的条件，可以显著的提高去氟效果，是工业废水降氟较为理想的净化剂。

②沸石

沸石是一种含水的碱或碱土金属的铝硅酸盐矿物，它结构中具有宽阔的空洞和较宽的通道，并被Na、Ca、K等阳离子和沸石水所占据，所以沸石具有一定的吸附、离子交换能力，可以去除污水中的放射性元素、重金属、NH_3-N等。活化沸石具备优良的除铁性能而且对氟化物也有良好的去除效果，可以使超标含铁含氟水达到饮用水的标准。用沸石处理含磷污水，表明污水在pH值2 ~ 10、磷浓度0 ~ 100mg/L的条件下，按磷与沸石重量比投加沸石进行处理，磷的去除率可达90%，且处理后污水pH值近中性。

③海泡石

海泡石是富镁纤维状硅酸盐黏土矿物，比表面积和孔体积很大，具有较强吸附能力，在通道和孔洞中可以吸附大量的水或极性物质，包括低极性物质。此外，还具有良好的机械和热稳定性，以及分子筛功能。

④镁砂

镁砂主要成分为MgO，其作为环境友好型材料在环保领域印染污水的脱色处理、酸性污水处理、重金属脱除、污水脱磷、脱铵和烟气脱硫等方面得到广泛应用，具有活性大、吸附能力强、安全无毒、可回收、多次利用等优点。

⑤膨润土

膨润土的主要成分是蒙脱石。蒙脱石是由Si-O四面体和Al-O（OH）八面体按比例交替层叠的层状硅酸盐，其层间结合力较弱，易被水等极性分子作用而发生膨胀，以至于发生层离现象，因而具备一定的层几何空间。在其构造中Si-O四面体和Al-O（OH）八面体的中心阳离子Si^{4+}和Al^{3+}有部分被其他低价阳离子如Al^{3+}、Mg^{2+}、Fe^{3+}、Cr^{3+}、Zn^{2+}等类质同象取代的现象。由其引起的负电荷通常由层间吸附的阳离子如K^+、Na^+、H^+、Mg^{2+}等来平衡。因而具有良好的离子交换性能。近年来，许多学者对膨润土进行酸化、有机、无机、有机-无机等等一系列的改性研究，使膨润土在处理不同污水时的吸附性能有了很大的发展。

（3）膜分离法污水处理技术

膜分离是通过膜对混合物中各组分的选择渗透作用的差异，以外界能量或化学位差为推动力对双组分或多组分混合的气体或液体进行分离、分级、提纯和富集的方法。膜分离技术作为新的分离净化和浓缩方法，与传统分离操作（如蒸发、萃取、沉淀、混凝和离子交换等）相比较，过程中大多无相变化，可以在常温下操作，具有能耗低、效率高、工艺简单、投资小和污染轻等优点，故在污水处理过程中发展相当迅速。根据其推动力可分为微滤（MF）、超滤（UF）、渗析（D）、电渗析（ED）、纳滤（NF）和反渗透（RO）、渗透蒸发（PV）、液膜（LM）等。

①微滤（MF）

微滤技术主要用于除去固体微粒。在工业污水处理中可用于涂料行业污水、含油污水、硝化棉污水和含重金属污水等的处理，缺点是微滤膜的成本太高。

②超滤（UF）

超滤膜的结构多为非对称性膜，有一层极薄（通常只有0.1～1μm）具有一定孔径的表皮层（活性层）和一层较厚（通常为125μm）具有海绵状或指状结构的多孔层组成。超滤主要用于除去固体微粒，广泛用于食品、医药、工业污水处理、超纯水制备及生物技术工业。在工业污水处理方面应用的最普遍是电泳涂料污水处理，在含油污水、含重金属污水、含淀粉及酶的污水、纺织工业脱浆水和纸浆工业污水处理中已广泛应用。

③电渗析（ED）

电渗析是在外加电流电场作用下，利用离子交换膜的选择透过性（即阳膜只允许阳离子透过，阴膜只允许阴离子透过）使水中阴、阳离子做定向迁移，从而达到离子从水中分离的一种化学过程。该技术首先用于苦咸水淡化，而后逐渐扩展到海水淡化及制取饮用水和工业纯水中，在重金属污水处理、放射性污水处理等工业污水处理中也已得到应用。缺点是电渗析只能除去水中的盐分，而对水中的有机物不能去除，某些高价离子和有机物还会污染膜。同时，电渗析运行过程中易发生浓差极化而产生结垢。

④纳滤（NF）

纳滤膜又称为超低压反渗透膜或疏松型反渗透膜，其操作压力通常在1.0MPa以下，它对二价离子和分子量大于300mol的有机小分子的截留率较高。纳滤膜可以用于脱除三卤甲烷、农药、洗涤剂等可溶性有机物及异味、色度和硬度等。由于纳滤膜结构及性能上的特点，当前已广泛地应用于生化产品、污水处理、饮用水制备和物料回收等领域。在工业污水处理中，纳滤膜主要用于含溶剂污水的处理，以其特殊的分离性能成功地应用于制糖、制浆造纸、电镀、机械加工以及化工反应催化剂的回收等行业的污水处理上。缺点是纳滤膜易污染，其价格一直比传统的污水处理方法高。

膜分离法污水处理技术用于污水处理能耗低、效率高、工艺简单、投资小和污染轻，膜组件简洁、紧凑，易于自动化操作、维护方便，工艺流程短、占地少，小型化系统放置场所不受限制；出水BOD、氮、磷和悬浮固体浓度很低，不含细菌、病毒、寄生虫卵等，出水符合三级处理标准，可直接回收或补充地下水。与其他污水处理方法相比具有明显的优势，在污水处理中受到大量的关注。当前技术条件下缺乏廉价、性能完备的膜制备以及膜污损等问题直接影响着膜分离技术在污水处理系统中广泛的应用。

（4）光催化氧化技术

光催化氧化技术是将特定光源（如紫外光UV）与催化剂（TiO_2或CdS）联合作用对有机污水进行降解处理的过程。它一般采用半导体材料（一般为锐钛矿型TiO_2）为催化剂。光催化氧化技术工艺简单、成本低、操作简单易控制；利用紫外光催化降解水中难降解有机污染物，具有较高催化活性、良好的化学稳定性和热稳定性且无二次污染、无刺激、安全、无毒等特点。但是其催化剂较难分离，回收困难、光源利用率低、催化效率不高，目前仍是一项尚未成熟的新技术。

（5）超临界水氧化技术

超临界水氧化技术（Supercritical Water Oxidation，简称SCWO）是指当温度、压力高于水的临界温度（374℃）和临界压力（22MPa）条件下水中有机物的氧化。当有机物和氧溶解于超临界水中时，它们在高温单一相状态下密切接触，在没有内部相转移限制和有效的高温下，氧化反应迅速完成（几秒至几分钟），有机物的去除率可达99.99%以上。

该处理技术效率高，处理彻底，有机物在适当的温度、压力和一定的保留时间下，能完全被氧化成二氧化碳、水、氮气以及盐类等无毒的小分子化合物，有毒物质的清除率达99.99%以上，符合全封闭处理要求；在高温高压下进行的均相反应，反应速率快，停留时间短（可＜1min），所以反应器结构简洁，体积小；适用范围广，可以适用于各种有毒物质、污水废物的处理；不形成二次污染，产物清洁不需要进一步处理，且无机盐可分离，处理后的污水可完全回收利用；当有机物含量超过2%时，就可依靠自身氧化放热来维持反应所需的温度，不需要额外供给热量，如果浓度更高，则放出更多的氧化热，这部分热能可以回收。但其高温高压的操作条件对设备材质提出了严格的要求。同时其还存在目前难以解决的易于堵塞和腐蚀严重的问题。

（6）电催化氧化技术

电催化氧化技术是通过阳极反应直接降解有机物，或通过阳极反应产生羟基自由基、臭氧一类的氧化剂降解有机物。这种污水处理技术能够使有机物分解更加彻底，不易产生毒害中间产物，更符合环境保护的要求。但其适用于有机污水处理的电极种类不多；间接氧化法造成二次污染；能耗大，处理费用高。

（7）截污净化技术

当今社会正全力推行海绵城市建设。海绵城市建设以海绵的性能原理作为建设依据，能够自动调节适应环境和自然的变化，通过自然和人工相结合，最大程度的对污水进行处理，促进水的循环利用，是实现可持续发展的重要手段。将截污净化技术应用到海绵城市的污水处理中，对提高海绵城市发展的水平，推动海绵城市的可持续发展具有重要意义。

3.5 建筑给水排水工程

3.5.1 建筑给水排水系统模块关系

建筑给水排水是给水排水工程中不可缺少而又独具特色的组成部分，与城镇给水排水、工业给水排水一起，组成完整的给水排水工程体系。同时，建筑给水排水工程又是建筑物的有机组成部分，它和建筑学、建筑结构、建筑供暖与通风、建筑电气、建筑燃气等工程共同构成可供使用的建筑物整体。在满足人们舒适的卫生条件，促进生产的正常运行和保障人们生命财产的安全方面，建筑给水排水工程起着十分重要的作用，建筑给水排水的完善程度，是建筑标准等级的重要标志之一。

建筑给水排水工程发展至今，所涵盖的内容已经相当广泛，包含的系统越来越多。建筑给水排水工程可以看成一个由多个子系统用有效用的连接装置连接起来的系统。各子系统统一协调工作，并与所处的外部系统合理对接。其技术特点是子系统是相对封闭的，通过连接装置在系统边界相互连接或与外环境连接。关于建筑给水排水工程各个子系统及其与外部系统对接关系。图3-37为建筑给水排水工程模块关系示意。

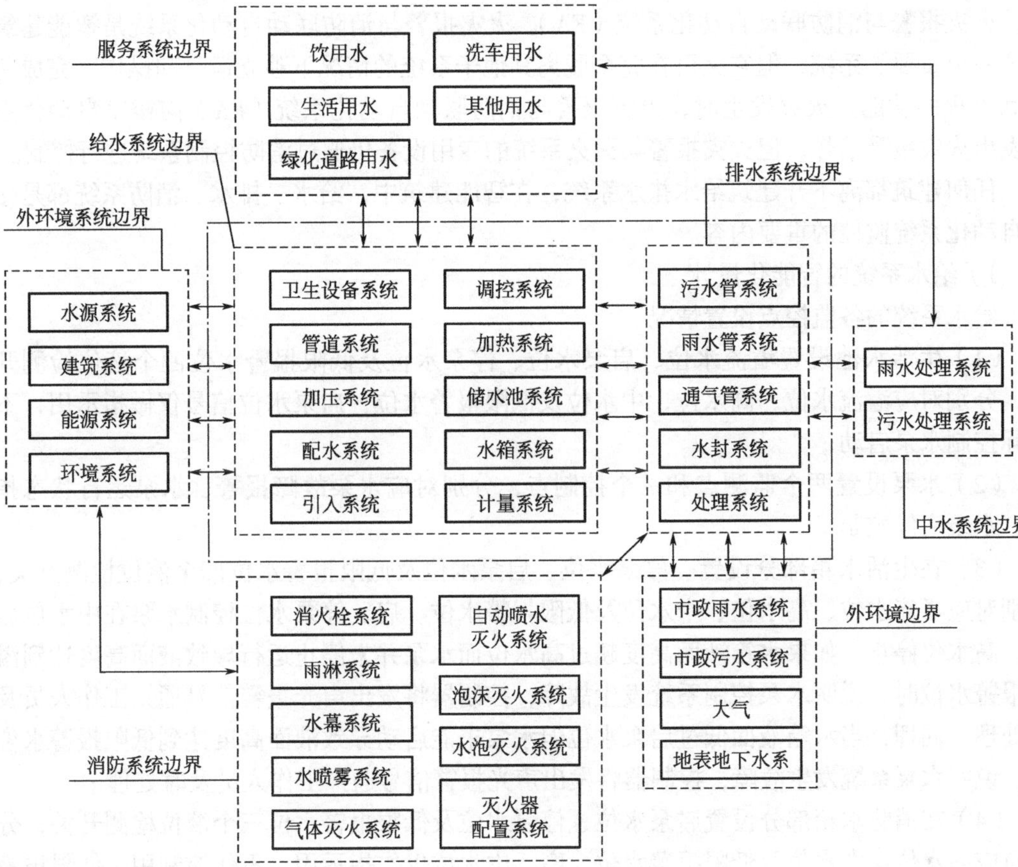

图3-37　建筑给水排水工程模块关系示意

在建筑给水排水工程模块关系图中，存在以下特点：系统内各子系统是确定的和可控制的；外部系统存在不确定性；由可控制的子系统构成的建筑给水排水系统与存在不确定性的和不可控的外部系统的耦合关系。在建筑给水排水工程设计中，对于可控项，可以运用现有知识和技术，在约束条件下，尽量达到最优化。在设计开始阶段，针对外部系统的不确定性，我们的首要任务就是弄清楚这些可变因子在项目中的状态及可能发展趋势，采用适当的输入值，减小接下来设计任务的难度以及避免外部条件的改变带来的返工。

3.5.2　建筑给水排水系统的智能化设计

智能建筑的核心是5A系统，即建筑设备自动化系统（BA）、通信自动化系统（CA）、办公自动化系统（OA）、火灾报警与消防联动自动化系统（FA）、安全防范自动化系统（SA），智能建筑就是通过综合布线系统将此5个系统进行有机的综合，使建筑物具有了安全、便利、高效、节能的特点。智能建筑的5个核心系统与建筑给水排水工程有关的是BA和FA。

建筑设备自动化系统（BA）。即我们所说的楼宇自动化系统，该系统能对建筑物内部的给水排水系统的运行状态和参数进行监测与控制，保证系统运行参数、满足建筑的供水要求并保护供水系统的安全，保证排水提升泵系统及时高效排出建筑物内产生的污废水。

火灾报警与消防联动自动化系统（FA）。火灾报警与消防联动自动化系统是智能建筑中的一个重要子系统，但它又可在完全脱离其他子系统的情况下独立运行和操作，完成防灾和灭火的功能。火灾发生时，火灾报警与消防联动自动化系统（FA）向楼宇自动化系统发出火灾报警信号，但火灾报警与灭火系统的专用设备仍通过消防控制系统进行控制。

任何建筑都离不开建筑给水排水系统，在智能建筑中，给水、排水、消防系统都是楼宇自动化系统监控的重要内容。

1）给水系统的智能化设计

给水系统的各监控点设置情况。

（1）生活水池设置溢流水位、启泵水位、停泵水位及低限报警水位四个液位检测开关，分别对应溢流水位、高水位、中水位及低限报警水位，启泵水位信号仅做指示用，不实际控制水泵启动；

（2）水泵设置两个监测点和一个控制点，分别对应水泵故障报警、水泵运行状态指示、水泵启停控制；

（3）在生活水箱部分设置、停泵水位、启泵水位及低限报警水位四个液位检测开关，分别对应溢流水位、高水位、中水位及低限报警水位。启、停泵水位控制水泵在中水位启动、高水位停止。如果水箱液面高度超过高水位而水泵并未停止运行导致液面高度达到溢流报警水位时，说明水泵控制系统发生故障，控制器将发出声光报警信号通知工作人员及时处理。同理，当水箱液面低过启泵水位但水泵未能启动导致液面高度达到低限报警水位时，说明水泵系统发生故障，控制器将发出声光报警信号通知工作人员及时处理；

（4）在消防水箱部分设置启泵水位、停泵水位及低限报警水位三个液位检测开关，分别对应高水位、中水位及低限报警水位。高、中水位仅作指示用，不作控制用；低限报警水位指示控制器发出声光报警信号通知工作人员及时处理。

生活给水系统和消防给水系统均设置了备用泵，且各水泵互为备用，当一台水泵故障时另一台自动投入使用，以保证系统正常工作。在实际运行中，应保证水泵的累计运行时间均衡，以最大限度的延长水泵使用寿命，为此，每次水泵启动时应优先启动累计运行时间少的水泵，控制系统需具备记录各水泵运行时间和统计汇总的功能。

2）排水系统的智能化设计

排水系统的各监控点设置情况。集水井设置溢流水位、启泵水位、停泵水位及低限报警水位四个液位检测开关，分别对应溢流水位、高水位、中水位及低限报警水位，各水位控制原理同生活水位箱。

3）消防系统的智能化设计

建筑给水排水消防系统的智能化设计主要是指火灾报警与消防联动自动化系统（FA）中的消防联动自动化系统。消防联动自动化系统的工作原理是：当建筑物发生火灾并被控制器确认时，火灾报警与消防联动自动化系统（FA）将输出两路信号。一路指令声光显示器动作，发出音响报警，并显示火灾现场地址，同时记录时间，通知火灾广播机工作，火灾专用电话开通向消防队报警等；另一路指令设于现场的执行器开启各种消防设备，如启动消防水泵、打开各种控制阀门、喷射灭火剂、启动排烟机、关闭隔火门等。为了防止系统失灵和失控，还应设有手动开关，用以报警和启动消防设施。火灾报警与消防联动自动化系统（FA）中的消防联动自动化系统应具备以下控制与显示功能。

（1）控制消防设备的启、停，并应显示其工作状态；

（2）消防水泵、防排烟风机的启停，除自动控制外，还应能手动直接控制；

（3）显示火灾报警、故障报警部位；

（4）显示保护对象的重点部位、疏散通道及消防设备位置的平面或模拟图等；

（5）显示系统供电电源的工作状态；

（6）火灾确认后切断有关的非消防电源并接通应急照明和疏散标志灯；

（7）火灾确认后控制所有电梯停到一层，并接受其反馈信号；

（8）接通应急广播系统。

3.6　信息技术在水社会循环领域的应用

3.6.1　BIM

1）BIM概述

BIM是指在建设工程及设施全生命期内，对其物理和功能特性进行数字化表达，并依此设计、施工、运营的过程和结果的总称。BIM可以指代"building information modeling"、"building information model"、"building information management"三个相互独立又彼此关联的概念。Building information model是建设工程（如建筑、桥梁、道路）及其设施的物理和功能特性的数字化表达，可以作为该工程项目相关信息的共享知识资源，为项目全生命期内的各种决策提供可靠的信息支持。Building information modeling是创建和利用工程项目数据在其全生命期内进行设计、施工和运营的业务过程，允许所有项目相关方通过不同技术平台之间的数据互用在同一时间利用相同的信息。Building information management是使用模型内的信息支持工程项目全生命期信息共享的业务流程的组织和控制，其效益包括集中和可视化沟通、更早进行多方案比较、可持续性分析、高效设计、多专业集成、施工现场控制、竣工资料记录等。

由于整个建筑相关的信息存储在BIM集成数据库中，所有设计内容都是参数化和相互关联的，这样就可以在BIM上构建各个专业协同工作的平台，实现了各专业的信息的传递准确、及时共享和有效管理。在工程项目全生命周期中，包括决策、设计、施工、运营、管理等各阶段，各个参与人员都可以根据自己的需要在BIM中提取自己所需要的数据，来完成各自的任务。也同时把各人创建的信息反映到BIM中去，

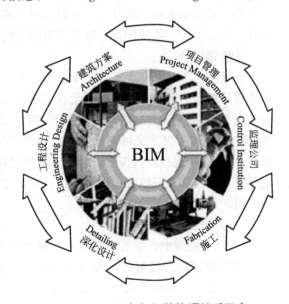

图 3-38　BIM 各部门的协调关系示意

如此使工程中各参与人员通过BIM紧密地联系在一起，实现了协同工作的目的，图3-38为BIM各部门的协调关系示意。

2）BIM在水社会循环领域的应用

（1）BIM在建筑给水排水设计中的应用

①可视化设计

传统设计模式下，土建专业向建筑给水排水专业提资时主要基于传统CAD平台，使用平、立、剖等三视图的方式表达和展现，建筑给水排水专业设计人员有个"平面到立体"阅读和还原的过程，同时还需要整合结构梁高和位置的信息，因此在遇到项目复杂、工期紧的情况下，在信息传递的过程中很容易造成三维信息割裂与失真，造成差错。而BIM的"所见即所得"具有先天的直观性和实时性，保证了信息传递过程中的完整与统一。更重要的是，不同于土建专业按楼层划分的设计模式，建筑给水排水设计是基于各自独立的系统（例如给水系统、自动喷水灭火系统等），各系统的组成部分位于多个楼层，当局部修改（例如立管管位的调整）时常常会影响到多个楼层平面。传统设计模式以楼层划分平面，割裂各个系统内部的联系，细小的修改需要打开多张图纸，而BIM从全局上进行绘制，保证了对系统的理解及把控，并且修改起来极其便利。

②协同设计

在传统设计模式下，CAD只是个绘图工具，无法加载太多的附加信息，于是建筑给水排水设计在绘图之外需要向结构专业提荷载、向电气专业提用电负荷。在BIM模式下，所有信息都在模型中汇总（例如水泵的电量、质量、尺寸），跨专业可以直接读取，甚至水专业的水泵电量修改后，电气专业负荷计算可以实时更新。所有专业围绕着一个统一的模型，一方面简化了工作模式，另一方面也强化了协同的有效性和联动性。当前设计单位采用的基于CAD平台的网络协同设计，采用的是互相引用参照的方式，在重新加载图纸之前，别的设计人员作的修改并不能实时反映，并且由于引用的图纸其实是一个大的块，其中各个图元的信息无法直接读出，影响信息的传递。而BIM模式下，由于是在同一个模型中工作，建筑给水排水设计人员可以实时观察到消防系统设计人员的修改，以及其他专业设计人员的修改，给协同设计带来了质的飞跃。

③管道综合

BIM模式既可以将建筑给水排水设计人员从烦琐的核对图纸的过程中解脱出来，又可以将管道综合后的净空高度直观反映出来，以满足建筑专业的需要。在BIM模式下，三维直观的管道系统反映的是管道真实的空间状态。设计师既可以在绘图过程中直观观察到模型中的碰撞冲突，又可在绘图后期利用软件本身的碰撞检测功能或者第三方软件（如Navisworks）来进行硬碰撞（物理意义上的碰撞）或软碰撞（安装、检修、使用空间校核）的检测。通过BIM三维管道设备模型，发现并检测出设计冲突，然后反馈建筑给水排水设计人员，及时进行调整和修改。

④参数化设计

在Revit模型中，所有的图纸、二维视图和三维视图以及明细表都是基于相同建筑模型数据库的信息表现形式。Revit参数化修改引擎可自动协调在任何位置（模型视图、图纸、明细表、剖面和平面中）进行的修改，并且可以在任何时候、任何地方对设计做任意修改，真正实现了"一处修改、处处更新"。例如在建筑给水排水设计后期，平面布置的调改，造成消火栓、喷头以及其他消防设备数量的变化，在材料表中可以实时更新，从而极大地提高了设计质量和设计效率。

参数化不仅体现在模型中表达形式的高度统一，更重要的是将辅助计算引入BIM设计。例如：以往建筑给水排水设计人员在水力计算时习惯于自己在Excel或其他软件中编制公式，制作计算表等进行辅助设计。而BIM设计过程可以直接从模型上读取设备和卫生器具信息，设定好管道的摩阻等水力特性参数后，即可以自动修改管径。

⑤材料表统计

以往编制材料表时一般依靠建筑给水排水设计人员根据CAD文件进行测量和统计，这样费时费力而且容易出错，如果图纸修改，重新统计是件非常烦琐的事。BIM本身就是一个信息库，可以提供实时可靠的材料表清单。通过BIM获得的材料表可以用于前期成本估算、方案比选、工程预决算。

⑥安装模拟

设计的目的就是为了指导施工，施工过程中一些复杂的、管线较多的吊顶区域，各分包常常是互不相让，互相挤占空间。这一方面造成了不必要的浪费，另一方面也耽误工期。将时间维度引入三维设计，通过制定准确的四维安装进度表，可以实现对施工项目的预先可视化，可以合理安排安装进度，更加全面地评估与验证设计是否合理、各专业是否协调，可以简化设计与安装的工作流程，帮助减少浪费、提高效率，同时可以显著减少设计变更。

（2）BIM在绿色建筑设计中的应用

在绿色可持续建筑设计模式中，各专业之间的相互理解和融合至关重要。建筑师将成为团队的召集人而不是决策者；结构工程师、设备工程师在设计初期阶段都将起到更加积极的作用。设备工程师的技术和经验，以及专家的咨询意见，都在设计过程的最初阶段加以考虑。这样可以达到高质量的设计结果，但实现最少的投资增加甚至零增加，同时还可以减少长期的运行维护费用。从国外先进的应用经验来看，BIM结合绿色建筑设计应以各阶段一系列的"设计环"为主要特征，它通过各阶段的决策结论作为各段完成的标志。

BIM的最重要意义，在于它重新整合了建筑设计的流程，其所涉及的建筑生命周期管理，又恰好是绿色建筑设计的关注和影响对象。建筑信息模型包含了几何、物理和拓扑的信息。几何信息直接反映了建筑在三维空间中的形状；物理信息描述了各组件的物理性质，如材料的导热系数等；而拓扑信息则包含了各组件之间的相关性。正如伊士曼指出的，建筑信息模型包含"各组件的形式、行为和关系"，将一个建筑项目整个生命周期内的所有信息整合到一个单独的建筑模型中，而且还包括施工进度、建造过程、维护管理等的过程信息。真实的BIM数据和丰富的构件信息给各种绿色建筑分析软件以强大的数据支持，确保了结果的准确性。

居住建筑和公共建筑的绿色建筑评价标准有6条共同标准：节能与能源利用、节地与土地利用、节水与水资源利用、节材与绿色建材、室内环境、运营管理。

①节能与能源利用

BIM是一个集成的流程，它支持在实际建造前以数字化方式探索项目中的关键物理特征和功能特征。整个BIM流程所使用的协调一致的信息能够帮助建筑师、工程师、承包商和业主在实际施工前查看设计在真实环境中的外形乃至性能。当应用于现有建筑时，特制的BIM解决方案能够帮助获取所需的建筑几何体和特性，用以进行多个方面的能源性能分析。例如，可通过BIM流程创建一个基本模型，然后将此模型用于能源和投资审核。

BIM的代表软件可提供详尽可靠的设计信息和深度的建筑模型细节，所有的这些信息能直接被Green Building Studio、ArchiPHYSIK或经由工业标准格式转换导入的软件（如Ecotect Analysis）获取和使用，从而进行能量分析。这些专门为建筑师设计的工具可以从设计的起始阶段使用，帮助他们针对建筑物外围结构和材料创造出正确和符合法规的设计决策。

BIM可利用一些公共标准在各个不同软件供应商之间实现项目团队的协同合作，比如利用IFC（Industry Foundation Classes）实现各软件之间的数据交换，这种方式更加灵活但是需要各软件都支持这种标准形式。目前Revit、ArchiCAD、都支持IFC标准，它为专业建筑性能模拟软件例如EnergyPlus和RIUSKA提供了链接。建筑能耗软件可以用来模拟建筑及空调系统全年逐时的负荷及能耗，有助于建筑师和工程师从整个建筑设计过程来考虑如何节能。

②节地与土地利用

"节地"是我国绿色建筑标准区别于其他标准的重要特色，充分利用尚可使用的旧建筑，合理开发利用地下空间，优先选用废弃场地进行建设，对已被污染的废弃场地进行处理达标后再进行有效的开发利用。在场地设计阶段充分进行现场调查，场地的形状和开口会影响到容纳建筑的大小，进而影响到场地开发的灵活性。一般来说，根据建筑物的功能要求、地段的具体条件以及建筑物旳经济性来进行平面布局。

2012年Autodesk公司开发了基于BIM的概念设计软件Autodesk Infrastructure Modeler，它将在土地开发领域提供服务，为土地利用率的提高提供了保障。

③节水与水资源利用

据统计，全国城市中有一半以上的城市不同程度缺水，沿海城市也不例外，甚至更为严重。在所消耗的淡水资源中，除了农业用水之外，建筑耗水也是非常大的。因此，在贯彻国家提出的发展节能省地型住宅和公共建筑要求中，节水已成为最主要的内容之一，也成为绿色建筑设计的重要内容之一。利用雨水能够适当缓解水资源短缺的问题。中水回用和废水利用也是节水的有效措施。建筑中水系统是利用建筑本身排出的生活污水做水源，就地收集，就地处理回用，投资不高，具有一定的社会经济效益，同时减少了污水量，创造了客观的环境效益。

使用Green Building Studio中的工具，通过使用模式和设备性能特点来估算建筑的总用水需求。通过每个管道装置来考虑用水量，然后将用水需求量列在表格中。利用可以协调建筑给水排水工程中出现的问题，Revit会提供链接模式和工作集模式这两种协同模式。在链接模式中，将整个建筑给水排水项目转换到Naviswork，检查管线碰撞；在工作集模式中，将构件ID导入，统一修改构筑物信息。虽然BIM在节水方面的优势不是十分明显，但经过专业人员不断实践探索，已经制定了相应的工程标准模板，这将为以后BIM在节水方面的发展提供有力保证。

④节材与绿色建材

在国家标准《绿色建筑评价标准》GB/T 50378—2019中，针对节材提出了如下要求，"在满足安全和使用性能的前提下，使用废弃物等作为原材料生产出的建筑材料，其中废弃物主要包括建筑废弃物、工业废料和生活废弃物。在满足使用性能的前提下，鼓励利用建筑废弃混凝土，生产再生骨料，制作成混凝土砌块、水泥制品或配制再生混凝土；鼓励利用工业废料、农作物秸秆、建筑垃圾、淤泥为原料制作成水泥、混凝土、墙体材料、保温材料等建筑材料；鼓励以工业副产品石膏制作成石膏制品；鼓励使用生活废弃物经处理后制成的建筑材料。"在现代科技高速发展的时代，我们可以通过各项节材技术的合理运用，通过跨专业的沟通与互动，通过技术经济比较，通过精细化设计与优化，达到绿色建筑节材的目标。

BIM 可应用于预制件生产装配，在开展设计时，Revit 会自动生成其他所有的相关工程信息，将模型导入 Autodesk Inventor 中，通过必要的数据转换，将材料统计完成，材料供应商将根据结果将配件分装后送到配送中心，大大控制了材料使用数量的误差，也减少了材料运输中的人力和物力的成本输出。

⑤室内环境

主要考察室内声、光、热、空气品质等环境控制质量，以健康和实用为主要目标。而 EnergyPlus、DeST、TRNSYS 等软件均可进行室内能量分析。

⑥运营管理

绿色建筑运营管理在传统物业服务的基础上进行提升，要求坚持"以人为本"和可持续发展的理念，从建筑全生命周期出发，通过有效应用适宜的高新技术，实现节约资源与保护环境的目标。

（3）BIM 在装配式建筑设计中的应用

①提高装配式建筑设计效率

装配式建筑设计中，由于需要对预制构件进行各类预埋和预留的设计，因此更加需要各专业的设计人员密切配合。通过授予装配式建筑专业设计人员、构件拆分设计人员、以及相关的技术和管理人员不同的管理和修改权限，可以使更多的技术和管理专业人士参与到装配式建筑的设计过程中，根据自己所处的专业提出意见和建议，减少预制构件生产和装配式建筑施工中的设计变更，提高业主对装配式建筑设计单位的满意度，从而提高装配式建筑的设计效率，减少或避免由于设计原因造成的项目成本增加和资源浪费。图 3-39 为基于 BIM 的协同设计流程示意。

②实现装配式预制构件的标准化设计

BIM 可以实现设计信息的开放与共享。设计人员可以将装配式建筑的设计方案上传到项目的"云端"服务器上，在云端中进行尺寸、样式等信息的整合，并构建装配式建筑各类预制构件（例如门、窗等）的"族"库。随着云端服务器中"族"的不断积累与丰富，设计人员可以将同类型"族"进行对比优化，以形成装配式建筑预制构件的标准形状和模数尺寸。预制构件"族"库的建立有助于装配式建筑通用设计规范和设计标准的设立。利用各类标准化的"族"库，设计人员还可以积累和丰富装配式建筑的设计户型，节约户型设计和调整的时间，有利于丰富装配式建筑户型规格，更好地满足居住者多样化的需求。

③降低装配式建筑的设计误差

设计人员可以利用 BIM 对装配式建筑结构和预制构件进行精细化设计，减小装配式建筑在施工阶段容易出现的装配偏差问题。借助 BIM 对预制构件的几何尺寸及内部钢筋直径、间距、钢筋保护层厚度等重要参数进行精准设计、定位。在 BIM 模型的三维视图中，设计人员可以直观地观察到待拼装预制构件之间的契合度，并可以利用 BIM 的碰撞检测功能，细致分析预制构件结构连接节点的可靠性，排除预制构件之间的装配冲突，从而避免

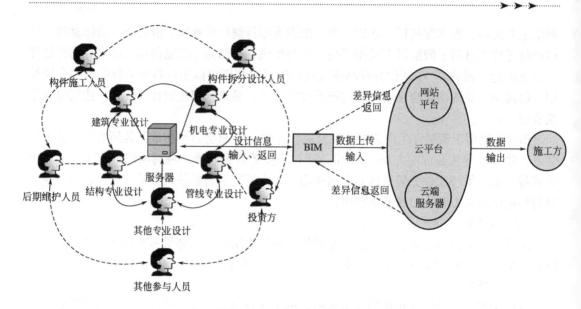

图 3-39　基于 BIM 的协同设计流程示意

由于设计粗糙而影响到预制构件的安装定位，减少由于设计误差带来的工期延误和材料资源的浪费。图 3-39 为 BIM 的协同设计流程示意图。

（4）BIM 在市政给排水工程中的应用

①建立管网模型

在进行市政给排水管网工程项目的建立模型工作的过程中，首先要对系统进行分类，比如在使用某一个软件来对管线进行设计的过程中，首先需要建立一个机械模板，当这个模板建立完成之后，就需要对所使用的管道类型进行分析，根据他们的类型进行管道系统设计。一般情况下，在市政给排水管网工程项目设计的过程中，主要设计的是给水管、污水管、雨水管、废水管和消防管等，由于每一个管道具体的用途是不一样，那么在设计过程中要根据管道具体的用途和使用的材料，对各个管道进行区分，可以利用不同的颜色来区分，这样可以给工作人员的统计工作带来便利。

在建立模型的过程中要主要考虑各个阀门和管件的结构，工作人员要做到具体问题具体分析，根据市政给排水工程项目的具体特点和实际情况来选择合适的建立模型方法。设计人员根据 BIM 系统中的提示标记出各个管道的高度、位置等基本信息，从而为建立模型工作奠定坚实的基础。

②管线设计出图

由于 BIM 技术具有良好的出图功能，市政给排水管线设计人员可以结合管线的运行情况，将 BIM 设计完毕的方案直接打印出图，并结合给排水管线的实际运行数据，将数据准确输入到 BIM 系统中，可进一步完善设计方案，提高方案的合理性。

③综合管线的碰撞分析

碰撞分析是整个 BIM 设计工作流程最核心的部分。BIM 技术以"层"为单元将涉及给排水专业的集合为一单元，在 revit 软件中导出 Navisworks 模型。Navisworks 的碰撞报告包括有碰撞位置的图片、项目 ID 和坐标等信息，比较直观方便，而且修改后便于二次检查。

Navisworks 与 revit 共同操作，可减少各种管网的错漏碰缺。当错误 ID 排查出来时，点中其中一个冲突构件可进行修改，修改的原则是大管、主干管为主，小管、分支管其次，且小工程量让大工程量。经过重复多次检查整合，进行优化设计可保证无碰撞冲突。以某市政主干道的地下管线为例，用 BIM 技术对专业模型进行整合，发现主碰撞问题 100 多个，优化设计后利用虚拟人物漫游，提前查看了各种错漏碰缺问题。所有优化完成后，生成优化方案，合理减少使用空间，最大限度提升了城市地下空间的利用效率。而且还可以快速、准确地提取给排水管线工程量，精确度达到阀门级别，并可根据设计变更动态更新。

④辅助确定基坑开挖的位置

一般情况下，市政给排水工程项目的施工周期都不长，这就使得在施工的过程中，没有过多的时间可以浪费，不能在施工过程中使用传统的方法来调整管线。因此，针对这种情况，在市政给排水工程项目施工的过程中利用 BIM 技术来进行管线的具体定位工作，为准确、快速地找到开挖基坑的位置，需要将管线的设计图纸和模型以及碰撞检测报告结合在一起进行分析。同时，施工工作人员要利用 BIM 技术掌握管线的高度、位置和分布的情况等，从而找出发生碰撞情况的具体位置，合理确定基坑开挖的具体位置。

⑤拟定施工方案

在市政给排水工程项目施工中，应用 BIM 技术不仅能够给施工工作人员提供管线的模型、检测管线的碰撞情况，还可以提高施工组织方案的合理性。对于地下管线的施工，地下施工和地上施工之间存在差异性，且地下环境比较恶劣，导致施工工作人员难以准确地掌握各个管线和类型、位置等。利用 BIM 技术给地下施工工作人员提供各个管线的类型、位置以及基本情况，有利于提高施工精度，并且可以合理排布施工时序、安排人机料等，确保项目施工高效推进。

（5）BIM 在海绵城市建设中的应用

海绵城市建设涉及规划的多方面统筹安排，涉及排水、道路、管网、绿地等各个专业之间的协作和布局，需要在建设过程中打破多部门、多体系之间的壁垒，充分利用 BIM 技术是解决现存问题的有效途径。在海绵城市建设中，利用 BIM 衔接各部门规划、设计、建设、运维，支持海绵城市建设全生命周期管理，是全面提升海绵城市规划决策水平、建设水平及运营管理水平的有效途径。BIM 技术的应用，能显著改变当前因多部门管理、缺乏协同机制、造成人财物的浪费问题。在海绵城市建设中，可以对道路、管线、城市下垫面等已知构筑物进行统一信息化数据库处理，从而达到优化设计、节约成本的目的。

（6）BIM 在综合管廊建设中的应用

由于国内在综合管廊上应用 BIM 还在起步阶段，目前综合管廊对 BIM 的应用很多还停留在"建一个三维模型，放一段动画"的阶段，也就是所谓的"可视化"应用阶段。其实 BIM 是一个很强大的工具，它的应用从低到高分三个阶段。

①可视化。通过建模+漫游+碰撞检查+IFC+数据交换进行。比如在设计阶段，由于管廊内管线众多，特别是在交叉口、管线需要转弯引出，通过 BIM 建模，我们可以很直观地发现管线间有没有打架，设计的开口是否合理，管线能否引出等，均一目了然。

②信息化。通过 BIM+3DGIS+云计算+大数据+AR+VR+MR，这是一个更高阶的应用。比如 BIM+AR，AR 也就是虚拟与实景结合。譬如在管廊运维阶段，管理人员在检修某个设备时，AR 能实时地将这个设备的检修程序以及监测数据"投影"在设备上。那将带来巨

大的便捷性，它避免了人为的疏忽及经验不足，因为BIM+AR会指导你干正确的事。

③智能化。知识管理+机器学习，这个属于前沿科技，类似于人工智能、阿尔法狗之类的，电脑能够自主学习提高。由于从世界范围来说都属于比较新的概念，我们国内的管廊建设目前还处于跟踪学习阶段。

3）BIM的不足与展望

相比于传统的给排水工程设计方案，BIM模式的应用优势比较明显，随着BIM应用规模的不断扩大，给水排水工程设计方法面临着巨大的挑战，为了解决实际问题，必须对症下药，找到问题的根源，以解决实际应用中的问题。

（1）目前BIM设计还没有形成统一的满足施工要求的设计标准；

（2）BIM协同设计有两种模式，工作集和链接模式。在工作集方式中权限的获得与释放都较为繁琐，在链接模式下管道综合时调整管道较麻烦；

（3）BIM希望其内在的参数能够涵盖设计、概预算、施工、物业管理等整个环节。但过多的参数造成分级分类方式过多，修改较为复杂，并且有许多冗余信息；

（4）族库不够完善，缺少符合中国建筑设计标准的构件；

（5）生成二维图纸功能较弱，需二次深化；

（6）数据流通的问题。其与各种分析软件的接口还不够完善；

（7）进行管道计算、系统计算前，管道与器具、管道与设备必须建立逻辑连接和物理连接，有时候一处管道没连好，造成整个系统无法计算。

BIM虽仍有诸多不足之处，但BIM是现代信息化技术革命运用到给水排水工程建设的产物，是给水排水行业的新宠，其为这个行业带来了新鲜的血液，随着这项技术的日趋成熟、完善，未来会给水社会循环领域带来越来越多的便利。

3.6.2　数值模拟

1）数值模拟概述

计算流体动力学软件（Computational Fluid Dynamics，简称CFD）通常用来进行流场模拟、分析和预测。通过CFD软件，可以显示流体在流动过程中出现的现象，通过各种参数的改变，分析流体在模拟区域的流动性能。

2）数值模拟在给水排水工程中的应用

计算流体动力学技术在流体数值模拟方面的应用日益广泛。在市政排水方面，排水模型软件的开发应用搭上了电脑技术发展的"高速列车"。相比已经形成了一定框架的城市排水模拟计算技术，数值模拟计算在建筑排水系统研究上的运用则显得较为匮乏。

我国早先以苏联的数据资料和设计理念为参考，设计与建造建筑给排水系统。近年来建筑行业大发展，新建了大量高层建筑，其给排水系统内部复杂多变的流态和相关的物理现象已不能用现有理论作出清晰的解释，相关的基础理论有待进一步充实和完善。由于建筑给水排水系统内部流态复杂多变，通过实验等传统研究方法会耗费大量人力物力。因此引进数值模拟软件进行分析研究，可以大幅度提高效率，降低资源消耗。

3）数值模拟技术的不足与展望

建筑给水排水行业发展的趋势之一就是加强对数值模拟技术的运用，但是目前这方面还没有太多的研究成果，未来有待更多的利用及探索。

3.6.3　水文模拟

1）水文模拟软件概述

《室外排水设计规范》GB 50014—2006（2016年版）规定当汇水面积超过2km²时，宜考虑采用数学模型法计算雨水设计流量。现行雨水设计模式在国际上主要分为三种：第一种设计模式为现今运用最广并且最简单的雨水设计方法——推理法；第二种方法与第一种设计模式类似，但增加了淹水风险分析——考虑风险度的设计模式；第三种为最低成本优选设计模式，如ILSD（Illinois Least-Cost Sewer System Design Model）等。

从Emil Kuching提出利用推理法估算小汇水面积径流量至今已上百年，百年来其主要架构未有较大变化，并且被广泛运用于国内外雨水设计中。推理法公式的不足之处在于无法求得流量历线并且无法反映水流的实际情况。运用水文模拟软件可以真实反映水流的状态，也可以获得能量的变化、流量历线、洪涝分析，更加符合实际情况。

随着计算机技术的发展，国内外现有的水文模拟软件种类越来越多。现行的国内外水文模拟软件主要有：美国的SWMM与GWLF软件、英国的InfoWorks ICM软件、加拿大的PCSWMM软件、丹麦的MIKE11及MIKE21软件、中国的鸿业暴雨模拟软件等。以下着重介绍SWMM软件、GWLF软件及InfoWorks ICM软件。

2）水文模拟软件在雨水设计中的应用

（1）SWMM软件

①SWMM软件概述

SWMM雨水管理模型最早于1971年由美国环保署负责开发，其主要用于城市区域径流流量和水质的单一事件或连续事件的模拟。SWMM运用于城市区域水文模拟时考虑了各种水文过程，其中包括降雨、蒸发、降雪及融雪、洼地蓄水、降雨截流损失、雨水下渗过程、地表水与地下水水文交换过程等。通常运用SWMM软件进行模拟时主要涉及软件的径流模块、水力计算模块与水质模块。

②SWMM演算原理

利用SWMM进行演算时主要利用软件中的径流模块与水力计算模块。雨水降落地面后，进入各排水管道之前的漫流现象利用软件的径流模块进行模拟。降雨发生时，若其强度超过土壤入渗能力时，地表洼地部分开始积水，积水饱和之时溢流而产生径流，此即为径流模块的水理现象。降雨后集水区水深按式（3-1）计算。

$$D_1 = D_t + R_t \cdot \Delta t \tag{3-1}$$

式中：D_1——降雨后集水区水深，mm；

D_t——在t时刻集水区水深，mm；

R_t——在Δt时刻平均降雨强度，mm/s；

Δt——降雨时间间隔，s。

采用Horton公式计算入渗损失如公式，产生的径流量。按式（3-2）、式（3-3）分别计算速度与流量：

$$V = \frac{1}{n} R^{\frac{2}{3}} \cdot S^{\frac{1}{2}} \tag{3-2}$$

$$Q = V \cdot A_C \tag{3-3}$$

式中：V——流速，m/s；

　　　R——水力半径，m；

　　　S——水力坡度；

　　　n——曼宁系数；

　　　A_C——过水断面面积，m^2。

水力计算模块将由径流模块计算所得流量历线导入雨水管网中，依据水力学非均匀流特性模拟管渠中水流流动情况，主要理论如式（3-4）与式（3-5）。

$$\frac{\partial Q}{\partial t} + \frac{\partial (Q^2/A)}{\partial x} + gA\frac{\partial y}{\partial x} + gA(S_f - S_0) = 0 \qquad (3-4)$$

$$\frac{\partial A}{\partial t} + \frac{\partial Q}{\partial x} = q \qquad (3-5)$$

式中：Q——流量，m^3/s；

　　　A——过流断面面积，m^2；

　　　S_f——比摩阻；

　　　S_0——管渠坡度；

　　　y——水深，m；

　　　g——重力加速度，m/s^2；

　　　x——流向位置，m；

　　　q——单位长度侧流量，m^3/s。

除此之外，SWMM软件的水力计算可以提供恒定波、运动波和动态波三种计算方法，各种方法所对应的模拟场景不同。其中恒定波的演算方法较为简单，可以演算管渠上游节点到下游节点水文过程的瞬时转换，不考虑管渠本身所提供的暂时储存容积，自然也忽略由此带来的形状变化及时间滞后效应。由此可见，恒定波法只适用于由简单节点与地表区域汇流所组成的排水系统，不适用于较复杂的排水系统。运动波主要用于有输送系统的水力演算，其水力坡度线与管渠坡度一致，运动波一般适用于没有雍水、回水及检查井超载溢流的状况。动态波是SWMM软件水力计算功能最强大的演算方法，也是整个水力计算模块的核心部分。由于该演算模块可以解决管渠输送系统的完整一阶圣维南方程组。该演算模块可以模拟实际管网中水流运动的回水、溢流及渐变流情况，适用于非均匀、非恒定流情况，是实际工程模拟中最常用的演算模块。

③模型构建

图3-40为SWMM5.1主界面，主要有水力特性模块、水文特性模块及水质特性模块组成。其中水力特性模块主要由节点（节点、排放口、分水器、蓄水单元）、连接（管渠、出水口、堰、孔口、泵）、横断面及控制线组成。水文特性模块包含由子汇水面积、雨量计、含水层、积雪、单位过程线及LID控制措施。水质特性模块主要由污染物及土地使用组成。建模最基本的步骤包括：汇水区域概化、输送系统概化、雨量计设置、LID措施设置及模拟报告分析。

如何概化汇水区域直接关系到降雨产生的径流量，而径流量的产生可以直接影响入流过程，因此汇水区域中参数的正确选取至关重要，汇水区域的概化参数包括：汇水区域面积、汇水区域宽度、汇水区域坡度、径流系数、透水地面初始积洼深度、不透水地面初始

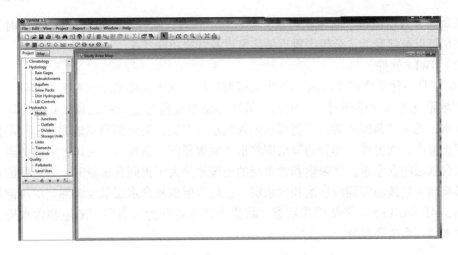

图 3-40　SWMM5.1 主界面

积洼深度、透水地面曼宁系数、不透水地面曼宁系数、透水地面下渗公式等。汇水区域面积参数的获取可以利用地形 CAD 或 GIS 数据、现场勘查或者利用 SWMM 软件自带的长度计算工具。汇水区域的汇水宽度根据《SWMM 建模手册》定义为汇水区域面积与地表漫流路径的长度比值，对于未开发地区地表漫流路径典型设计参数约为 150m，若模拟的汇水区域为已开发地块则其地表漫流路径长度可以根据面积对不同地块中心到管渠距离进行加权平均。汇水区域的坡度可以根据地面标高数据进行选取，当模拟的汇水区域中坡度变化较大时，可以对不同汇水区域的坡度根据面积不同进行加权平均。径流系数根据不同的用地类型进行选取，对于汇水区域内的山地、草坪的径流系数建议取低值，取值为 0.3 ~ 0.5之间，对于其他汇水子区域可以根据规范选取径流系数。透水地表与不透水地表的初始积洼深度及曼宁系数主要参考《SWMM 建模手册》提供的参数进行选取，透水地面下渗公式可以选取 Horton 公式进行计算，下渗公式中的各个参数如：最大渗入速率、最小入渗速率、衰减系数、排干时间等若有实测数据则采用实测数据，若无可以采用《SWMM 建模手册》中的建议值。

输送系统概化主要在于节点及管渠的设计选用，节点及管渠的设计选用一般利用推理法对管网进行初步设计，输送系统概化主要将初步设计成果概化到 SWMM 软件中。其中需要的参数包括节点的径流量、内底标高、最大水深、初始水深、允许的溢流水深及溢流面积，管渠的设计参数包括管渠形状、长度、进水偏移及出水偏移、糙率、初始流量、最大流量、进水损失系数、出水损失系数等。

雨量计可以为汇水区域提供降雨来源，降雨数据的来源一方面可以根据当地实测的降雨数据，根据降雨数据绘制降雨过程线，另一方面根据模型自动生成，主要根据芝加哥雨型合成。每个地区的降雨数据不同，芝加哥雨型关键要确定好综合雨峰位置。LID 措施的设置包括设置植草带、渗滤池等，设计参数可以参考管渠，唯一不同之处在于 LID 措施的渗透系数、径流系数、渗透状况及洼地蓄水深度不同等。不同 LID 措施带来的效果不同，并且参数设置时最好需要根据现场实测数据。最后是对模拟的结果进行分析，分析的选项包括连续性误差、径流结果、节点深度、节点进流量、节点超载、节点洪流、蓄水容积、排放口负荷、管道流量、水流状态及管渠超载。一般连续性误差控制在2%以内时，其模拟结果是可以被接受的，分析中重点关注节点及管渠超载状况。

（2）GWLF软件

GWLF是一种集块式（Lumped）水文模型软件，该水文模型以水平衡为基础。当考虑某一流域系统的水文循环时，其输入量等于存储改变量与输出量之和，此即为流域水平衡。集水区的水平衡模式为降雨将雨水带入集水区系统，当降雨到达地面后，一部分降雨渗入于土壤中，而另外一部分的降雨则将形成地表径流，直接流入河川，入渗的雨水补充未饱和含水层的含水量，当未饱和含水层的土壤水分大于田间含水量时，则过剩的水分因重力影响向下继续渗漏到浅层饱和含水层，最后浅层饱和含水层继续渗漏到深层饱和含水层，图3-41为GWLF水平衡模式示意。将集水区主要分为地表层、未饱和含水层、浅层饱和含水层三个主要部分。

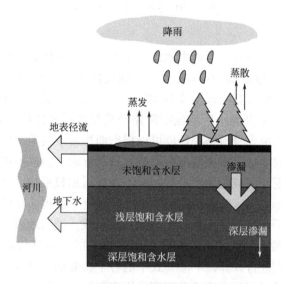

图 3-41　GWLF 水平衡模式示意

①地表层

GWLF模式中计算地表径流采用SCS-CN法，其主要将降雨分为截留、入渗与径流，降雨在落到地面形成径流之前会被截留，扣除截留损失之后一部雨水入渗至未饱和含水层中，而另一部分则直接形成地表径流，直接补注河川。

②未饱和含水层

对于一个水文系统，未饱和含水层是一个重要部分，在地表水及地下水交替现象中扮演着重要角色。入渗的水量先补注未饱和含水层水分，当未饱和含水层的土壤水分超过土壤田间含水量时，其部分水分将渗漏到浅层饱和含水层，而未饱和层的土壤水分也可能因为蒸发散而被带离土壤，式（3-6）与式（3-7）为未饱和层的水平衡方程式。

$$PC_t=MAX（0；U_t+P_t-Q_t-ET_t-U^*） \qquad （3-6）$$

$$U_{t+1}=U_t+P_t-Q_t-ET_t-PC_t \qquad （3-7）$$

式中：PC_t——为第 t 日未饱和层渗漏至饱和层渗漏量；

U_t——为第 t 日未饱和含水层的含水量；

P_t——第 t 日降水量；

Q_t——为第 t 日径流量；

ET_t——第 t 日蒸发散量；

U^*——根层最大含水量。

③浅层饱和含水层

式（3-8）、式（3-9）与式（3-10）为浅层饱和含水层的水平衡关系方程。

$$G_t=r \cdot S_t \tag{3-8}$$

$$D_t=s \cdot S_t \tag{3-9}$$

$$S_{t+1}=S_t+PC_t-G_t-D_t \tag{3-10}$$

式中：S_t——第 t 日浅层饱和含水层的含水量；

G_t——第 t 日地下水流出量（浅层饱和含水层渗漏至河川的水量）；

D_t——第 t 日深层渗漏量；

r——地下水退水系数；

s——深层渗漏系数。

（3）InfoWorks ICM 软件

①InfoWorks ICM 软件概述

InfoWorks ICM 软件最早由英国水力研究机构研发专门为政府部门提供服务，到1982年时英国水力研究机构私有化为水力研究公司，开始面向大众与市场，软件研发历史将近40年。InfoWorks ICM 可以模拟综合流域排水系统，与 SWMM 类似均可以模拟水流在管渠中的流态，并且其还可以模拟二维地面积水情况。相对于 SWMM 软件只能模拟一维模型，InfoWorks ICM 的二维模型可以更方便地为规划、设计、现状评估、工程项目评估人员提供参考方案。图 3-42 为 InfoWorks ICM 的建模流程示意。

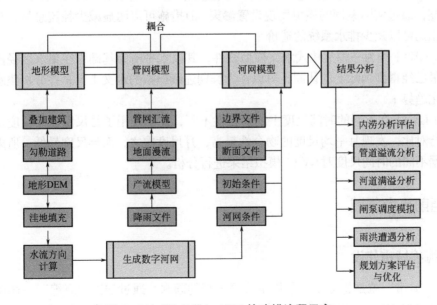

图 3-42　InfoWorks ICM 的建模流程示意

②模型构建

模型构建主要包括一维管网模型构建及二维地面模型的构建。一维模型的构建主要用于模拟水流在管网中的实际状况，包括检查井是否超载或产生洪水等。二维地面模型的构建主要解决检查井产生的洪流在地面的汇流状况。通过一维模拟与二维模拟的结合可以对整个下穿道路的水力状况做全面的分析。其中一维模拟所需的数据包括：排水管网数据、CAD图纸数据、泵站运行数据、降雨数据等。二维模拟需要在一维模拟的基础上添加地面高程数据，生成二维水力计算网格。

一维模型构建所需的排水管网数据采用测绘数据中的管网信息，其中雨水管网所需导入的要素包括：上游节点号、下游节点号、系统类型、管道形状、管径、上游管底标高、下游管底标高，检查井需要导入的要素包括：检查井编号、系统类型、检查井坐标。管网数据导入后要对数据进行整理分析，其中包括：检查管网数据的连接拓扑性、管网纵断面、数据完整性。若有部分管网数据缺失或者明显不合理，需要现场进行勘察复核，以此确保基础数据的正确性。

3）水文模拟软件在雨水设计中的应用分析

（1）在现今越来越复杂的气候条件下，仅仅依靠推理法进行雨水设计显然已经不合适。因为推理法无法反映管渠中水流的实际情况，无法获得流量历线，更无法进行风险性分析。利用水文模拟软件对推理法初步设计的成果进行模拟是非常有必要的，通过SWMM模拟软件不仅可以获得各检查井的洪流状况、管道负荷状况并且可以获得最大洪流时管道的剖面图及出水口的出流历线，由此可见利用水文模拟方法对排水系统进行辅助设计非常重要；

（2）利用SWMM软件进行水文模拟时，基础数据可靠性非常重要，不同参数的设置有可能直接影响到模拟结果，在进行模拟时切勿随意取值，若无实测数据时可以参考《SWMM用户使用手册》中推荐的典型数值；

（3）对初步设计成果进行模拟后，若存在洪涝风险，部分排水系统可以采用LID措施进行调整，通过实际案例的模拟发现设置渗渠LID措施可以明显减少径流总量，与单纯放大管径相比可以减少排水系统的造价；

（4）GWLF作为一种集块式水文模型软件，其以水平衡为基础，在集水区径流量上的模拟结果已经得到国际上的认同，可以作为长期连续模拟的水文工具，并分析集水区径流量的变化趋势；

（5）GWLF在不同的时间尺度上的吻合性不同，文中使用了月尺度、年尺度及月平均尺度进行对比，发现月平均尺度的吻合性最高，月尺度次之，而年尺度最低，所以管理人员要根据不同的时间尺度对GWLF模拟结果进行分析。

3.7 当前热点领域

3.7.1 海绵城市建设

"海绵城市"就是将原来大量排至管渠末端的雨水，通过如同"海绵"一样在应对自然环境和自然灾害变化时具有弹性的建筑、道路和草地、河流等吸收、存蓄、渗透消化掉，有效破解城市"逢雨必涝"的魔咒，同时补充和净化地下水源的城市建设方法。在城市缺水干旱时，又可以将大雨时蓄存的水释放出来并加以利用。建设海绵城市，就是让城市能够最大限度地留住雨水，在城市的各个区域，设置若干地块，作为海绵体；这些海绵体平时是市民的休闲公园，下暴雨的时候就成为蓄水之地。湿地、草地、树林，以及小河、小湖泊、下水道、蓄水池等，都能吸收大量雨水。这样，可以把雨水消化在本地，避免暴雨时雨水汇集到一起形成洪水。当大量雨水都被海绵体吸收之后，城市就没有积水，也没有内涝。那些被海绵体充分吸收的雨水还可以再次广泛利用，如浇灌花草植物、洗车、冲厕等，在一定程度上可以缓解水资源紧张局面。海绵城市要求对天然河流、湖泊进行保护和利用，要求尽可能减少钢筋混凝土排水管道系统及钢筋混凝土蓄水池，要求排水设施与城市已有的绿地、园林、景观水体相结合，并解决暴雨后城市排污道、厕所污物溢出对水环境污染的问题。从经济角度看，海绵城市建设，一是降低了城市建设的成本，二是降低了内涝造成的一系列经济损失，三是发挥了城市的生态效益。

1）建设背景

我国正处于城市化进程不断推进和深入的时期，目前城市化水平已接近60%。根据世界银行预测，随着城市化快速发展，到2030年我国的城市化水平将超过70%。随着城市化进程的不断推进，城市致洪效应日益显著，城市水安全问题日益突出。气候变化和人类活动直接影响了水循环要素的时空分布特征，使得城市特大内涝灾害问题日益严重，图3-43为城市内涝灾害。在城市化的快速发展与气候变化双重影响下，我国北京、上海、广州、深圳、南京、杭州、武汉、济南等大中城市相继发生城市洪涝灾害事件，给当地的社会经济发展带来了很大的损失，并呈逐年上升的态势。城市内涝灾害频发，暴露出我国城市规划与建设中还存在许多问题。这其中既有排水系统本身规划设计的问题，也有体制机制的原因，更有重建轻管的因素，再加上城市大规模开发建设，城市内涝危害更是日益加剧。

图3-43 城市内涝灾害

传统城市发展和基础设施建设过程中习惯于战胜自然、改造自然的城市建设模式，造成我国城市面临严重的城市病和生态危机。2015年国务院办公厅印发了《国务院办公厅关于推进海绵城市建设的指导意见》（国办发〔2015〕75号），明确提出了要转变城市建设的发展方式，建设海绵城市，将70%左右的降雨就地消纳和利用；城市新区要以保护好生态格局，修复水生态、保护水环境、涵养水资源、保障水安全、复兴水文化为目标导向；城市老区要以治涝、治黑为问题导向，结合补短板和城市环境整治，实现"小雨不积水、大雨不内涝、水体不黑臭、热岛有缓解"，并要求到2020年，城市建成区20%以上的面积达到目标要求；到2030年，城市建成区80%以上的面积达到目标要求。

2）海绵城市建设常用技术分析

传统的"以排为主"雨水排放理念认为，雨水排得越多越快越好，这种"快排式"的传统模式没有考虑水的循环利用，而海绵城市的雨水管理模式遵循"渗、滞、蓄、净、用、排"的六字方针，通过一系列不同的海绵城市建设具体技术设施的组合应用，实现雨水的控制与利用。

海绵城市建设技术主要有绿色屋顶、透水铺装、植草沟、下沉式绿地、生物滞留设施、渗透塘与渗透井、雨水湿地、初期雨水弃流设施、蓄水池与雨水罐等。低影响开发单项设施往往具有多个功能，如生物滞留设施的功能除渗透补充地下水外，还可削减峰值流量、净化雨水，实现径流总量、径流峰值和径流污染控制等多重目标。因此应根据设计目标灵活选用低影响开发设施及其组合系统，根据主要功能按相应的方法进行设施规模计算，并对单项设施及其组合系统的设施选型和规模进行优化。

（1）绿色屋顶

绿色屋顶（种植屋面或屋顶绿化）是指在房屋建筑的屋顶、天台、露台等进行的人工绿化。绿色屋顶具有提高城市绿化覆盖、创造空中景观，吸附尘埃减少噪声、减少城市热岛效应、缓解雨水屋面溢流、有效保护屋面结构等作用，不同形式的绿色屋顶对屋顶荷载、空间条件、防水等有不同的要求，图3-44为绿色屋顶典型构造示意。

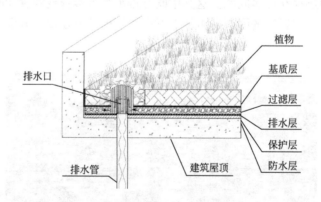

图3-44　绿色屋顶典型构造示意

（2）透水铺装

透水铺装是一种透水型地面，主要方法是采用透水铺装材料铺设或以传统材料保留缝隙的方式进行铺装。透水铺装主要应用在小区或城市中不适合采用裸露地面和绿地的硬化部分，如人行道、街道、广场、自行车道等。透水铺装材料有透水砖、透水水泥混凝土、透水沥青混凝土等；传统材料保留缝隙铺装主要有嵌草砖铺装、园林的鹅卵石铺装以及碎石铺装等，其中透水水泥混凝土与透水沥青混凝土路面还可用于机动车道。

透水铺装是城市节约水资源，改善环境的重要措施，也是绿色建筑节水的发展方向之一。透水地面可以大量收集雨水、缓解城市热岛效应。透水铺装具有一定的峰值流量削减作用，实现小区雨天无路面积水，还能对雨水起到净化作用，下渗的雨水通过透水铺装及下部透水垫层的过滤作用得到净化，图3-45为透水铺装典型构造示意。

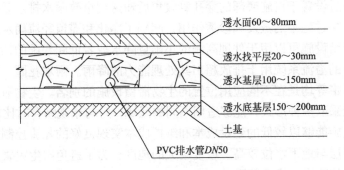

图 3-45　透水铺装典型构造示意

（3）植草沟

植草沟是指种有植被的地表沟渠，可收集、输送和排放径流雨水，并具有一定的雨水净化作用。植草沟下垫面有基质层、过滤层和排水层，雨水径流在植草沟内汇集、输送时，一部分雨水能够被土壤蓄存，而另一部分雨水通过植物拦截、土壤的渗透、过滤，有效去除雨水径流中的大多数悬浮颗粒污染物和部分溶解态污染物后，被植草沟底部设置的管渠汇集至排水管网中。合理设计的植草沟，可以作为传统排水管网前端的一部分，又可以有效控制进入受纳水体前的污染物，植草沟内径流速度越慢，植草沟的雨水净化效果越好，图3-46为植草沟典型构造示意。

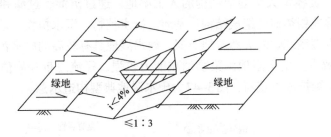

图 3-46　植草沟典型构造示意

（4）下沉式绿地

下沉式绿地的主要做法是在有条件的地方，将硬化地面周边绿地的高程降低，绿地的高程一般比临近的硬化地面高程低几十厘米，这样硬化地面的径流就能够在绿地内蓄积，并且具有一定的污染物去除功能，实现了绿地景观功能和雨水径流就地消纳、生态环境改善、雨水利用等功能的统一。

下沉式绿地是一种分散式、小型化的绿色基础设施（生态基础设施），用地面积不增加，建设成本与非下沉式绿地相比相当。下沉式绿地即适用于居住小区，也适用于城市道路或者城市公园，具有较低的建设成本和维护成本，但是若在一个区域内大范围应用时受地形等条件的限制，并且可以实现的调蓄容量较小。

（5）生物滞留设施

生物滞留设施一般建设在地势较低的区域，利用微生物、土壤和植物对径流雨水进行渗滤和净化，并具有一定的径流雨水储存功能。生物滞留设施净化后的雨水通过渗透补充地下水，或者通过设置于设施底部的穿孔管收集后输送到市政雨水排水系统。生物滞留设施模拟了自然水文过程中的蒸发和渗透作用，起到了净化和滞留径流雨水的功能。在通常情况下，生物滞留设施可以用于处理高频的小雨量降水或者低频暴雨的初期降水。设置在生物滞留设施中的溢流系统用于排放超出其处理能力的降雨。雨水花园、高位花坛、生态树池、生物滞留带等均是在不同应用位置的生物滞留设施的别名。生物滞留设施可以根据具体的应用场景采取多种形式，能够适用不同的区域，且与景观结合时比较容易。

生物滞留设施能够以较低的建设成本和维护成本实现良好的径流控制效果。但在土壤渗透性差、岩石层与地下水位较高、坡度较大的地区，为了避免次生灾害，应根据地区的地质情况采取诸如防渗、换土等手段。

（6）渗透塘与渗井

渗透塘适用于汇水面积较大（大于$1hm^2$）且具有一定空间条件的区域，利用洼地实现雨水的下渗以达到地下水补充的作用。渗透塘在净化雨水和削减峰值流量方面具有一定的作用。

渗井指通过井壁和井底进行雨水下渗的设施，为增大渗透效果，可在渗井周围设置水平渗排管，并在渗排管周围铺设砾（碎）石。渗井占地面积小，建设和维护费用较低，但其水质和水量控制作用有限，主要适用于建筑与小区内的建筑、道路与停车场周边绿地内。

（7）雨水湿地

雨水湿地是一类模拟天然湿地结构的人工湿地，通过沉淀、过滤和生物作用净化雨水，具有与天然湿地相类似的组成结构：基质、挺水植物、沉水植物、动物与微生物，能够形成良好的小生态系统。同天然湿地类似，雨水湿地具有较高的雨水污染控制能力，还具有良好的景观效果。雨水湿地污染物消减能力较强，径流总量和峰值流量控制效果尚可，但建设成本及维护成本较高，图3-47为雨水湿地典型构造示意。

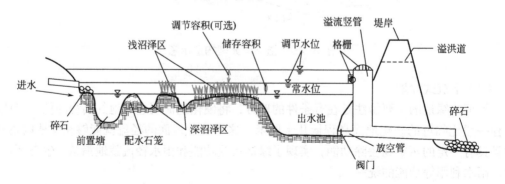

图3-47　雨水湿地典型构造示意

（8）初期雨水弃流设施

初期雨水弃流是指通过一定方法或装置将存在初期冲刷效应、污染物浓度较高的降雨初期径流予以弃除，以降低雨水的后续处理难度。弃流雨水应进行处理，如排入市政污水管网由污水处理厂进行集中处理等。常见的初期弃流方法包括容积法弃流、小管弃流等，弃流形式包括自控弃流、渗透弃流、弃流池、雨落管弃流等。

（9）蓄水池与雨水罐

蓄水池一般利用钢筋混凝土、砖或石建造，或者使用塑料蓄水模块拼装建造。蓄水池在有雨水回用需求的建筑与小区、城市绿地等应用较多，但需设置必要的雨水净化设施以满足回用水质要求。蓄水池不适用于无雨水回用需求和径流污染严重的地区。

雨水罐用塑料、玻璃钢或金属等材料制成，安装方便，便于维护，但容积小，适用于单体建筑屋面雨水的收集利用。

3）海绵城市内涝治理措施

针对频繁发生的暴雨内涝灾害给城市建设和管理带来的严峻挑战，以不同国家与地区城市暴雨内涝的成功治理案例为借鉴，结合我国城市暴雨内涝防治的新形势，解决我国城市内涝问题仍需加强以下几个方面的工作。

（1）改变传统排水体制，提高排水标准。传统的城市建设过程中由于技术与资金的限制多采用雨污合流制排水系统。而随着社会经济发展，除降雨量较少的干旱地区，其他新建城市区域均要求采用雨污分流制。在此基础上，有条件的地区对合流制的系统进行分流改造，没有条件的地区采取截留、调蓄和处理相结合的措施，提高截留倍数和综合生活污水量总变化系数等，使雨污水尽可能分开处理。此外，为排除更多的雨水，对于新建排水管道的设计取消了折减系数，使得按照相同标准设计的排水管道排水能力增强；

（2）采取工程措施，建立高效洪涝管理机制。结合市区城市防涝实际情况，逐渐完善防涝指挥系统预警监测体系，加强防洪堤坝、调洪水库等方面的建设，构建完善的应急预案，以此来提升应急处理能力；

（3）以规划为指导，统筹安排防涝工程建设。现阶段，我国部分城市现有市政排水管网作为城市防涝的关键，其设计合理与否直接影响城市排涝应急能力。城市排水建设应以专项规划为指导，规范排水设施建设，完善城市排水体系，统筹安排城市排水防涝工程建设；

（4）加强规划管理，统筹有序推进海绵城市建设。通过海绵城市建设，综合采取"渗、滞、蓄、净、用、排"等措施，最大限度地减少城市开发建设对生态环境的影响；

（5）充分利用现代技术，强化防涝风险能力。城市化进程日渐深化，人们对城市建设管理提出了更高要求，为了满足智慧城市建设发展需求，综合各方面信息，并借鉴以往洪涝灾害实际情况，充分利用信息、GPS等现代技术，构建完善的风险分析图，为城市建设提供指导。

4）暴雨强度公式编制

在全球气候变化与城市化的双重影响下，城市的短历时降雨特性发生了变化，暴雨事件的频率显著增加，给城市排水防涝与海绵城市建设带来严峻挑战。暴雨强度公式是确定城市防洪除涝或者排水工程设计标准的重要依据，其选择的合理性直接影响工程的规模和效益，也直接影响着工程投资建设进度。为了分析城市降雨特性的变化，编制出能够反映城市降雨特征的城市暴雨强度公式，国内外在暴雨选样方法、频率分布线型、经验频率公式、参数估计方法、公式拟合等方面开展了大量研究，并取得了一定成果。然而在城市暴雨强度公式全要素误差控制、成果合理性检验、降雨空间分布、气候变化对城市未来降雨特性的影响等方面仍存在不足，在今后的研究中仍需加强以下几个方面的工作。

（1）城市暴雨强度公式全要素误差分析。暴雨强度公式的型式、暴雨选样方法、频率曲线选择、经验频率公式、频率曲线参数估计、特大值的处理、公式参数求解等各环节均会影响暴雨强度公式的精度，需开展各环节全要素误差分析，综合控制暴雨强度公式编制过程中的误差，寻找各环节方法的最优组合及应用规律。在此过程中，还需借鉴国外先进做法，改进频率曲线参数估计方法；

（2）成果合理性检验。频率分析部分需考虑区间上的合理性检查与综合平衡；拟合出的暴雨强度公式也应该与其他成果进行对比，并进行空间上的综合比较。建议可参照国外以及我国水文部门的做法，汇编全国性的降雨强度–历史–频率（Intensity–Duration–Frequency，简称IDF）曲线图，增强成果的合理性与权威性；

（3）降雨空间分布。随着城市面积不断扩大，城市下垫面及微地形日益复杂，暴雨空间分布差异加剧，加上新形势下城市排水防涝的精细化管理要求，需加强城市降雨空间分布不均匀性的研究。对面积较大的城市，可考虑划分暴雨分区分别推求暴雨强度公式；

（4）气候变化对城市未来降雨特性的影响。现行排水系统设计标准前提条件是降雨满足一致性要求，并未考虑气候变化对降雨的影响，可能会低估设计暴雨的强度，增加排水系统的不确定性，进而间接增加城市的洪涝风险。在以后的实践中可借鉴国外经验，编制时变暴雨强度公式或时变IDF曲线。

5）海绵城市建设展望

相比传统的雨洪管理系统，海绵城市在解决雨水问题方面结合生态学理论、景观学理论以及低影响开发理论，从生态学、景观学等多角度来研究海绵城市建设。海绵城市的建设不仅仅限于城市规划领域，还涉及环境、景观、建筑、水利等多个领域。目前我国对于海绵城市的建设还处于起步阶段，各地在海绵城市建设的热潮下，应该清醒地认识到建设海绵城市并不是一蹴而就的事，这将是一个长期且艰巨的系统工程。海绵城市建设需要从以下几个方面进一步展开研究。

（1）分区测评、以奖代补、奖优罚劣

我国地域辽阔，气候特征、土壤地质等天然条件和经济条件差异较大，城市径流总量控制目标也不同。住房与城乡建设部出台的《海绵城市建设技术指南——低影响开发雨水系统构建（试行）》对我国近200个城市1983～2012年日降雨量统计分析，将我国大陆地区大致分为五个区，并给出了各区年径流总量控制率的最低和最高限值，根据我国的年径流总量控制率分区，建立评测体系，研究充分利用中央财政资金以奖代补、奖优罚劣的方式，加快引导和推动各地海绵城市建设。

（2）完善相关制度、法规，建立评估标准

海绵城市建设的法规、管控制度；不同的法律和法规之间存在矛盾，海绵城市建设还需要各地政府结合当地的政策，出台相应的法律法规做保障。

（3）智慧化海绵城市建设

结合智慧城市的理念，实现建设智慧化海绵城市。运用云计算、大数据等信息技术手段，监控测量原来难以完成的数据，使海绵城市更加高效和智慧地运行。海绵城市建设可以与国家正在开展的智慧城市建设试点工作相结合，实现海绵城市的智慧化，重点放在社会效益和生态效益显著的领域，以及灾害应对领域。智慧化海绵城市建设，能够结合物联网、云计算、大数据等信息技术手段，使原来非常困难的监控参量，变得容易实现。未来，我们将实现智慧排水和雨水收集，对管网堵塞采用在线监测并实时反馈；通过智慧水循环利用，可以达到减少碳排放、节约水资源的目的；通过遥感技术对城市地表水污染总体情况进行实时监测；通过暴雨预警与水系统智慧反应，及时了解分路段积水情况，实现对地表径流量的实时监测，并快速做出反应；通过集中和分散相结合的智慧水污染控制与治理，实现雨水与再生水的循环利用等。

3.7.2　城市综合管廊

城市综合管廊就是在地底下建设集电力运输线、通信线路、燃气管道、供水管道等管线于一体的集约型隧道总称。在城市综合管廊的设计中，通常配有专门的检修和监控系统。从施工方式分类，城市综合管廊主要分为三种：1）明挖法。明挖法在道路浅层空间综合管廊施工中应用较多；2）暗挖法。暗挖法主要在城市的中心地带或者需要挖掘较深层次的管廊建设中应用较多；3）预制拼装法。这种方法应用跟上面两种不同，主要应用在新城区的一些现代化工业集中区域或者是会展中心集中的区域。

从某种意义上来说，城市综合管廊可以称得上是城市的生命线。一方面，城市综合管廊能够有效地保护底下运输管线，给人们生产生活提供了坚固的供给保障；另一方面，城市综合管廊能有效地节约城市土地资源，避免了各类管线占道或者开挖对人们正常工作生活造成的不便影响。此外，城市综合管廊工程也给城市人防工程提供了很好的发展方向，城市综合管廊建设与规划从经济效益和社会效益上都起着至关重要的作用。图3-48为城市综合管廊断面示意。

图 3-48　城市综合管廊断面示意

1）建设背景

近年来，我国城市化进程的不断推进，城市规模和人口也不断扩大，城市的可利用土地资源越来越稀缺，同时，城市各类管线敷设出现的问题越来越突出，比如说各个管线之间的铺设线路交叉和重叠，需要重新施工等，这些问题不仅给人们的正常工作生活造成了极大的不便，而且也阻碍了我国城市化的可持续发展。在这样的大背景下，城市综合管廊建设的理念应运而生，给城市市政管理提供了一个很好的发展方向。城市综合管廊将多种管线集约化布设，而且预留了检修人员通道，具有科学利用地下空间、日常检修不需要开挖路面、保护管线免受腐蚀或外力损坏和增强管线的抗震能力等优点，因此受到了越来越多的关注。2015年4月，住房和城乡建设部提出每年投资1万亿元用于建设城市综合管廊的规划，随后联合财政部公示了10个试点城市名单。同年8月，国务院办公厅印发了《国务院办公厅关于推进城市地下综合管廊建设的指导意见》（国办发〔2015〕61号）。"十三五"期间我国迎来一次城市综合管廊建设高潮。

2）城市综合管廊的优势

（1）大范围减少了"拉链路"的产生，减少了资源浪费，降低了工程管线和路面的返修费用，减小了在施工过程中的扬尘污染和噪声污染，基本可以消除道路开挖对居民的影响；

（2）城市综合管廊内各种管线的集中敷设，有效地避免了各管线单位随意埋设或牵引管道，在土层中时间一长找不到管线位置的问题。这些"丢失"的管道，如果出现了问题，不能及时发现，容易造成安全隐患。城市综合管廊内的管线，一般都采用钢管、铸铁管等，具有较强的刚性，且管道不与地下水、土壤等直接接触，不易生锈腐烂，可以大大延长管道的使用寿命；

（3）城市综合管廊是"百年工程"，建设标准是当代国际水准，设计寿命为100年。城市综合管廊主要有现浇混凝土和预制拼装的结构，自身具有较大的强度，对入廊的管线有较好的保护作用，这在发生地质灾害和战争时有重要的作用。

3）城市综合管廊设计原则

（1）城市综合管廊设计必须要跟城市用地规划保持一致性。城市综合管廊设计就是为缓解城市用地紧张发展起来的，是为了解决当下城市基础设施的繁杂与故障而进行的，因此，城市综合管廊的设计必须结合城市用地规划的实际情况；

（2）城市综合管廊必须要结合城市的市政管线规划来进行设计。城市进行管廊设计与建设的另一个目的就是合理的规划好市政管线，因此在城市综合管廊的设计规划过程中，必须要全面结合城市的市政管线的具体情况，比如说管线的布设情况、管线的布设要求、管线的布设技术等，在对相关要求进行全面了解后再进行城市综合管廊的设计与规划，这样就能够有效地防止因管线布设过程中施工产生矛盾，同时，城市综合管廊设计还必须要跟管线保持协调性，对如何合理的布设好各种管线要做好统筹安排；

（3）城市综合管廊设计必须要充分考虑到地面以下空间的利用情况。城市综合管廊的设计规划工作必须要充分考虑到地下空间的实际利用方向。基于城市土地资源越来越紧张这个事实，一些城市的地下空间不仅仅开发成为商业街和商业活动中心，而且有的还承担着人行通道、地下隧道以及停车场的功能，地下空间的多样化利用可能会导致不同用途开发之间的冲突，而我国现如今还缺少城市地下空间规划的协调体系，在很多城市也经常会发生商业区跟地铁隧道以及停车场之间开发的不协调的情况出现，这样一来，必然会制约城市地下空间利用效率，还会造成资金的浪费。因此城市综合管廊的设计规划必须要充分结合地下空间的实际利用情况来进行工作的开展，最大程度的跟其他开发活动保持协调性，将城市综合管廊规划与地下空间开发的社会效益和经济效益发挥到最大；

（4）城市综合管廊的设计规划必须要统筹好城市各项建设工程之间的时序。由于城市综合管廊涉及的内容跟施工环节较多，这也导致城市综合管廊建设投入资金较多，而且在建设中跟其他普通工程不同，城市综合管廊建设不能够分期施工建设。但是，就城市的发展规划来说，城市综合管廊设计跟建设必须要超前，从节约成本投入来讲，处于道路底下的城市综合管廊能够跟道路建设同步就最好。因此，在对城市综合管廊进行设计的时候，必须统筹城市建设工程的时序，将城市近期规划与长期建设纳入到设计工作中来，保证城市综合管廊建设跟城市建设时序的协调性。

4）城市综合管廊预制装配技术的应用

预制装配式城市综合管廊是指将工厂预制的分段构件（底板、墙体、顶板混凝土构件）或全断面构件，在现场通过钢筋、连接件、施加预应力或现场浇筑混凝土等方式加以连接，从而形成整体地下城市综合管廊。预制装配式城市综合管廊响应国家"节能、降耗、减排、环保"基本国策，实现资源、能源的可持续发展，推动我国建筑产业的现代化进程，提高工业化水平。相比传统的现浇工艺，城市综合管廊的预制装配技术发展非常迅猛，它具有以下3大优点。

（1）装配式城市综合管廊质量安全可靠，由于工厂化制作，构件质量有保障；

（2）施工周期短，由于现场省去了支模、扎钢筋及浇筑混凝土的工序，根据城市综合管廊设计线路的长短，工期可缩短20%～35%；

（3）施工受天气影响小，特别是北方地区，一到冬期在室外进行混凝土浇筑及养护是个难题，所以北方有的工地冬期是有停工期的，如果采用装配式技术的话，冬期可以照样施工。

5）城市综合管廊建设展望

在"十三五"期间，城市综合管廊飞速建设发展，预计在2020年后将进入一个平稳的建设期，每年的建设规模不会超过800km，故产业链上的企业和个人都要抓住时机，占得先机，取得业绩。"十四五"时期应是城市综合管廊运营管理的关键时期，各种管理问题相继出现。PPP平台公司要理顺与政府、管线单位、施工方、银行、市民等的复杂关系，充分利用智慧管理平台，加强智能收费管理，挖掘大数据为己所用。整体移动模架技术、叠合装配式技术、多舱组合预制技术、节点整体预制技术等快速绿色的建造技术将在接下来的城市综合管廊建设中得到广泛应用。各种政策法规将得到完善。总之，随着建设各方的共同努力，我国城市综合管廊建设与运营必将进入一个良好的发展阶段。

3.7.3　黑臭水体治理

1）建设背景

城市水体黑臭是当今我国最突出的环境问题之一。2015年4月，《水污染防治行动计划》（国发〔2015〕17号）发布，将城市黑臭水体治理作为一项重要任务，要求到2020年，全国地级及以上城市建成区黑臭水体控制在10%以内，到2030年，城市建成区黑臭水体总体得到消除。2018年5月，生态环境保护大会把消灭城市黑臭水体作为实施水污染防治行动计划的重要内容。2018年6月16日，《中共中央 国务院关于全面加强生态环境保护，坚决打好污染防治攻坚战的意见》发布，对城市黑臭水体治理等"五大水相关战役"作出详细规定。

城市黑臭水体治理是一项长期的系统性工程。与城市规划不合理、基础设施不匹配、监督管理不完善等复杂因素密切相关，导致黑臭水体治理面临巨大的挑战。2016年2月，住房和城乡建设部、环保部正式发布黑臭水体清单，全国220多个地级以上城市黑臭水体高达2100个，4%集中在东南沿海地区，因此，我国城市黑臭水体治理存在巨大的市场机遇。治理是否见到成效不仅取决于技术支撑，也需要强大的社会资本投入，同时，政府的管理体系也亟须完善。

2）水体黑臭成因

水体黑臭现象的产生是一个复杂的物理、化学和生物过程，涉及因素较多，主要包括水体有机物污染、氮磷污染、底泥及底质再悬浮、微生物代谢以及热污染等。水体溶解氧的不足是导致水体黑臭的直接原因。水体中需氧生物的生命活动以及大量还原物质的氧化消耗水体中富含的氧，降低了水体中的氧含量。在水体底部（下覆水和底泥）的缺氧层中，SO_4^{2-}作为电子受体，被硫酸盐还原菌逐步还原为S^{2-}。同时，铁、锰等金属离子亦被其他微生物还原为Fe^{2+}、Mn^{2+}等还原态离子，底部的S^{2-}与Fe^{2+}、Mn^{2+}等金属离子结合生成的金属硫化物随着水体扰动被释放并悬浮于上覆水体，导致水体变黑。与此同时，含硫蛋白质厌氧分解生成的硫醇、硫醚类物质，被以放线菌为主的微生物代谢而产生2-甲基异茨醇与土味素。此外，藻类裂解释放的β-紫罗兰酮（醛）等致味物质逸散出水体，引起水体变臭。

3）黑臭水体治理技术分析

在城市黑臭水体整治过程中应遵循五大原则：适用性、综合性、经济性、长效性和安全性。不但要全面消除黑臭，而且要改善水动力条件，恢复水体自净能力，修复水生生态系统，实现城市水环境不断改善，并长期有效保持。针对其形成原因，应采用控源截污、内源治理、活水循环、清水补给、水质净化、生态修复等综合措施来消除黑臭。目前黑臭水体治理技术主要分为物理法、化学法和生物法3类。

（1）物理法

黑臭水体治理的物理方法主要有：控源截污、底泥疏浚、河道增氧、活水循环与清水补给、旁路处理等。

控源截污是一种外源阻截技术，是黑臭水体治理的基础与前提，拦截内源、外源污染后，河涌的生态才能慢慢恢复。需要建立完善的污水收集与处理管网，实现雨污管道分离，将降雨初期地表径流的面源污染物集中处理后再排放。在海绵城市建设中对初期雨水面源污染控制与黑臭水体整治中的控源截污相互呼应。因此，可结合国家海绵城市建设要求，从"渗、滞、蓄、净、用、排"出发，对雨水收集处理再利用，完成污染治理、水循环利用等多目标一体化进程。

底泥疏浚是改善水质的一种内源治理技术，内源治理与外源阻截并称为其他整治技术的基础与前提。疏浚有3种方法：可通过机械直接在水中抽集含有大量氮、磷等污染物的沉积物，或将水排干再将底泥清除与环保清淤。不同清淤方式对水环境的影响不同，其中环保清淤方式影响最小，但对其清淤过程包括施工及人员的要求相对较高。清淤前应做好相关准备工作，依据当地气候合理选择清淤季节；清淤后回水水质应满足"无黑臭"的指标要求。研究发现，依据所在水域状况并能截断外源的持续污染时疏浚效果最佳，但此法工程量大，会对水中微生物活性产生持续性不良影响，易发生二次污染，冬季疏浚相对风险较小。另外对污泥的堆放与处置也应选择相应的方法。

河道增氧是通过机械曝气、跌水、喷泉、射流或添加药剂遇水生成氧气以达到增氧目的，同时辅助水体提升其流动能力。河道增氧成本低，短时大幅提高DO含量，可恢复或增强好氧微生物的活力，并能减缓底泥释放磷的速度。河流曝气复氧技术在国内外有许多实例应用，如英国泰晤士河、韩国釜山港湾、上海苏州河支流等都安装了曝气设备，实施后水质得到明显改善，DO含量增加，COD大幅削减，且臭味得到消除。重度黑臭水体不建议采取喷泉等增氧方式，这种方式会对周围环境造成一定的不良影响。单独曝气充氧，只可暂时缓解黑臭现象，不能从根本解决问题。不同的曝气方式（间歇或连续）和不同的曝气位置（上覆水和底泥曝气）对污染物的消减作用也有差异。与人工曝气增氧相比，投加药剂增氧操作灵活，无需长期维护，但在流动水体中DO含量维持时间短。

活水循环与清水补给是将附近清洁水源引入受污染河流，从而改善水质，调节水体水力停留时间，提高水资源的利用价值和水环境的承载力。这种稀释作用可降低水中污染物浓度，增强水体流动性，减缓水体中藻类生长，补充河流中DO含量，恢复水体自净能力，快速缓解水体黑臭现象，但这种方式只能暂时缓解水体黑臭现象，治标不治本。为避免水资源浪费，在采用活水循环时，应提倡使用再生水，此种方式由于耗水量大，操作复杂，成本高，对于面积较大的水域适用性差，因此常用于纳污负荷高，水动力不足的小型景观水体。

旁路处理是将受污染水体引到路旁通过处理系统净化后再排入河道。通常作为应急处理措施，一般适用于受污染严重或是周围无配套管网的河段。常见具体方式包括超磁分离水体净化技术和高效生化处理净水技术等。其中超磁分离水体净化技术主要针对无磁性或弱磁性受污染水体，该技术将絮凝、沉淀和过滤工艺相互结合，微絮凝过程中使得絮体带有磁性，再经过超磁分离机实现絮体和水的分离，无需借助重力沉降。超磁分离水体净化技术具备耐负荷和水力冲击能力强，快速高效，对悬浮物、COD与TP去除率高，出水效果好等优点，但处理成本高。

（2）化学法

黑臭水体整治的化学方法有化学混凝、化学氧化和化学沉淀等。其主要是向水体中投加混凝药剂（Fe盐、Al盐等）、氧化剂（H_2O_2等）和沉淀剂（CaO等），去除水中悬浮物，使溶解态磷酸盐析出沉淀至底泥中，改善水质。原位化学混凝处理，只是将污染物转移，没有将其彻底去除，对有机物和氮的处理效果有限。此类方法因需投加大量药剂，成本高，某些化学药剂具有一定毒性，且外来化学物质可能会对水中土著生物产生影响，有对生态系统造成二次污染危害的可能性，需对底泥进行处理，因此不宜提倡。另外一旦水体发生富营养化，藻类大量繁殖，其代谢产物会产生异味并加重水体黑臭程度，此时可向水中投加化学除藻剂，用于除藻的常用化学剂有硫酸铜、漂白粉、明矾和硫酸亚铁等，作用快速且高效。

（3）生物法

生物法修复是通过生物（包括动物、植物和微生物）来重建水体生态系统环境，以恢复水体自净能力为目标的一种经济可行、长期高效的治理水体黑臭的方法，也是与海绵城市建设紧密相扣的最安全环保的治理方式，在治污的同时，又可美化环境。其中生物生态法主要包括水生植物修复法、微生物修复法和生态岸带修复法等。

① 水生植物修复法

水生植物修复法是目前较受欢迎的绿色环保技术方法，此类方法修复成本低，适用范围包括城市污水、富营养化水体、工业废水等，同时具有美化环境功能并能有效处理重金属污染等问题。水生植物一般分为浮水、挺水和沉水等类型，可以种植浮萍、水葫芦、荷花和水莲等，在应用中植物的挑选应因地制宜，以本土耐污性植物为最佳。生态浮岛与人工湿地是典型的水生植物净化水体的应用技术。生态浮岛是适合构建在水流平缓河道中的一种原位修复技术，在载体或基质上进行无土培养植物的一种漂浮体。生态浮岛还可作为绿化景观以及生物的栖息地，增加物种多样性。人工湿地是一种异位生态处理方式，是利用基质截留吸附、植物吸收和生物降解等协同作用对水体进行净化。大量实践证明，植物可以直接吸收水中氮、磷元素作为生长所需营养，降低污染物浓度，从而达到净化水质的目的，并能向水中的根部输送氧气，逐渐改善水质，同时美化环境。将植物种植在底泥中同时也可起到固定底泥作用，防止底泥再悬浮导致二次污染。植物修复优点较多，同时也存在不足，如植物对污染物的净化效果随季节变化产生差异，不同种类植物对不同污染物去除效果有差异，同时植物枯萎后未经及时处理易造成二次污染等。为此针对植物修复技术的局限性，需与其他方法相结合。严重污染的河流利用曝气、微生物、生物的内同作用，应用空气过滤器、生物膜和生态浮床进行综合整治，实践证明是可行和有效的。

② 微生物修复法

微生物修复法是一种利用微生物代谢作用降解水中污染物的环保经济型处理技术。主要通过培养土著微生物、接种微生物及投加微生物促生剂等对水体修复。该技术国内较国外相比起步稍晚，目前也有许多实例应用，效果可观。但微生物活性易受到外界环境条件影响，容易流失。为完善和提高游离微生物体系性能，采用微生物固定化技术可以实现微生物相对稳定有效的快速增殖，对氨氮和总氮去除效果好，水质可得到明显改善。与其他技术对比，微生物修复技术也存在不足，主要表现在特定微生物具有专一性，前期驯化培养耗时较长，微生物生长条件苛刻等。尽管如此，与其他技术联合应用，优势互补，是目前比较受欢迎的治理技术之一。

③生态岸带修复法

生态岸带修复法是结合多种学科知识对河岸的综合管理。在黑臭水体整治中，通过河岸旁植被减缓径流、截留污染物，改善河道水生态环境。在海绵城市建设中，生态护岸可增强水体下渗维持水体循环，提供生物栖息地，保持物种多样性并可调节河溪的微气候。一定宽度的河岸带可以过滤、渗透、吸收、滞留、沉积物质和能量，减弱进入地表和地下水的污染物毒性，降低污染程度。通过根际微生物，被生态河岸带截流和过滤的污染物得到有效降解，有害微生物和寄生虫基本得到过滤或消灭。建设生态驳岸和生态隔离带，一方面可减少污染物汇入水体，另一方面可美化环境，提升水质。

4）黑臭水体治理展望

城市黑臭水体问题是目前较为突出的城市生态环境问题，对其有效治理是构建生态文明社会，推动绿色发展，建设美丽中国，改善人民群众生活质量不可或缺的环节。尽管我国黑臭水体的治理取得了阶段性进展，但距水清岸绿美景还有一定距离。根据我国城市黑臭水体治理的整体情况，在进行城市黑臭水体综合治理时，应考虑以下几个方面问题。

（1）黑臭水体治理涉及自然、工程技术、经济、管理等多学科知识，作为一项艰巨的系统工程，必须结合海绵城市建设理念对黑臭水体治理进行全面分析、系统规划，坚持"标本兼治"的原则，按照"控源截污、内源治理、生态修复、活水保质"的系统思路和综合方案解决问题，从根本上消除黑臭水体，使水质持续改善，长效保持；

（2）黑臭水体的综合整治需要跨越多部门行政体系，要达到水体的"长制久清"，治理措施与配套有效管理机制不可分割，智慧化管理体系是未来黑臭水体长效管理机制的目标，通过建立智慧水务大数据管理技术体系与平台，实现可视化、信息化、数据化、智能化、高效化的"智慧管理"；

（3）强化污染源控制技术，控制黑臭水体污染源是防治城市黑臭水体的前提，目前，主要是利用建设管网的方式对重点污染源进行控制，却忽略了对面源污染的控制，水体附近环境中的污染物会随着降雨和空气流动进入到水体中，因此，未来应在面源污染的监测和控制方面进行强化；

（4）加强水体自净能力，加强水体自净功能是长久保持水体水质的重要途径，增强水体流动性可以提升水体的自净能力，水体在流动的过程中可以帮助污染物有效扩散并减少污染物聚集现象，目前，我国大多数黑臭水体基本处于死水状态，这种死水状态的水体即使进行了一时的修复，也很容易在短时间内水质发生恶化，因此，加强水体的自净能力是未来修复城市黑臭水体的一个方向；

（5）探索更有效的联合技术，目前，用于修复城市黑臭水体的技术各有其优缺点和适用面，在实践中，某一种比较有效的修复技术出现后就容易被盲目应用和复制，然而城市黑臭水体具有成因复杂的特点，不同水体的成因和特点存在差异，如果盲目利用单一修复技术进行治理，可能与实际需求不相符，造成修复资金浪费，修复效果不佳，未来应具体结合黑臭水体的成因和特点，综合考虑各种修复技术的联合应用，实现对黑臭水体经济和高效的治理；

（6）优化生物修复技术，生物修复技术是一种修复效果显著，经济投入低和作用长远的修复技术，但在实践应用中容易受到植物生长周期、生长环境、气候季节因素的制约，导致该修复技术的周期长、效率低和适应性差，在实践应用中干扰因素太多而难以进行控制，因此，未来应对生物修复技术进行不断优化，不断探索各种生物修复强化技术，提高生物修复技术的修复效率，降低各种干扰因素对修复效率的影响。

3.7.4　美丽乡村建设

1）建设背景

美丽乡村建设是建设社会主义新农村的重大历史任务。美丽乡村不只是外在美，更要美在发展。要不断壮大集体经济、增加村财收入，进而更好地为民办实事，带领农民致富，推动"美丽乡村"建设向更高层级迈进，真正成为惠民利民之举。党的十八大第一次提出了"美丽中国"的全新概念，强调必须树立尊重自然、顺应自然、保护自然的生态文明理念，明确提出了包括生态文明建设在内的"五位一体"社会主义建设总布局。贫穷落后中的山清水秀不是美丽中国，强大富裕而环境污染同样不是美丽中国。只有实现经济、政治、文化、社会、生态的和谐发展、持续发展，才能真正实现美丽中国的建设目标。然而，要实现美丽中国的目标，美丽乡村建设是不可或缺的重要部分。在2013年中央一号文件中，第一次提出了要建设美丽乡村的奋斗目标，进一步加强农村生态建设、环境保护和综合整治工作。事实上，农村地域和农村人口占了中国的绝大部分，因此，要实现十八大提出的美丽中国的奋斗目标，就必须加快美丽乡村建设的步伐。加快农村地区基础设施建设，加大环境治理和保护力度，营造良好的生态环境。

2）农村环境污染种类

一直以来，我国农村的环境受到日益严重的污染，甚至许多农村地方的环境污染已经远远超过了城市的污染。农村环境污染问题已成为一个不容忽视的问题，解决农村环境污染问题迫在眉睫。当前农村环境污染主要有以下几种类型。

（1）生活垃圾污染

随着农村生活水平的提高，农村生活垃圾越来越多，农村生活垃圾主要有方便袋、塑料袋、包装盒、废旧电器、废旧电池等。然而农村环境治理落后，大多数乡村连基本的垃圾回收点都没有，导致垃圾随意堆放在房前屋后、路边、干涸的沟中。长此以往，在风吹日晒后，导致恶臭不断，有的常年还冒着青烟，给环境造成极大危害。而且随着化学品的更多使用，废弃的垃圾成分也更加复杂，极易造成病原体滋生、地下水污染和空气污染等多重危害。当前我国美丽乡村建设处于初步阶段，相应的基础配套设施还没有到位，管理措施和模式不配套，导致出现"污水乱泼、垃圾乱倒、粪土乱堆、柴草乱垛、畜禽乱跑"的现象，村民门前屋后的排水沟不畅，臭气不断，夏天不仅气味难闻，而且滋生蚊虫。

（2）水污染

水被污染的原因大体包括以下几个因素：化肥农药污染、除草剂的使用、农村生活污水随意排放、乡镇新型企业污染以及养殖业造成的水体富营养化。生活垃圾、养殖业产生的废水、城市向农村转移的掩埋垃圾、化粪池没有处理的粪便等，有的直接排入河流、有的直接堆积或掩埋，造成对河水及地下水的严重污染。

（3）空气污染

农村空气污染原因主要有乡镇企业的废气排放、作物秸秆燃烧、汽车尾气、烟花爆竹的燃放等。影响农村空气污染状况的主要影响要素包括污染源的分布及污染物的传输，其中污染源因素有工业空气污染点源、农村污染面源、交通线源3种主要类型。影响污染物扩散、迁移的主要因素包括地形地貌因素、气象指标（风速、风频、风向）和大气稳定度变化等。

（4）土壤污染

土壤污染不仅改变了土壤的理化性质，使土壤变坏，而且污染物质阻碍或抑制土壤微生物的区系组成与生命活动，影响土壤营养物质的转化和能量交换，导致农作物减产、种子退化、农副产品质量下降，使土壤降低或丧失生产能力。造成农村土壤污染的原因主要有化肥农药的过量使用、农膜残留、污水灌溉、废弃物堆置等。农业对化肥农药的依赖性越来越大，过量的化肥农药对土壤的污染不可估量。另外，干旱时的污水灌溉、田边堆积的生活垃圾及秸秆的垃圾也在不断侵蚀着土地。

（5）养殖业及乡镇企业污染

小型养鸡场、养猪场、养牛场等养殖业蓬勃发展，产生的畜禽粪便和养殖废水随意排放到河流中或直接堆积在低洼地带，对环境造成很大的污染。随着城市环境管理意识及水平的提高，有污染的企业逐渐向农村转移，布局混乱，发展很快，经济条件不足，技术装备差，管理水平低，资源和能源消耗相对较大，企业污染防治水平不高，少部分企业甚至没有防治污染措施，使污染危害变得较为突出和难以防范，成为农村社会的严重污染源。

3）农村综合环境治理措施

环境问题是制约美丽乡村建设的重要因素，随着社会进步和农村的不断发展，农村环境越来越受到人们的普遍关注，环境污染问题直接影响农村环境质量和农民生活质量，农民改善环境状况的意愿日益强烈。农村综合环境治理措施主要体现以下4个方面。

（1）规划引领环境治理和美丽乡村建设。农村环境治理和美丽乡村建设要统筹规划、整体布局；要体现先进、科学的价值取向，全面关注农村经济、文化、社会、生态等问题；依据村庄的地域特点和产业分布，编制具有特色的各项村庄建设详规，有重点地做好垃圾处理、污水处理、畜禽养殖污染治理等专项规划。合理的规划不仅可以防止边建边改，前建后拆，重复投资等资源浪费，而且关乎农村经济社会的可持续发展；

（2）要制定相关的规范和标准。在环境治理方面，要规定垃圾处理设施、污水处理设施、畜禽养殖污染物处置设施等生活生产设施的建设规范；在村庄建设方面，要规定民房、道路、桥梁、给水、供电、通信等生活生产设施的建设要求。只有有了统一的建设规范和标准，才能确保各项设施的建设质量和实际运行效果，才能将环境治理和美丽乡村建设落到实处；

（3）严格控制农村工业污染。严格执行国家产业政策和环保法律法规，坚决取缔非法排污的土小企业，对手续齐全的排污企业，要加强监管确保达标排放；对已经污染破坏的水域、耕地、林地等要及时进行环境治理和生态恢复。同时提高环保准入门槛，禁止工业和城市污染向农村转移。加快推动农村工业企业向园区集中，鼓励企业开展清洁生产，大力发展循环经济；

（4）加强农民环境教育和宣传。农民环保意识的薄弱也是农村环境治理和美丽乡村建设难以有效进行的重要因素，所以要做好农村环境治理和美丽乡村建设，就必须加大对农民认知的教育。由于农村信息传播和流通相对闭塞，对新观念的接受较慢，这就需要创新宣传教育手段，循序渐进的灌输环境治理和美丽乡村建设的先进观念，只有农民群众从思想上接受环境治理和美丽乡村建设的观念，转而自发地加入环境治理和美丽乡村建设的行列中来，那么我国的农村将会拥有良好的环境、宜居的生活和愿意留在这片土地上的人。

4）农村污水治理技术

根据住房和城乡建设部2014年城乡建设统计公报，全国共有自然村270万个，村庄总人口7.63亿人，仅有9.98%的乡村对生活污水进行了处理。由于农村生活污水的治理系统不完善，污水排放和收集大部分以明渠或暗沟的形式直接排入到江河中去或随雨水渗入地下。这种方式直接污染我国的河流水源，污染居民的地下饮水，对农村生态环境造成了极大的破坏。因此，对农村污水治理已经迫在眉睫。目前，应用的农村污水治理技术主要有化粪池技术、土地渗滤处理技术、人工湿地处理技术、生物滤池处理技术、稳定塘处理技术、膜生物反应器和太阳能（风能）微动力污水处理技术等。

（1）化粪池技术

化粪池是世界上最普遍应用的一种分散污水处理技术（初级处理），具有结构简单、管理方便和成本低廉等优点，既可以作为临时性的或简易的排水设施，也可以在现代污水处理系统中用作预处理设施，对卫生防疫、降解污染物、截留污水中的大颗粒物质、防止管道堵塞起着积极的作用。目前在我国，几乎每一个城市建筑物都设有化粪池，安装了水冲厕所的乡村分散家庭一般也设有化粪池。图3-49为我国农村三格化粪池结构示意。

（2）土地渗滤处理技术

土地渗滤处理技术是利用大自然的自动净化能力，将污水中的有机物通过土层或者植

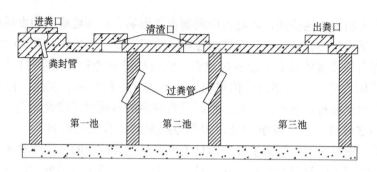

图 3-49　我国农村三格化粪池结构示意

被运用物理、化学、生物等作用吸附，对污水中的有机物进行再次利用，使植被长得更加茂盛，对污水中的有机物进行降解。在污水处理过程中，常常会模仿大自然的这种效果来进行过滤，将污水中的有机物进行降解与分离，适用于农村生活污水的处理。土地渗滤处理技术是由土壤、植物、微生物组成的复合系统，通过吸附、沉淀、微生物降解实现污水净化。土地渗滤处理技术具有投资费用低、操作管理简单、动力消耗低和再生水可回用等优点。但也存在许多不足之处，近年来，针对易堵塞、水力负荷低、脱氮效果不佳和不易反冲洗这些问题，很多研究做了一些改进和强化，延长了使用年限，提高了处理效果。图3-50为土地渗滤处理技术示意。

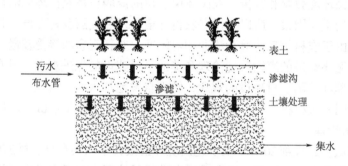

图 3-50　土地渗滤处理技术示意

（3）人工湿地处理技术

人工湿地处理技术是模仿大自然的湿地系统建造的用来处理农村生活污水的一种技术。在构筑物的底部按照一定的技术要求添加各类填料。这些填料有石子、沙子等，在人工湿地表层种植一些适应于生活污水生存条件的植被，通过生态系统内的微生物或者植物的协同作用，实现污染物的处理与净化。人工湿地处理系统利用物理、化学、生物三重协同作用达到对污染物的去除效果。它具有因地制宜，抗冲击负荷强，净化效率高，能耗低、系统配置可塑性强，工程基础设施和运行成本低、运行管理方便等优点，适用于技术管理水平较低、规模较小的农村生活污水处理。人工湿地污水处理系统由颗粒填料、水生植物和微生物构成的，当污水流经湿地表面和填料间隙时，可以通过过滤、吸附、沉淀、离子交换、植物吸收、微生物分解等实现污水的净化。填料和植物是人工湿地在污水处理中的关键影响因素。填料作为人工湿地的载体，它的物理化学性质直接影响到整个系统的处理效率。表面积大的多孔填料不但可以提高湿地的水力和机械性能，还可以为微生物附着提供较大的表面积，提高污染物的去除能力。图3-51为人工湿地处理技术示意。

（4）生物滤池处理技术

生物滤池处理技术主要是通过大自然中的生物及大自然的净化能力处理农村污水。生物滤池中有碎石、塑料制品做成的滤料，而微生物依附在填料上，生长成生物群落，当污水进入生物滤池后，瞬间形成一个反应器，将污水中的有机物进行分解。过滤池中的微生物可以将大分子的不溶性的物质水解转化为小分子的可溶性物质，起到水解的作用。

蚯蚓生态滤池是生物滤池处理技术的一种，蚯蚓生态滤池是在已建立的生物滤池处理设施中加入蚯蚓与其他微生物，通过蚯蚓对污水中的物质进行吸收分解，可对生物滤池进行清扫，防止滤孔的堵塞，设备简单、操作简易、运行维护方便、运行成本低。生物技术和生态技术有机结合不仅节约资金，又能增加绿化面积，改善环境，符合现代社会倡导循环经济的理念，具有显著的社会、环境和经济效益。

（5）稳定塘处理技术

稳定塘是生物处理过程中最简单的处理形式之一。稳定塘处理技术利用天然净化能力，不需要机械化设备，运行维修成本低，无需污泥处理，可以充分利用地形，因此适合用于农村地区污水处理。塘内植物和微生物共同作用进行沉降、拦截、吸收、吸附和分解，实现对污水的净化。缺点是会受到气候、太阳辐射、纬度和操作程序的影响，负荷低、水力停留时间长，有气味。图3-52为稳定塘断面示意。

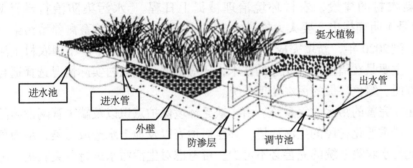

图 3-51　人工湿地处理技术示意

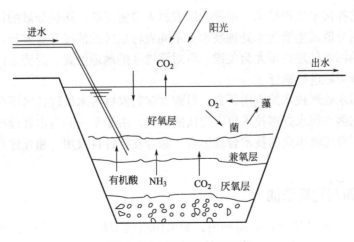

图 3-52　稳定塘断面示意

图 3-53　膜生物反应器

（6）膜生物反应器

膜生物反应器是一种新型污水处理系统，它将膜分离技术和生物处理技术有机的结合，传统活性污泥法中的重力沉淀池用膜分离技术取代，从而起到提高处理效果的作用。膜截留活性污泥，可以使反应期内微生物最大限度增长，吸附降解能力增强，污水得到有效净化。图 3-53 为膜生物反应器。

（7）太阳能（风能）微动力污水处理技术

太阳能和风能作为能源资源在污水处理的应用中，不仅仅是用于微动力能源，在北方，还可以为水池起到保温作用，提高冬季污水处理效率。该污水处理技术具有清洁、方便、安全、节能等优点。太阳能（风能）微动力污水处理技术合理地利用了热量和气候条件，整个过程更环保、节能；其运行费用几乎为零，是其他处理工艺所不能比拟的。但也存在着一定的缺点，特别对运行管理与维护管理技术要求高。

5）农村污水处理展望

随着新农村的建设，农村环境治理被提上日程。《水污染防治行动计划》（国发〔2015〕17号）明确指出，要大力推进农业农村污染防治，防治畜禽养殖污染，控制农业面源污染，到2020年，新增完成环境综合整治的建制村13万个。中国农村生活污水处理起步较晚，主要是在借鉴国外先进的技术，还应根据我国农村实际情况选择适合的、低成本、管理方便、绿色环保的污水处理系统。

（1）建立完善的污水收集系统。由于缺乏环境保护意识以及缺少管网设施的粗放式排放污水已经严重恶化村民的生活环境，甚至对地表以及地下水造成污染，从而危及人们的健康。因此污水收集系统的完善必不可少。可考虑对生活污水进行分类收集，由于农村生活污水主要成分为N、P等元素，收集后可农用，灰水收集经处理后可作为中水回用或直接排放，以降低处理成本；

（2）合理选择污水处理技术。根据我国农村人口密度低，居住分散的特点，我国大多数农村适合选用分散式生活污水处理技术；不同农村地区的情况又有差异，因此，因地制宜选择最适合的污水处理技术尤为关键。可对该地区的地理位置、经济条件、污染情况做出评估，综合分析后进行选择；

（3）加强污水处理技术的应用研究。目前大多数农村污水处理技术还存在不同程度的缺陷，未来应加强对污水处理技术更深层次的研究，由于单一的污水处理技术有各自的缺陷，因此，也可考虑将不同的技术合理组合，综合发挥各自效用，相互弥补不足，提高污水处理效率。

3.7.5　绿色建筑与建筑节能

绿色建筑是在建筑的全寿命周期内，最大限度地节约资源（节能、节地、节水、节材）、保护环境和减少污染，为人们提供健康、适用和高效的使用空间，与自然和谐共生的建筑，即"四节一环保"的建筑。这一定义明确了通过提高能源、资源利用效率，减少建筑对能源、土地、水和材料资源的消耗，提升建筑内部环境品质，减少建筑对外部环境影响的核心任务；突出了在"全寿命周期"范畴内统筹考虑的原则，强调了健康、适用、高效的使用功能要求，体现了"与自然和谐共生"、营造和谐社会的思想。

我国幅员辽阔，各地资源条件和经济发展水平差异较大，对各地绿色建筑的发展要求不能一刀切。发展绿色建筑要把理想与现实结合起来，最重要的是要为建筑领域的可持续发展指明方向。一方面要树立理想的绿色建筑标杆，获得绿色建筑星级评价标识的建筑，当然这个"标杆"随着时间的推移、社会经济的发展变化也可以作适当的调整；另一方面基于不同地区的经济社会发展阶段和建筑特点设立切合实际的分阶段目标，使不同的经济水平、文化传统和资源条件下的实践都有各自可以通过努力实现的现实目标，并向理想的绿色建筑方向迈进，因地制宜促进建筑的绿色发展。

需要强调的是，绿色建筑不能被混淆为"绿化建筑"。这个概念已被某些开发商所滥用，认为绿色建筑就是要绿化，这是完全错误的。通过绿化手段净化空气、美化环境，只是绿色建筑的部分要求，而其追求的内涵更为广泛。

1）绿色建筑评价体系比较

绿色建筑评价是绿色生态建筑健康发展的一个重要保证，世界许多国家和地区都积极研究、探索和实践着国际绿色生态建筑评价体系。从1990年开始国外一些发达国家和地区针对绿色建筑推出了一系列评价体系，例如：英国 BREEAM（Building Research Establishment Environmental Assessment Method）、美国 LEED（Leadershipin Energy Environment Design）、加拿大 GBC（Green Building Challenge）、澳大利亚 NABERS（National Australian Building Environmental Rating System）、日本 CASBEE（Comprehensive Assessment System for Building Environmental Efficiency）等，表3-1为各国绿色建筑评价体系比较。

各国绿色建筑评价体系比较 表3-1

评价体系	研发国家	研发时间	评估对象	全寿命周期评价	权重体系	评价结果等级	结构设计	评估内容
BREEAM	英国	1990	新建建筑 既有建筑	涵盖英国的生态足迹数据库	二级	4个等级	评价指南评分体系	管理、能源、交通、污染、材料、水资源、土地使用、生态价值、身心健康
LEED	美国	1995	新建建筑 商业建筑 公共建筑	无	一级	4星级	指导评价	场地设计、水资源、能源与环境、材料与资源、室内环境质量和创新设计
GBTool	加拿大等	1998	办公建筑 集合住宅 学校建筑 工业建筑	具有多国的数据库	四级	5个等级	评价指南评分体系	能源和资源消耗、环境负担、环境质量、设施质量、经济性能、绿色管理
CASBEE	日本	2003	新建建筑 既有建筑	具有日本全国的数据库	三级	5个等级	评价指南评分体系	能源消耗、资源再利用、当地环境、室内环境

评价体系	研发国家	研发时间	评估对象	全寿命周期评价	权重体系	评价结果等级	结构设计	评估内容
NABERS	澳大利亚	2003	既有住宅办公建筑	无	一级	5个等级	评价指南评分体系	场地管理、建筑材料、能耗、水资源、室内环境、资源、交通、废物处理

2）绿色建筑与建筑节能工作的关系

绿色建筑源于建筑对环境问题的响应，最早从20世纪60～70年代的太阳能建筑、节能建筑开始。随着人们对全球生态环境的普遍关注和可持续思想的广泛深入，建筑的响应从能源方而扩展到全面审视建筑活动对生态环境和居住者生活环境的影响，同时开始审视建筑在"全生命周期"内的影响。

相对节能建筑而言，绿色建筑的要求更高，是建筑可持续发展的更高层次目标。节能建筑主要强调节能，而绿色建筑除节能外，还要求节水、节地和节材，其本质是要提高能源资源利用效率。节能建筑未必是绿色建筑，但绿色建筑必须是节能建筑。

多年来，我国在完善建筑节能设计标准、法规制度、组织管理体系，推进新建建筑执行节能标准、既有建筑节能改造、可再生能源建筑应用和绿色建筑试点示范等方面开展了一系列工作，取得了显著成效，全社会基本形成了建筑节能的共识。我国建筑节能工作已取得的成就为绿色建筑发展奠定了基础，发展绿色建筑是建筑节能工作的深化和拓展，是建筑节能工作发展的方向。

3）绿色建筑技术发展策略

（1）国家政策层面

为进一步推动绿色建筑产业的不断发展和完善，同时构建绿色建筑市场经济发展模式。首先，需要健全和建立绿色建筑的相关法律体系，从而确保绿色建筑技术的规范化运营。针对目前整个行业缺乏相应的标准化评价体系，政府相关部门需要发挥其主导作用，通过联合相关的绿色建筑技术企业，制定统一化、标准化的绿色建筑技术实施体制以及绿色建筑施工规范。其次，要加快出台对绿色建筑技术鼓励性政策，通过给予相应的补贴或减免税收等政策，充分调动绿色建筑技术企业在技术研发上的投入，从而实现对绿色建筑技术的不断完善和发展。最后，要加大对绿色建筑技术行业的监管力度，对不符合节能设计标准的绿色建筑技术要采取行政手段要求其进行优化和整改，从而构建绿色健康的居住环境。

（2）绿色建筑实施层面

绿色建筑技术作为新兴技术，其实施最终效果在很大程度上取决于在建设实施过程中施工队伍对绿色建筑技术的理解和掌握。因此为了最大限度发挥绿色建筑技术的优势，确保实现设计目标，相关设计人员需要加强与建设施工队伍的沟通和联系，通过对施工队伍进行绿色建筑技术的技术交底以及相关知识的普及，确保在施工过程中能够对绿色建筑技术较好地掌握和应用。同时建立沟通机制，对进入施工过程中出现的技术问题，技术人员要给予及时的反馈，从而确保绿色建筑的节能效果和技术目标的实现。

（3）技术创新层面

首先，需要构筑多维度的基础体系。纵观传统建筑技术实施，不同的技术具有较强的独立性，可以与其他技术分别实施，技术与技术之间往往不会产生较大的联系。但在绿色建筑技术施工过程中，技术的应用不仅涵盖建筑的全生命周期，更由于绿色建筑涉及城市整体规划和功能区分，因此其技术体系不单单要适用于建筑个体，更需要与城市整体规划相适应。其次，需要向模块化、集成化发展。随着建筑技术的不断发展，要求在建筑施工过程中需要更为高效和节能。为了实现这一目标，绿色建筑技术需要紧紧围绕模块化和系统化设计理念，从而最大限度的对绿色建筑技术进行优化和整合，通过整体设计理念，使得不同的绿色建筑技术能够实现彼此的融合和协助，最大限度地发挥技术在绿色建筑中的功效。最后，大力推广分布式能源系统。分布式能源系统相对于传统集中式能源系统，其设计理念在于针对用户需求，按需供能，从而实现降低能源成本，减少环境污染的绿色节能目标。针对目前我国在能源利用上常常会出现集中式和高峰式能源利用需求，采用分布式能源系统可以实现阶段化能源利用，从而大大提高能源系统在面对用能高峰期和突发灾难时的应对能力。

3.7.6　绿色消防

"绿色技术"（Green Technologies）是1992年在巴西里约热内卢召开的"世界环境发展大会"上提出的新概念，具有6大特点：一是可持续利用；二是以安全的用之不竭的能源供应为基础；三是高效利用能源和资源；四是高效回收利用废旧物资和副产品；五是智能化程度越来越高；六是活力越来越充沛。将绿色技术概念与消防领域相结合，可引导出"绿色消防技术"这一新概念，即符合环境保护要求、对公众健康和环境不会造成危害的消防技术，其主要包括两方面：哈龙（Halon）替代技术和绿色阻燃技术。

1）哈龙（Halon）替代技术

哈龙灭火系统是具有不同程度灭火能力的低级烷烃卤代化合物灭火系统的总称，具有灭火快、毒性低及不污染和损害受灾物品等优点。但其致命缺点是哈龙灭火剂向大气中弥散的过程中，受温差压差的影响，向上飘移到臭氧层，在臭氧层内，卤代烷受到太阳紫外线的辐射激化和离子的干扰，产生游离的 Cl 和 Br 原子，能起到催化剂的作用。Cl 和 Br 原子分别与臭氧结合，产生双原子氧、氯和溴。每个游离的氯溴原子可以破坏高达10万个臭氧分子。而在此过程中，氯和溴的数量不变。从而不断地消耗掉臭氧，也就破坏了人类的生存环境。因而，为了保护臭氧层，寻找到合适的哈龙替代技术势在必行。

目前，哈龙灭火剂的替代研究可分为两大方向：一是以其他灭火系统替代哈龙灭火系统的应用研究，如以二氧化碳、细水雾灭火系统进行替代；二是开发新型的"洁净气体"灭火剂和相应的灭火系统。在国际上，哈龙替代物（包括气体类、液化气类）主要包括以下七类：卤代烃类灭火剂、二氧化碳灭火剂、细水雾灭火技术、惰性气体灭火剂、非挥发性哈龙替代物和泡沫灭火剂。

（1）卤代烃类灭火剂

卤代烃灭火系统是从1990年开始开发的一种较新的灭火系统，主要目的是要替代哈龙灭火系统。现市场中卤代烃灭火剂主要有：HFC-23（三氟甲烷、FE13）、HFC-236fa（六氟丙烷、FE36）、HFC-227ea（七氟丙烷、FM200），CF31（三氟一碘甲烷、FIC）等。

目前比较成熟的哈龙替代物主要为七氟丙烷（HFC-227）和三氟甲烷（HFC-23）灭火剂，两者都是液化气体，在常温下以液相保存；灭火的类型都是全淹没型，能够迅速释放并填满整个空间；都是清洁型灭火剂，灭火后在现场不会留下痕迹；都具有电绝缘性，可以扑救电气火灾。

（2）二氧化碳灭火剂

二氧化碳在通常状态下是无色无味的气体，相对密度为1.529，比空气重，不燃烧也不助燃。将经过压缩液化的二氧化碳灌入钢瓶内，便制成二氧化碳灭火剂。从钢瓶里喷射出来的固体二氧化碳（干冰）温度可达-78.5℃，干冰汽化后，二氧化碳气体覆盖在燃烧区内，除了窒息作用之外，还有一定的冷却作用，火焰就会迅速熄灭。二氧化碳灭火剂的灭火效果逊于卤代烷灭火剂，但价格是卤代烷灭火剂的三十分之一到七十分之一。作为工业副产品的二氧化碳来源丰富、价格低廉，是目前被广泛使用的气体灭火剂品种之一。

由于二氧化碳灭火剂不含水、不导电，所以可以用来扑灭精密仪器和一般电气火灾，以及一些不能用水扑灭的火灾。但是二氧化碳不宜用来扑灭金属钾、钠、镁、铝等及金属过氧化物（如过氧化钾、过氧化钠）、有机过氧化物、氯酸盐、硝酸盐、高锰酸盐、亚硝酸盐、重铬酸盐等氧化剂的火灾。因为当二氧化碳从灭火器中喷出时，温度降低，使环境空气中的水蒸气凝集成小水滴，上述物质遇水发生化学反应，释放大量的热量，抵制了冷却作用，同时放出氧气，使二氧化碳的窒息作用受到影响。由于二氧化碳灭火时不腐蚀设备和贵重物品，灭火后不留痕迹，适合于扑救那些受到水、泡沫、干粉等灭火剂污染后易于损坏的固体物品火灾，主要用于仓库、文档资料等场所。

（3）细水雾灭火技术

细水雾是一种重要的灭火剂，该产品的技术关键不是水本身，而是将水变成细水雾的设备和细水雾发生的重要参数等。细水雾直径要求是在最小的工作压力下，离喷头1 m处的99%的水雾液滴直径小于1mm。细水雾主要以冷却和窒息的方式灭火，其灭火机理为：细水雾被直接喷射进入或被卷吸进入火焰区时，水雾迅速气化成水蒸气时吸收大量的热，使燃料的温度降低，水雾进入火场一方面取代了火焰附近的氧气，另一方面也稀释了易燃蒸汽，使氧含量减少，混合蒸汽浓度降低，燃烧不能进行。对于A级固体燃烧物，细水雾还有对燃烧物体产生乳化、润湿的作用，另外对未燃物品还有包围被保护区域，预先湿润临近的燃烧物，冷却气体和被保护区域中的其他燃料，阻挡辐射等作用。其灭火过程中能洗去烟中的部分有害物质，减少污染；且灭火剂本身为无污染物质，有利于环境保护。细水雾用水量少，灭火效果较好，但设备结构复杂，技术要求高，造价昂贵，且目前灭遮挡火有一定困难，所以在应用方面受到了一些限制。然而因细水雾实际灭火效果较好，受到业内人士的广泛关注，仍是目前发展较快的一种灭火剂。

（4）惰性气体灭火剂

惰性气体灭火剂的灭火原理主要是利用惰性气体来稀释燃烧反应区的氧气浓度，使得氧气浓度低于燃烧所需的最低浓度，破坏了燃烧三角形中的助燃物环节。惰性灭火剂中最为常见的是烟络尽灭火剂。烟烙尽（IG-541）是由氮气、氩气、二氧化碳按52∶40∶8的比例组合而成，烟烙尽灭火剂无色、无味、无毒、无腐蚀，是一种绿色灭火剂。烟烙尽最小灭火设计浓度达37.5%（16℃），最大设计浓度为42.8%（32℃）。当烟烙尽灭火剂依规定的设计灭火浓度喷射到保护区域时，可以在1min内将区域内的氧气浓度迅速降至

12.5%，大部分普通可燃物由于缺氧而停止燃烧，使燃烧无法继续进行，从而达到灭火的目的。

（5）非挥发性哈龙替代物（NVPS）

非挥发性哈龙替代物（NVPS）是一种非挥发性的有机化合物，在灭火时能够产生含氢溴氟代烷（HFBC），不会危害地球的臭氧层，其分解产物也无毒。其灭火性能也十分优越，这主要得益于其液体流动性和非挥发性，使得灭火剂的利用率增加，损耗减小，喷射距离远，灭火范围大，而且也不需要像哈龙那样的高压盛装容器。其喷射灭火，到达火焰发生的热分解反应产物中有类似哈龙的化合物产生，但不会像哈龙那样在开放性灭火时，大部分（90%）无谓的排入大气造成环境污染。非挥发性哈龙替代物可以用于原油、油漆、涂料、塑料的灭火；可以远距离灭火；偶然泄漏的非挥发性哈龙替代物（NVPS）不会释放到大气中造成环境污染；不会造成蒸汽公害，危害人们的健康；使用非挥发性哈龙替代物（NVPS）灭火用量较少，成本可以控制，所以非挥发性哈龙替代物（NVPS）不失为寻求高效、无公害、无环境污染的哈龙替代物的新的研究方向。

（6）泡沫灭火剂

泡沫灭火剂的灭火原理是利用泡沫将可燃物（多为液体）的表面严密的密封起来，在整个密封过程中泡沫不被破坏，从而将氧气和可燃物隔绝开来，使燃烧不能进行，从而达到灭火的目的。泡沫灭火剂主要有以下几种：蛋白、氟蛋白泡沫灭火剂，抗溶泡沫灭火剂，高倍数泡沫灭火剂，水成膜泡沫灭火剂。泡沫灭火剂灭火性能主要受到以下几个因素的影响：泡沫发泡倍数、泡沫稳定性与流动性。

2）绿色阻燃技术

在人们对阻燃剂与阻燃材料的需求量增大的同时，人们对阻燃剂与阻燃材料的性能要求也更加多样化。时代的发展对阻燃剂的开发提出了新的要求，现在阻燃剂的开发更多注重了环境保护。阻燃剂与阻燃材料本身在生产和使用过程中应是无毒害的，它应有良好的耐热稳定性、耐老化性、耐光稳定性、无腐蚀性，同时，其燃烧产物应该是低烟、低毒的。阻燃剂的作用目的，不但要能延缓或终止火焰的产生，而且也能够降低烟雾和有毒（或有污染）物质的产生量。绿色化学与技术应用于阻燃领域里，有效减少了有害物及污染物的排放，便产生了环境友好型的绿色阻燃剂。

绿色阻燃材料又称为清洁阻燃材料。因其从设计思想、原料选择、配方设计、工艺流程到产品的保存、应用及废品处理等各个环节都考虑了环境污染问题，也就是说最大限度地减少或取消那些对人类健康、生态环境、社区安全有害的原料和生产工艺的使用，不以人的安全和环境污染为代价来提高材料的阻燃效果，所以它真正实现了低毒、低烟和无环境污染，也真正做到了从源头上阻止阻燃材料的污染。

绿色阻燃材料工业研究的重点应是开发新型环境友好的低烟、低毒无卤产品，采用环境友好的化学反应，在工艺过程中使用无毒无害的原料、溶剂和催化剂。图 3-54 为绿色阻燃材料工业流程示意。

对绿色阻燃剂与阻燃材料的评价方法应该是在整个生命周期（包括设计生产、销售、使用和后处理个阶段）对 4 种不同的介质（生物、大气、水和土壤）都无影响或影响最小。绿色阻燃技术的开发成功将使建筑防火材料的防火性能得到改进，从而减少建筑物的火灾荷载量，减缓火势的蔓延，降低材料燃烧时的烟气浓度和毒性，为火场疏散逃生创造

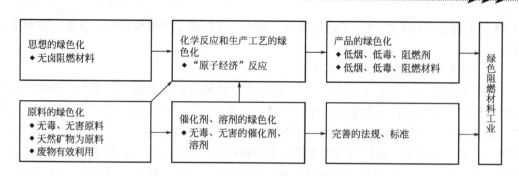

图 3-54　绿色阻燃材料工业流程示意

条件，并且还可从根本上降低起火成灾的概率。

3）绿色消防技术展望

社会发展不断提出新的要求，绿色消防技术应形势发展的需要，其发展得到了很大的支持。但与国外发达国家的绿色消防技术的应用相比，我国绿色消防技术研发起步较晚，绿色消防技术产品更新换代的速度较缓慢，高效率、高质量的绿色消防技术产品的开发状况也不太乐观。当前我国绿色消防技术需要从以下3个方面开展工作。

（1）加大绿色消防技术与产品研发的力度。市场经济的深入发展，绿色消防新技术、新产品的研发需要国家与企业共同承担，满足当前建设发展对绿色消防技术与产品的需求；

（2）加大对绿色消防技术与产品应用的宣传力度。绿色消防技术与产品是属于绿色环保型技术与产品，应受到人们足够的重视，增强民众绿色消防就是保护环境的意识，让绿色消防技术与产品深入人心；

（3）加强绿色消防技术与产品生产环节的监督与管理力度。做到经济发展与环境保护和谐统一，进一步促进绿色消防产品的生产与应用。

3.7.7　节水型城市

水是事关国计民生的基础性自然资源和战略性经济资源，是生态环境的控制性要素。我国人多水少，水资源时空分布不均，供需矛盾突出，全社会节水意识不强、用水粗放、浪费严重，水资源利用效率与国际先进水平存在较大差距，水资源短缺已经成为生态文明建设和经济社会可持续发展的瓶颈制约。要从实现中华民族永续发展和加快生态文明建设的战略高度认识节水的重要性，大力推进农业、工业、城镇等领域节水，深入推动缺水地区节水，提高水资源利用效率，形成全社会节水的良好风尚，以水资源的可持续利用支撑经济社会持续健康发展。

1）总体目标

到2020年，节水政策法规、市场机制、标准体系趋于完善，技术支撑能力不断增强，管理机制逐步健全，节水效果初步显现。万元国内生产总值用水量、万元工业增加值用水量较2015年分别降低23%和20%，规模以上工业用水重复利用率达到91%以上，农田灌溉水有效利用系数提高到0.55以上，全国公共供水管网漏损率控制在10%以内。

到2022年，节水型生产和生活方式初步建立，节水产业初具规模，非常规水利用占比进一步增大，用水效率和效益显著提高，全社会节水意识明显增强。万元国内生产总值用水量、万元工业增加值用水量较2015年分别降低30%和28%，农田灌溉水有效利用系数提高到0.56以上，全国用水总量控制在6700亿 m³ 以内。到2035年，形成健全的节水政策法规体系和标准体系、完善的市场调节机制、先进的技术支撑体系，节水护水惜水成为全社会自觉行动，全国用水总量控制在7000亿 m³ 以内，水资源节约和循环利用达到世界先进水平，形成水资源利用与发展规模、产业结构和空间布局等协调发展的现代化新格局。

2）城市节水降损措施

（1）全面推进节水型城市建设。提高城市节水工作系统性，将节水落实到城市规划、建设、管理各环节，实现优水优用、循环循序利用。落实城市节水各项基础管理制度，推进城镇节水改造；结合海绵城市建设，提高雨水资源利用水平；重点抓好污水再生利用设施建设与改造，城市生态景观、工业生产、城市绿化、道路清扫、车辆冲洗和建筑施工等，应当优先使用再生水，提升再生水利用水平，鼓励构建城镇良性水循环系统。到2020年，地级及以上缺水城市全部达到国家节水型城市标准；

（2）大幅降低供水管网漏损。加快制定和实施供水管网改造建设实施方案，完善供水管网检漏制度。加强公共供水系统运行监督管理，推进城镇供水管网分区计量管理，建立精细化管理平台和漏损管控体系，协同推进二次供水设施改造和专业化管理。重点推动东北等管网高漏损地区的节水改造。到2020年，在100个城市开展城市供水管网分区计量管理；

（3）深入开展公共领域节水。缺水城市园林绿化宜选用适合本地区的节水耐旱型植被，采用喷灌、微灌等节水灌溉方式。公共机构要开展供水管网、绿化浇灌系统等节水诊断，推广应用节水新技术、新工艺和新产品，提高节水器具使用率。大力推广绿色建筑，新建公共建筑必须安装节水器具。推动城镇居民家庭节水，普及推广节水型用水器具。到2022年，中央国家机关及其所属在京公共机构、省直机关及50%以上的省属事业单位建成节水型单位，建成一批具有典型示范意义的节水型高校；

（4）严控高耗水服务业用水。从严控制洗浴、洗车、高尔夫球场、人工滑雪场、洗涤、宾馆等行业用水定额。洗车、高尔夫球场、人工滑雪场等特种行业积极推广循环用水技术、设备与工艺，优先利用再生水、雨水等非常规水源。

3）科技创新节水措施

（1）加快关键技术装备研发。推动节水技术与工艺创新，瞄准世界先进技术，加大节水产品和技术研发，加强大数据、人工智能、区块链等新一代信息技术与节水技术、管理及产品的深度融合。重点支持用水精准计量、水资源高效循环利用、精准节水灌溉控制、管网漏损监测智能化、非常规水利用等先进技术及适用设备研发；

（2）促进节水技术转化推广。建立"政产学研用"深度融合的节水技术创新体系，加快节水科技成果转化，推进节水技术、产品、设备使用示范基地、国家海水利用创新示范基地和节水型社会创新试点建设。鼓励通过信息化手段推广节水产品和技术，拓展节水科技成果及先进节水技术工艺推广渠道，逐步推动节水技术成果市场化；

（3）推动技术成果产业化。鼓励企业加大节水装备及产品研发、设计和生产投入，降低节水技术工艺与装备产品成本，提高节水装备与产品质量，提升中高端品牌的差异化竞争力，构建节水装备及产品的多元化供给体系。发展具有竞争力的第三方节水服务企业，提供社会化、专业化、规范化节水服务，培育节水产业。到2022年，培育一批技术水平高、带动能力强的节水服务企业。

4）城市节水保障措施

（1）加强组织领导。加强党对节水工作的领导，统筹推动节水工作。国务院有关部门按照职责分工做好相关节水工作。水利部牵头，会同发展改革委、住房和城乡建设部、农业农村部等部门建立节约用水工作部际协调机制，协调解决节水工作中的重大问题。地方各级党委和政府对本辖区节水工作负总责，制定节水行动实施方案，确保节水行动各项任务完成；

（2）推动法治建设。完善节水法律法规，规范全社会用水行为。开展节约用水立法前期研究。加快制订和出台节约用水条例，到2020年力争颁布施行。各省（自治区、直辖市）要加快制定地方性法规，完善节水管理；

（3）完善财税政策。积极发挥财政职能作用，重点支持农业节水灌溉、地下水超采区综合治理、水资源节约保护、城市供水管网漏损控制、节水标准制修订、节水宣传教育等。完善助力节水产业发展的价格、投资等政策，落实节水税收优惠政策，充分发挥相关税收优惠政策对节水技术研发、企业节水、水资源保护和再利用等方面的支持作用；

（4）拓展融资模式。完善金融和社会资本进入节水领域的相关政策，积极发挥银行等金融机构作用，依法合规支持节水工程建设、节水技术改造、非常规水源利用等项目。采用直接投资、投资补助、运营补贴等方式，规范支持政府和社会资本合作项目，鼓励和引导社会资本参与有一定收益的节水项目建设和运营。鼓励金融机构对符合贷款条件的节水项目优先给予支持；

（5）提升节水意识。加强国情水情教育，逐步将节水纳入国家宣传、国民素质教育和中小学教育活动，向全民普及节水知识。加强高校节水相关专业人才培养。开展世界水日、中国水周、全国城市节水宣传周等形式多样的主题宣传活动，倡导简约适度的消费模式，提高全民节水意识。鼓励各相关领域开展节水型社会、节水型单位等创建活动；

（6）开展国际合作。建立交流合作机制，推进国家间、城市间、企业和社团间节水合作与交流。对标国际节水先进水平，加强节水政策、管理、装备和产品制造、技术研发应用、水效标准标识及节水认证结果互认等方面的合作，开展节水项目国际合作示范。

第4章 创新性训练案例

本章摘录全国大学生节能减排社会实践与科技竞赛和全国大学生水利创新设计大赛中水社会循环领域创新性设计六个获奖案例进行简要的介绍与点评。基于作品侧重点与产品使用范围的不同，又将作品分为海绵城市建设相关创新性训练案例、黑臭水体治理相关创新性训练案例、厕所革命与绿色建筑相关创新性训练案例三个部分进行介绍。

4.1 海绵城市建设相关创新性训练案例

4.1.1 一种基于海绵城市的防涝、储水、发电一体化路面雨水收集系统

1）作品概述

本作品设计了一套基于海绵城市的防涝、储水、发电一体化路面雨水收集系统，主要由涡轮虹吸雨水箅（口）、分散式雨水处理器、雨水管高差发电装置、雨水储存装置、智能灌溉喷洒装置组成。本系统中涡轮虹吸雨水箅（口）由新型涡轮雨水箅及下端增设的虹吸排水装置组成，打破传统排水方式，增大雨水箅（口）泄流量，其独特设计加强了暴雨期雨水箅（口）的泄洪能力从而有效解决了"水淹路"带来的内涝问题。雨水高速流入虹吸立管后利用高差进行发电，为检测仪器仪表，绿化景观 LED 灯的使用提供电能。雨水由虹吸装置底端切向流入分散式雨水处理器，利用离心作用进行杂质分离，处理后的雨水储存于地下雨水模块。收集的雨水可完成小区内的绿化灌溉和道路洒水除尘。系统安装有智能系统方便管理人员随时监控装置运行情况。图4-1为作品原理示意。

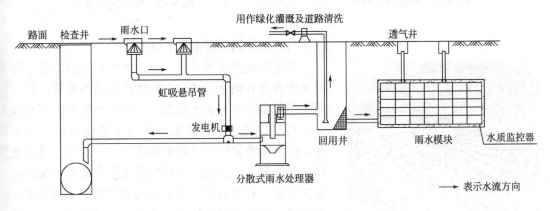

图 4-1 作品原理示意

2）设计背景及意义

每年我国部分城市经常出现道路积水与城市内涝的现象，不仅造成了巨大的经济损失和资源浪费，也威胁着城市居民的生命安全。本作品采用新型涡轮雨水算（口）在增大流速的同时又起到格栅的作用拦截部分垃圾，有效地防止雨水算（口）堵塞，保证暴雨天雨水算（口）的正常运行。在新型涡轮雨水算（口）下方安装虹吸装置，大大增加雨水算（口）泄流量，在发生暴雨时可以快速排水从而预防城市内涝、水淹路等情况。雨水落到城市的硬化地面上，会被生活垃圾、汽车尾气排放物等污染。本作品设置分散式雨水处理器，雨水通过离心及涡轮作用将水中杂质分离达到净化雨水效果。经过分散式雨水处理器的雨水再流入雨水模块储存，通过水泵提升可供浇灌绿地、喷洒道路等用途。基于智慧城市概念的要求，本作品配有智能系统，可以实现水资源充分共享，统一管理和控制的功能。

3）设计方案介绍

本作品由涡轮虹吸雨水算（口）、分散式雨水处理器、雨水管高差发电装置、雨水储存装置、智能灌溉喷洒装置组成。图4-2为作品模型展示，图4-3作品实物展示。

图4-2 作品模型展示

图4-3 作品实物展示

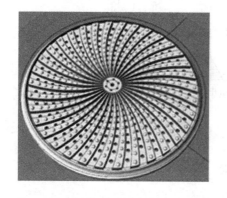

图4-4 新型涡轮雨水算（口）示意

（1）新型涡轮雨水算（口）

新型涡轮雨水算（口）框体为圆形或椭圆形；多根弧形算条在雨水算（口）框体内排成涡轮状，相邻两弧形算条间具有排水间隙，所有弧形算条的外端部分连接到框体上，每根弧形算条上开设有多个排水孔。排水桥跨设在所述排水间隙上一一对应。通过流体力学原理，结合地心磁场的概念使水流产生漩涡流加快流速，有效分离水流中不同的杂物，采用排水孔与算缝相结合设置保证排水流量、同时也能较好地解决道路积水与管道堵塞的问题。图4-4为新型涡轮雨水算（口）示意。

（2）虹吸装置

虹吸式路面雨水排水系统由新型涡轮雨水箅（口）、连接管、水平悬吊管、立管和出水管组成。图4-5为虹吸装置示意。

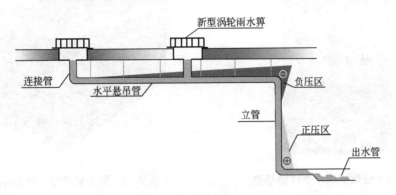

图4-5　虹吸装置示意

降雨初期，雨量一般较小，悬吊管内是一有自由液面的波浪流，以重力流为主的流态。随着降雨量的增加，管内逐渐呈现脉动流，拔拉流，进而出现满管气泡流和满管气水混合流，直至出现水的单向流状态。降雨末期，雨水量减少，雨水箅（口）淹没泄流的斗前水位降低到某一特定值，雨水箅（口）逐渐开始有空气掺入，排水系统又从虹吸流状态转变为重力流状态。利用虹吸式原理可大大提高泄水速率。

（3）水力高差发电装置

本作品在立管处安装微型水轮作为发电装置，利用雨水管内水力高差进行发电。所产生的电能不但可以用于装置自身智能系统的用电，也可以用于小区照明等设施的用电。图4-6为水力高差发电装置原理示意，图4-7为水力高差发电装置细部示意。

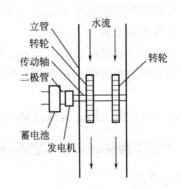

图4-6　水力高差发电装置原理示意　　　图4-7　水力高差发电装置细部示意

（4）分散式雨水处理器

分散式雨水处理器埋于地下，入水口为切向入流，雨水在通过处理器内部时自动进行沉淀、过滤、吸附、沉积的处理过程。图4-8为分散式雨水处理器模型。

（5）雨水模块

雨水模块是一种可充分利用地下空间储存雨水的新型产品，具有较强的承载能力，

95%的镂空空间可以实现更有效率的蓄水。图4-9为雨水储存模块外形示意。

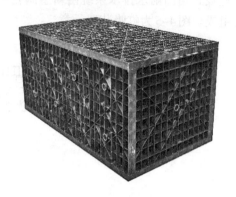

图4-8　分散式雨水处理器模型　　　　图4-9　雨水储存模块外形示意

（6）智能系统

基于智慧城市概念，将智能化系统运用于整个装置，通过监测水位、水质等参数，利用传感装置控制雨水的储存、利用与排放。此外将水位信息与洪涝报警系统相连，便于及时通知管理人员，及时采取必要的应急措施，以减少灾害的发生。

4）作品点评

本作品具有以下五个创新点。

（1）新型涡轮雨水箅（口）与虹吸装置相结合，由新型虹吸雨水箅（口）和虹吸泄洪装置组成，既可拦截垃圾，保证雨水箅（口）不被堵塞，又可产生正负压力提高泄洪效率；

（2）泄洪与发电相结合，在管道上安装微型水轮发电机，利用雨水管内水力高差发电，供电给装置智能系统及小区绿化照明；

（3）分散式雨水处理器埋于地下，入水口切向入流，采用上流式方式进行雨水处理，通过处理器内部自动进行沉淀、过滤、吸附、沉积的处理过程；

（4）雨水模块的利用，在于储存利用雨水，节约水资源，充分利用地下空间，节约土地资源；

（5）智能化系统运用，合理控制雨水的储存、利用与排放，减少灾害的发生。

4.1.2　一种基于海绵城市的节能防涝预警雨水系统

1）作品概述

本作品主要由雨水调蓄模块、液位预警系统、太阳能发电储能装置和防盗井盖报警装置组成。其中雨水调蓄模块与下游雨水检查井连通，雨水可滞留在调蓄模块中或溢流入下游井内，从而争取泄洪时间，起调节洪峰流量的作用，待降雨结束，可对储存的雨水加以利用。液位预警系统包含液位传感器、声光报警器、网络通道及供电设备，通过传感器感应水位，若超过安全刻度则触动传感器，将其转变成信号发送到声光报警器在路口警示，在一定范围内发送警告短信并传达给有关部门及时处理，对于预防雨水系统瘫痪和保障车辆行人的安全有重要作用；太阳能发电储能装置主要由太阳能板、控制器、逆变器及蓄电池组成,通过将光能转化为电能储存于蓄电池中,并实现电能的转换和稳定输出,可满足本装置的用电需求;在井盖开口处设置防盗井盖报警装置,可有效防止井盖被盗,减少道路安全隐患。图 4-10 为作品原理示意。

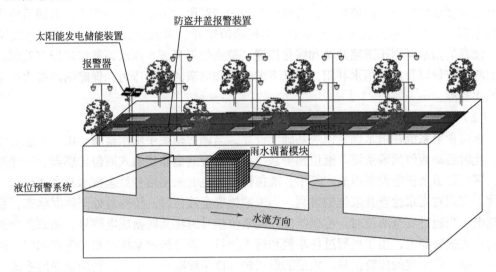

图 4-10　作品原理示意

2)设计背景及意义

近年来,由于全球气候变暖多地出现极端天气,例如沙尘暴、洪水、内涝等,这些情况对我国城市化发展构成了极大的威胁,对人民生活造成了极大困扰。截至 2016 年,我国有 200 多个城市出现了内涝情况,其中 57 个城市尤为严重。现阶段我国道路雨水系统存在维护管理不到位、调控能力延迟、井盖易盗及雨水利用率低等问题。有鉴于此,对现有雨水系统进行防涝和安全设计,治理好城市内涝灾害,对保障我国城市化发展建设和人民生命财产安全具有重要意义。

3)设计方案介绍

为了达到安全节能、高效利用的雨水处理效果,本作品综合比较目前各种处理方式,结合海绵城市建设要求,设计出具有调蓄、预警、储能和防盗功能的节能防涝雨水系统,图 4-11 为作品原理示意,图 4-12 为作品实物展示。

图 4-11　作品原理示意

图 4-12　作品实物展示

（1）雨水调蓄模块

本作品将雨水调蓄模块增设于易涝路段，起调节洪峰流量的作用。当井内雨水到达指定液位时，雨水通过入流口流入雨水调蓄模块，超过设计重现期的雨水可储存于模块中。同时在调蓄模块中设置出流管道，管道与下游未涝路段的雨水检查井相连，若调蓄模块中的雨水蓄满，则雨水溢流入下游井中，实现峰值错开，争取泄洪时间，保证雨水安全排放。储存的雨水可用于道路冲洗和绿化浇灌，节水效果显著。雨水调蓄模块能有效削减径流的峰值流量以及后期雨水利用，降低下游管道和河道的排水压力，保障防洪排水安全和节约水资源。

（2）液位预警系统

液位预警系统在雨水调蓄模块基础上设立，当调蓄模块中雨水蓄满，雨水上涨溢出路面，此时启动液位预警系统。液位预警系统主要由智能型非接触式液位传感器、声光报警器、网络通道及供电设备组成。其中，液位传感器主要采用信号处理技术及高速信号处理芯片，实现对雨水检查井液位的检测。当未超过安全液位时，传感器处于休眠状态，系统不耗电；当超过安全液位时，传感器接收到液位信号时将其转换成电信号，加载在交叉路口的声光报警器上，用于提醒过往车辆和行人绕行。液位预警系统与相关管理部门的网络终端连接，将生成的预警信号以短信的形式告知该路段附近的市民。利用物联网系统，通过APP将具体洪涝点告知有关人员，以便及时处理。液位预警系统的用电由太阳能发电储能装置提供，达到安全、节能、环保的目的。图4-13为液位预警系统工作原理示意，图4-14为液位预警流程。

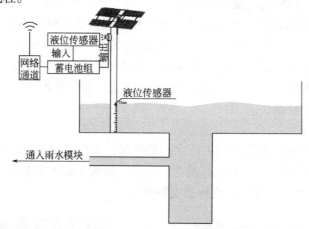

图 4-13 液位预警系统工作原理示意

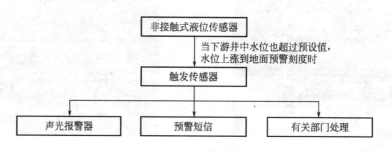

图 4-14 液位预警流程

（3）太阳能发电储能装置

太阳能发电储能装置由太阳能板、控制器、逆变器及蓄电池组成。太阳能电池板将太阳能转化成电能储存于蓄电池组。太阳能板所能吸收的太阳能与太阳能板的倾斜角密切相关，太阳能板可根据所处地的不同维度调整相应的角度以达到直射太阳板的要求，一般太阳能板的倾角越接近于纬度或大于纬度，直射辐射能越大，根据需求量在易涝点处配备一定功率的太阳能电池板。图4-15为太阳能发电装置原理示意。

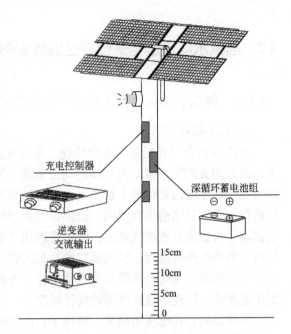

图 4-15　太阳能发电装置原理示意

（4）防盗井盖报警装置

防盗井盖报警装置由触发报警器和物联网监测设备组成，触发报警器安装在井盖下部，利用物理方法和电子技术，自动探测井盖周围的盗窃行为。当井盖处于正常位置时，报警器不被触动，井盖一旦倾斜或移开，触发报警器产生报警信号，提示有关部门人员发生报警的区域，便于及时采取对策。图4-16为防盗井盖报警装置工作原理示意。

图 4-16　防盗井盖报警装置工作原理示意

4）作品点评

本作品具有以下五个创新点。

（1）节能防涝预警雨水系统通过将雨水滞留于调蓄模块中，调节洪峰流量，争取泄洪时间，从而减轻市政管道排水压力。同时提供绿化用水量，节水效果明显；

（2）实时检测雨水检查井液位，一方面通过及时发送报警信号，保障市民生命安全。另一方面便于有关部门及时检修、预防雨水系统瘫痪；

（3）本作品利用太阳能发电，有效利用自然资源，可满足系统自身用电需求，减少外界电源，节能效果显著；

（4）井盖上设有报警器，能够有效预防井盖被盗，减少安全事故的发生；

（5）本作品充分利用物联网技术，减少人力，实现信息可视化和操作智能化。

4.2 黑臭水体治理相关创新性训练案例

4.2.1 一种基于黑臭水体治理的生物净化装置

1）作品概述

本作品结合曝气复氧、生物净化、水体循环、截污等多种技术对黑臭水体进行治理。本作品采用太阳能及蓄电池一体的动力系统。为实现曝气、推流、截污的功能，本作品的核心在于利用潜污泵吸取上层黑臭水，通过泵出口分流使水流在出口处按比例分截污与曝气两路。曝气管路前设有滤网，以保证大粒径污染物被截污管路拦截，滤网后设有文丘里射流器，可提高装置增氧能力。截污管利用水泵扬程将拦截的漂浮物收集至浮岛上的拦截箱内。利用红外线检测，控制曝气管和截污管出口射流使装置前进及转向。此外，本作品利用水生植物自身可吸收降解有机物的特点进行无污染、无添加的净化方式，并能构建小型生态系统，体现环境友好型的设计理念。

本作品的各功能相辅相成，相比于目前的治理方式，在同等时间内，本作品具有耗能少、效果好的优势。对于各类型受污染水体，可通过调整曝气量等参数达到预期处理效果。本作品在治理过程中对环境无二次污染，针对黑臭情况严重的水域可采用多点同时安装，通过分散式治理加快水体修复过程。对于我国黑臭水体严重的现状，广泛推广本作品具有重要的社会意义。图4-17为作品原理示意，图4-18为潜污泵安装示意。

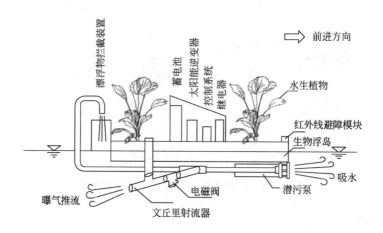

图 4-17 作品原理示意

2）设计背景及意义

近年来，我国城市水体黑臭问题日益突出，城市黑臭水体不仅影响人们日常生活，严重破坏了生态系统的平衡，也使河流失去资源功能和利用价值。2015年4月，国务院颁布《水污染防治行动计划》（国发〔2015〕17号）提出了"到2020年，地级及以上城市建成区黑臭水体均控制在10%以内，到2030年，城市建成区黑臭水体总体得到消除"的控制性目标。

水体发生黑臭现象是一个复杂的生物化学过程，由于城市污水直排河道，城市河道漂浮垃圾泛滥，造成河道有机污染负荷过大；另一方面，好氧微生物过度繁殖消耗大量的溶解氧，导致水中溶解氧量降低，厌氧微生物分解大量有机物，使水体发黑发臭。受污染严重的水体流动性降低，直接导致水体复氧能力衰退，加剧水层亏氧，使黑臭情况更为严重。表4-1为城市黑臭水体污染程度分级标准。

本作品采用物理和生物结合的方法对河道污染进行治理，对于生态平衡有积极的作用，达到了绿色环保的效果。

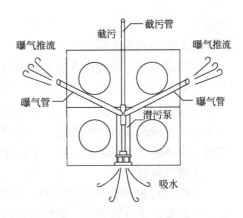

图4-18　潜污泵安装示意

城市黑臭水体污染程度分级标准　　　　　　　　　　　　　　　表4-1

特征标准（单位）	轻度黑臭	重度黑臭
透明度（cm）	10 ~ 25	< 10
溶解氧（mg/L）	0.2 ~ 2.0	< 0.2
氧化还原电位（mg/L）	−200 ~ 50	< −200
氨氮（mg/L）	8 ~ 15	> 15

3）设计方案介绍

本作品是水体曝气复氧、生物净化、截污、推流循环等综合型净化黑臭水体的生物装置。图4-19为作品三维效果展示，图4-20为作品实物展示。

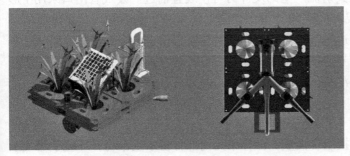

图4-19　作品三维效果展示

图4-20　作品实物展示

（1）动力系统

本作品的动力系统由太阳能无线供电装置及充电式蓄电池提供。太阳能无线供电由太阳能板、无线传能装置、逆变器组成。太阳能板置于河段岸边，利用无线传能装置将能量传输储存至浮岛上的蓄电池中，再利用太阳能逆变器实现电压的转换和稳定输出，用于装置的能源供给。此设计不仅避免装置在治理周期内因电量不足而降低治理效果，还可减轻装置重量，防止太阳能供电系统遇水损坏，提升装置的稳定性与安全性。

供电系统主要用于潜污泵及自动控制电路的运行。潜污泵将电能转换为动能及势能，用于曝气、推流、截污。自动控制电路利用红外线检测控制曝气角度以调节装置前进方向。

（2）切割式污水泵

本作品利用切割式污水泵实现曝气、截污和推流的功能。切割式潜水泵安装于浮岛下方。装置运行时，潜污泵吸取上层黑臭水，通过泵出口分流使水流在出口处按比例分截污与曝气两路。曝气管路前设有滤网，以保证大粒径污染物被截污管路拦截，滤网后设有文丘里管，可提高装置增氧能力。截污管利用水泵扬程将拦截的漂浮物收集至浮岛上的拦截箱内。水体经过潜水泵射流后，下层水体与上层水体交换，避免形成死水加速水体黑臭。

①曝气复氧

本作品通过切割式污水泵后，一部分流量用于曝气。射流曝气装置由滤网、文丘里管、扩散管、进气管组成。曝气管前设有滤网，避免大粒径污染物通过。滤网后设有文丘里管，在泵叶轮高速旋转下，高速流动的液体通过混气室，在混气室处形成真空，由导气管吸入大量空气。空气进入混气室后在喉管处与液体剧烈混合形成气液混合体，由扩散管排向水体。液体以高速从喷嘴喷出，夹杂大量气泡的水流在较大面积和深度的水域内涡旋搅拌，完成曝气。

②截污

水面上漂浮物随水流被切割式潜水泵抽吸后，经过泵内部的切割器，将大粒径的污染物切割分解。再利用潜水泵扬程，将污染物输送至位于浮岛上漂浮物拦截装置，污染物被收集拦截，过滤后的水则由滤网空隙排回水体。处理后的漂浮物既不会缠绕机身也不会堵塞管道造成水泵故障。

③自动前进与转向

转向控制装置由红外线避障传感器、继电器和电磁阀组成。黑臭水体经过潜水泵后从曝气管或截污管射流回水体，其射流产生的反冲力可使装置前进。曝气管出口采用Y形管，两边曝气方向与前进方向成45°夹角，每个管路上各安装一电磁阀。在无障碍前进时，两个电磁阀呈常开状态，两边曝气推流的合力使装置竖直前进。当前方有障碍物进入装置感应范围时，红外线输出信号值发生转变，驱动继电器触发长开电磁阀，停止一边曝气，使得一边曝气方向与拦截漂浮物出水的方向的合力与原有合力方向呈一定角度，往无障碍物一侧移动。

（3）生物净化

生物浮岛结构由浮体单元拼接组合而成，浮体单元内部种植水生植物，环绕于曝气系统外围。浮体单元规格为333mm×333mm×60mm，其中在单元中间有一个直径160mm的栽植孔，4条边上各有一个透气孔。浮岛结构采用不吸湿且具有极好的抗冲击性的HDPE材质，有利于整个装置的结构牢固性和持久性。浮体每平方米负载重量为12kg，浮体单元之间采用柔性连接，固定在曝气系统周围。整个装置的基本结构绿色环保、耐腐蚀，可反复多次使用。

运用无土栽培技术的原理，本作品利用植物生长过程中对N、P等植物必需元素的吸收利用，及其植物根系和浮岛基质等对水体中悬浮物的吸附作用，富集水体中的有害物质。植物根系还能释放出大量能降解有机物的分泌物，加速有机污染物的分解，使水质得到进一步改善。

4）作品点评

本作品具有以下四个创新点。

（1）功能多样化。本作品综合了曝气复氧、生物浮岛、促进水体循环和漂浮物拦截技术，各技术相辅相成，显著提高了对黑臭水体的净化效果；

（2）自动化控制。无需人工操作，自动对水体曝气及拦截收集漂浮物，利用曝气推流反冲力和水的冲力使装置自动前进，同时利用红外线避障系统自动探测前方障碍物并控制装置转向；

（3）适应性强。本作品可通过调整不同参数，适用于各类水体的治理。与传统生态浮床相比，曝气与拦截系统为水生植物生长环境提供保障，提高了装置对环境的适应性，延长了使用寿命；

（4）环保节能。本作品使用清洁能源，并且装置各个系统动力合一，节省泵的能耗；构造简单，器材损耗低，对环境无二次污染，属环境友好型装置。

4.2.2 一种基于水源段水域安全的桥梁排水系统的优化构建

1）作品概述

本作品可保护水源水域安全，并就地利用雨水资源。本作品由两部分组成：（1）雨水收集与利用装置。根据桥梁结构、跨度的不同情况，设计雨水收集与利用装置，包括虹吸雨水口、雨水管、水质监测装置、弃流安全池、雨水调蓄模块等。桥面设有虹吸雨水口，可增大系统排水能力，减少桥面积水导致的行车安全事故。雨水经弃流后收集至雨水调蓄模块，可用于灌溉、道路清洗、补充地下水等；（2）水源安全保护装置。当桥面发生槽罐车泄漏事故时，含有有害物质的液体流经本排水系统前端的检测装置，通过控制电路触发桥梁两端的报警系统与弃流系统的控制装置，达到及时检测、报警与抢修，避免事故污染水源。图4-21为作品工作原理示意。

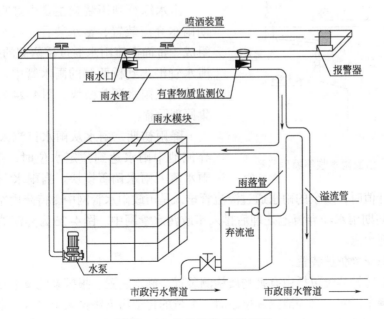

图4-21 作品工作原理示意

2）设计背景及意义

保障水安全是当前水资源保护与利用的重要目标。一方面对跨越江河水源段桥梁雨水收集、控制、处理与利用是国家规范的要求；另一方面随着工业发展的需要，越来越多的化学危险品通过压力槽罐车运输，化学危险品在运输过程中存在着泄漏、爆炸的风险，一旦有毒有害化学品进入水源段，不仅对水源段生态系统造成破坏，还会威胁饮用水水质安全。

3）设计方案介绍

本作品由雨水综合利用装置、水源安全防护装置两部分组成。图4-22为作品整体模型示意、图4-23为作品局部模型示意。

图 4-22　作品整体模型示意

图 4-23　作品局部模型示意

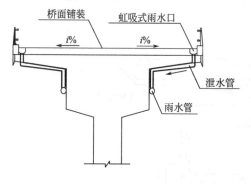

图 4-24　桥面雨水收集原理示意

（1）雨水综合利用装置

雨水综合利用装置主要由虹吸雨水口、初期雨水弃流装置、蓄水装置、雨水管、电磁阀组成。桥面汇流雨水通过桥两侧的虹吸雨水口、泄水管汇集到桥两侧的雨水管中，雨水通过雨落管流入雨水调蓄模块。图4-24为桥面雨水收集原理示意。

降雨初期，雨水从雨水口流入弃流池，当弃流池中雨水达到预定水位时，浮球阀关闭，雨水流入雨水调蓄模块。当雨水调蓄模块收集雨水达到设计值时，多余的雨水通过溢流管排入是市政雨水管网中；待降雨结束后，控制电路开启，初期雨水经弃流池处理后排入市政污水管网中。图4-25为弃流池与雨水调蓄模块工作原理示意。

（2）水源安全防护装置

水源安全防护装置包括由有害物质检测装置、洒水装置、报警系统及电磁阀组成。当桥面发生槽罐车泄露、汽油泄漏等事故时，大量的化学污染物排入雨水管道中，雨水口处的有害物质检测装置检测到化学污染物，通过控制电路触发放置在桥梁两端的报警系统，

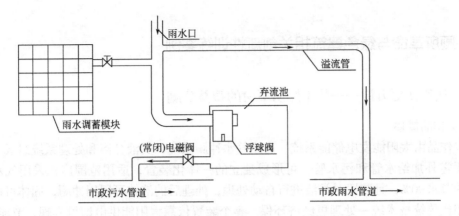

图 4-25　弃流池与雨水调蓄模块工作原理示意

使得发生泄露时，可以及时检测、报警及抢修。

当发生泄漏事故后，残留在桥面上的汽油等化学物品未及时清除，会对桥面产生腐蚀作用，同时也会污染大气。因此，本作品还设有洒水装置，将蓄水池里的水抽至泵管的顶端，顶端横向连接有分支水管，泵管与分支水管成 T 字形连接，分支水管与泵管的连接处内部安装有转轴，分支水管的表面设有喷水孔，喷水孔均匀地铺满在分支水管上，当检测到有害物质时，洒水装置喷洒路面进行清洗。泄露化学物质污染物和清洗桥面的污水暂时储存于弃流池内，等待救援人员到达现场后处理。图 4-26 为安全保护流程。

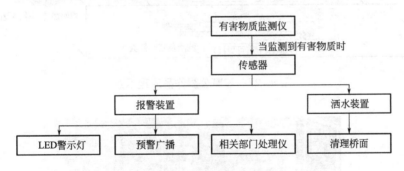

图 4-26　安全保护流程

4）作品点评

本作品具有以下四个创新点：

（1）设置弃流池和有害物质检测装置，保证水源水质；

（2）保证水源地水质及桥梁安全，避免初期雨水和化学物质泄漏导致的水质污染，并保证桥梁结构安全，属于环境友好型设计；

（3）引入电磁阀控制电路以及自动报警系统，实现系统智能化；

（4）储存雨水资源并加以利用，合理充分利用水资源。

4.3　厕所革命与绿色建筑相关创新性训练案例

4.3.1　让便便更方便——基于厕所革命的智慧公厕

1）作品概述

本作品由太阳能发电储能系统、高压气水冲厕系统、粪液分离和处理系统组成。整个装置无需外加给水管和污水管，可形成独立的一体化装置，适用范围广，采用气水冲厕可大约节水90%，且装置对粪液进行自动处理，处理后的液体可回用冲厕，固体可用于施肥，相比传统技术统一处理更经济环保。整个装置依靠太阳能供电即可实现，节能减排，符合厕所革命的理念，响应时代号召。图4-27为智慧公厕作品原理示意，图4-28为智慧公厕作品三维展示。

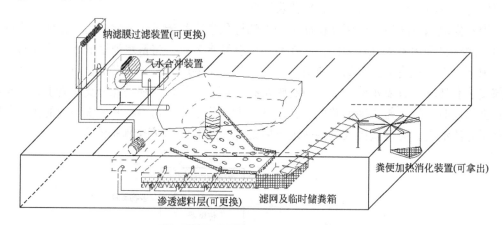

图 4-27　智慧公厕作品原理示意

图 4-28　智慧公厕作品三维展示

2）设计背景及意义

近年来我国水资源缺乏的现状愈发严重，城市缺水已成为限制城市发展的重要因素，对我国部分国民生活造成了极大困扰，对水资源的节约与保护已经刻不容缓。现阶段我国公厕普遍存在耗水量大、卫生安全较差的问题。公厕作为一种用水量较大的公共设施，日常的冲厕、洗手与清洗都会消耗较多的水，如何在满足用水量的前提下有效地减少公厕耗水量，成为节水道路上的一大难题。此外，厕所的卫生问题也尤为重要。厕所是衡量文明的重要标志，改善厕所卫生状况直接关系到人民健康和环境状况。厕所污水未得到有效处理，影响周边环境卫生条件。据联合国统计，每年约有150万人因厕所排泄物污染食物和水源而丧生。

"厕所革命"可提高人民群众的生活品质，减少因厕所卫生不达标造成疾病肆掠，危害人身安全。在我国快速城市化过程中，城市公厕的整治对保障我国人民生活环境与城市生态具有重要意义。

针对现有公厕存在的问题，本作品设计了节水、节电且能够自主净化粪水的智慧公厕。与现有公厕相比，具有节水、减排、再利用、可移动等优点，对城市生态、城市节水与卫生安全有着积极作用。

3）设计方案介绍

本作品由太阳能发电储能系统、高压气水冲厕系统、粪液分离和处理系统组成。图4-29为装置实物展示，图4-30为装置应用场景展示，图4-31为装置局部三维模拟展示。

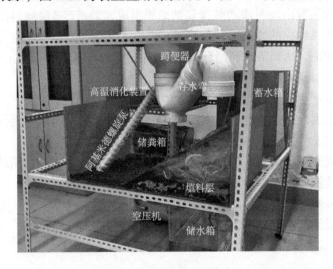

图 4-29　装置实物展示

图 4-30　装置应用场景展示

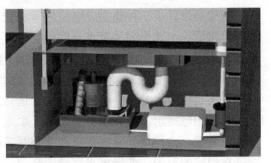

图 4-31　装置局部三维模拟展示

（1）太阳能发电储能系统

太阳能发电储能系统通过太阳能电池方阵将太阳能转化为电能，通过控制器保护系统电路，收集的电能可储存于蓄电池中，也可直接供直流负载使用或通过逆变器供交流负载使用。太阳能发电主要用于提供装置自身的用电量。

（2）高压气水冲厕系统

高压气水冲厕系统由空压机、储水箱、气水混合喷嘴、不锈钢蹲便器组成。使用时，利用空压机压缩空气，增加气压，利用气水混合喷嘴将气和水按3∶1的比例混合，使液体内部产生大量微小气泡，水气混合物迅速覆盖蹲便器内侧，并进行冲洗。经试验，利用气水混合冲厕相比现有水冲厕所可节水90%。

（3）粪液分离和处理系统

粪液分离和处理系统由粪液分离槽、阿基米德螺旋运粪装置、高温压缩粪便装置、粪液过滤装置组成。粪液混合物通过粪液分离槽进行分离和沉降，固体粪便通过粪液分离槽底部的阿基米德螺旋泵将固体粪便运至粪便高温消化装置，装置内设有加热板，对固体粪便进行8d的高温消化，可达到无害化和减量化的目的，处理后的粪便排入收集槽并可用于施肥。粪液处理装置由滤料渗透装置和纳滤膜组成，粪液经3层滤料渗透过滤后，由泵加压后流入由纳滤膜组成的滤筒进行反渗透，其出水和空压机压入的空气进入气水混合喷嘴对蹲便器进行冲洗，达到节水和循环利用的目的。

4）作品点评

本作品具有以下四个创新点：

（1）采用气水混合进行冲厕，可省水90%；采用太阳能发电系统提供动力，本作品符合节能减排的要求；

（2）通过对粪液进行处理，保证水质达到冲厕标准，可对水进行循环利用，且安装不受限制，对于市政管网不完善的地区也可使用；

（3）通过阿基米德螺旋泵和高温消化装置可压缩粪便，减小体积，便于储存；

（4）采用高温厌氧消化粪便，可有效去除有机物、病菌及微生物，达到无害化、减量化，可用于施肥，达到资源利用。

4.3.2 一种微型发电稳压节水龙头设计

1）作品概述

本作品设计了一种微型发电稳压节水龙头，由微型水流发电装置、稳压装置和水龙头三部分组成。水龙头满足节水及使用舒适度要求，安装使用方便。在满足节水要求的同时充分利用多余的水压进行发电，达到节水节能的目的。其微型水流发电装置部分设在进水处的管段上，在普通水龙头额定流量下可产生感应电流，产生的电能通过蓄电池进行储存，可满足感应水龙头、IC卡水龙头、远传水表、提示用水量、照明以及各类型传感器等扩展功能用电需求。为实现节水功能，水龙头在微型水流发电装置与水龙头的阀芯之间设有稳压装置，由弹簧、减压孔板和橡胶阀芯组成，可自动适应不同供水压力，使出水压力维持在稳定的范围，维持出水流量的合理稳定，可有效减少由于供水压力超压引起的水量浪费，是节约用水行之有效的手段。

2）设计背景及意义

当今水资源问题已经成为全世界共同关注的问题，水资源短缺成为制约经济发展的重要因素，对于与我们日常生活息息相关的建筑生活给水系统来说，如何进行节水节能优化，是一个不可回避的课题。为达到节水的目的，必须对建筑大部分楼层实施减压供水的措施。但减压措施却又是浪费能量的一种措施，因此，为充分利用这部分被减压措施浪费掉的能源，又能达到节水的目的。

3）设计方案介绍

图4-32为作品实物展示，图4-33为作品应用场景展示。

图 4-32 作品实物展示

图 4-33 作品应用场景展示

（1）微型水流发电装置

微型水流发电装置有进水端与出水端，这两个端口可以通过其上的螺丝形成90°与180°，满足不同安装的需求。在进水端与出水端之间有水轮，水轮设置于内腔中，水轮的转轴与进水口垂直，水轮由水轮面板和垂直于端面板上的叶片构成，水轮与发电机的转子连接在一起，只要水流冲击水轮，就会带动水轮转动，而水轮的转动又会带动发电机的转子转动，转子转动就会切割磁感线，从而产生感应电流，实现发电，发出来的电通过蓄电池进行储蓄，这部分电流可以供给感应水龙头，省去了外接电源，蓄电池的电能又可以给一些微型电器充电。图4-34为微型水流发电装置外形与内部示意。

设计时考虑的主要问题：（1）水压水量是否满足发电要求。如果水压太小就不足以带动水轮的转动，达不到理想效果；（2）用户使用是否舒适。水压过大则浪费水量，水压过小则龙头的出流量满足不了用户用水需求；（3）如何保证水和电的分离。如果水流通过微型发电装置水和电没有进行分离，就会导致漏电，出现烧坏电路板等问题。图4-35为实验测得水流流量与输出电压的关系，图4-36为实验测得水流流量与水压的关系。

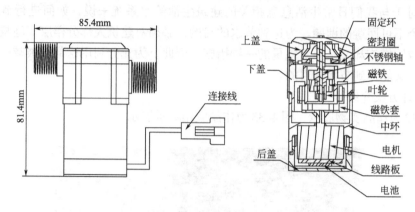

图4-34　微型水流发电装置外形与内部示意

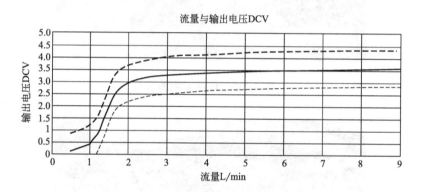

图4-35　流量与输出电压的关系

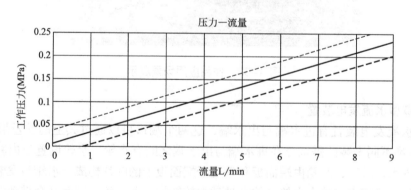

图4-36　流量与压力的关系

通过实验数据可以得出，在一个龙头流量为额定流量0.15L/s（9L/min）时，发电装置的输出电压是3.6V，对应的工作压力为0.2MPa左右，此时的电流约为400mA。为适应不同供水压力，将发电装置与稳压装置配合使用，可通过调节稳压装置上限位片的松紧程度适应不同供水压力的变化，使龙头出水水量维持在合理的范围，避免供水压力过高，引起的水量的浪费。

（2）稳压装置

稳压装置采用压力弹簧，固定在管道内的进水阀上。整个装置内分为进水腔、出水腔，在出水腔里放置逆止阀芯、用调节限位片限定，水流流过时，通过水流的压力与压力弹簧相互作用进行稳压节流。经过此稳压阀调节后的水流压力可稳定在水龙头的额定压力，并且根据不同用户的需求可以对稳压值进行设置。图4-37为稳压装置的工作原理示意。

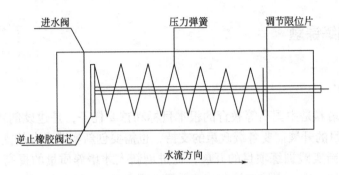

图 4-37　稳压装置工作原理示意

4）作品点评

本作品具有以下三个创新点：

（1）通过安装微型水流发电装置可以省去感应水龙头的外接电源，还可以给其他微型电器使用；

（2）提供的电能还可供应IC卡水龙头、远传水表、漏水报警装置、水封定时补偿装置、传感器等扩展功能使用；

（3）稳压装置使出水的压力稳定在其额定值，提高了使用舒适度，节约了水量，降低了超压水流对水龙头阀芯的冲刷，提高了水龙头的使用寿命。

第5章 创新性训练成果类型

5.1 创新性训练课题

5.1.1 课题类型

创新人才的培养是中国高等教育的根本目标和首要任务，是建设创新型国家的基础。创新实践训练项目的开展需要各级政策的支持，也需要创新实践平台的支撑。创新实践平台能有效促进创新实践训练项目的开展，促进创新人才培养质量的提高，激发学生的积极性、主动性和创造性，在培养学生兴趣和能力的同时，不断提高学生的自我学习能力、科研能力、实践能力以及团队协作能力。针对水社会循环领域，要培养本科生的创新能力，更需要为学生构建好的创新实践平台，在传授学生理论知识的同时，为学生提供实践机会。

教育部在《关于做好"本科教学工程"国家级大学生创新创业训练计划实施工作的通知》（教高函〔2012〕5号）中明确了对开展科研创新实践计划的目标："通过实施大学生创新创业训练计划，促进高等学校转变教育思想观念，改革人才培养模式，强化创新创业能力训练，增强高等学校的创新能力和在创新基础上的创业能力，培养适应创新型国家建设需要的高水平创新人才。"在人才的培养中，本科生教育通常被视为一个国家教育的最重要的环节，因为其与科学研究存在高度的关联性，高等学校教育也成为培养高素质、创新型人才的重要基地。大学生参与科研项目可以激发学生的科研兴趣，拓宽知识面，获得更新的知识，强化理论和实践的结合，提高大学生的综合素质。大学生创新课题常以团队的形式进行，因此可以培养协作精神，锻炼社交能力，端正科学态度，构建创新型国家，响应"中国智造"理念。因此，大学生的科研项目不仅是优秀本科生教育的本质特征和活力所在，同时也是提升学生科研兴趣和能力的必修课。在普遍推广素质教育的大环境下，高等学校人才的培养应该围绕着培养创新能力这一核心进行。因此，作为水社会循环领域学生，更应该注重各类课题的创新性训练。

各类课题项目申请的目的：一是提高学生创新能力的手段，课题项目围绕水社会循环领域创新性设计；二是可以为学生科研活动提供经费支持。目前主要课题项目的来源有三类：第一类是通过申请获得的项目，包括国家级和省级大学生创新创业训练计划项目、大型企业设置的专项创新基金项目、高等学校设置的本科生科研训练计划项目、学院的创新性实验研究计划项目等；第二类是企业委托的科研小项目；第三类是为参与竞赛设立的课题项目，经费来源于导师的科研项目经费。图5-1为各类创新性课题项目组成。

在实施过程中，将各类竞赛、学生科研项目和导师科研项目的子项目进行结合，让本科生参与导师课题，真题真做，有利于水社会循环领域学生了解学科前沿，以及初步掌握

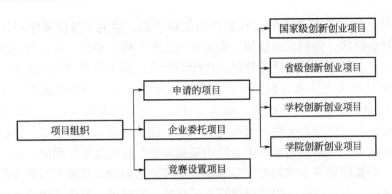

图 5-1　各类创新性课题项目组成

科学研究与探索的一般规律和方法，强化理论基础知识，养成良好的科学精神和意志品质。导师可以根据自己指导研究生课题的子项目作为本科生创新实践项目的课题，让本科生按兴趣自主选择课题，申请相关创新训练计划项目，如国家级大学生创新创业训练计划项目、省级大学生创新创业训练计划项目、学校本科生科研训练计划（SRTP）项目，以及学院创新性实验研究计划（IRP）项目等。同时鼓励本科生积极参与各级各类创新训练竞赛，如国家、省或学校"互联网+"大学生创新创业大赛、"挑战杯"、节能减排社会实践与科技竞赛、大学生水利创新设计大赛、大学生新能源科技创新大赛、结构大赛、桥梁图文比赛等等，引导学生重在参与、重在实践、重在锻炼。

学校大学生科研训练计划（SRTP）项目的研究课题主要以学院创新性实验研究计划（IRP）项目的前期工作为基础进行申请。学院创新性实验研究计划（IRP）项目的研究方向是以申请国家级和省级大学生创新创业训练计划课题的子项目来确定的。每个项目组各自构成一个相对独立、完善的系统。申请成功后经费共用，由研究生负责管理，统筹安排，保障各创新实践项目的顺利完成，同时又相互交叉、相互渗透，团队与团队之间也相互协作，构成稳定的、可持续发展的平台。

5.1.2　课题实施

水社会循环领域学生受专业单一性与局限性的影响，在创新实践过程中常常遇到与其他专业技术领域交叉的问题，这成为创新实践项目顺利推进的技术瓶颈。为此，水社会循环领域学生应懂得跨领域、跨专业协作，懂得和其他专业，如建筑、土木、电气、机械、材料、化学和计算机专业的学生进行协作，促进学科和专业间的交流，形成优势互补。不同学科和专业背景的学生互相讨论、思路互相撞击才能迸发出创新的火花，能使大学生创新实践训练突破传统学科与专业的限制。如第六届全国大学生节能减排社会实践与科技竞赛项目"微型发电稳压节水龙头"和第七届全国大学生节能减排社会实践与科技竞赛项目"智能长寿命家用净水器"等，正是有了不同年级学生，不同专业学生的参与，特别是电气工程、机械工程和计算机专业学生的参与，才较好地解决了交叉学科的相关问题。因此，跨专业、跨领域协作，相互探讨，可以产生项目的灵感，可以成为项目的原动力之一。

校企合作同样也是项目源头之一，创新实践直接影响到创新人才培养的质量，是水社会循环领域学生培养的重要环节。这就要求学生要依据自身专业资源有选择地与各类企业进行合作，可以培养学生的工程素养和创新意识。学生不仅仅要学习学校的理论知识，还要跟社会接轨，做到学以致用。企业作为生产一线的单位，对社会需求的敏感性比较强，作为水社会循环领域学生应该做到产学研结合，真正做到将自身专业知识与社会需求结合。创新性训练应注意分别与科研、设计、施工、生产等企业建立产学研基地。企业为学生提供项目来源、项目经费、场所、材料、设备以及技术人员，许多参与竞赛创新成果的作品，如"微型发电稳压节水龙头"、"智能长寿命家用净水器"、"船载式太阳能自动曝气净水装置"、"微动力家庭中水回用便携装置"等的加工、测试、整合等都需要企业提供指导，需要借助企业的加工设备和测试手段。让经验丰富的工程师或者技术骨干作为企业指导老师，有机会让学生可以近距离了解社会的需求，避免了闭门造车的窘境。同时，创新实践的成果或者专利也可以为企业所用，如实用新型专利"主动补水排水系统（ZL201320502742.5）"就为企业所采用，实现了校企合作共赢。

为了保证学生高效地参与课题，增强自身创新意识，提高专业素养，主要采用了以下几方面的措施。

1）双向选择，构建"年级梯队"科研团队

以大二、大三本科生为主体，自愿报名参加为前提，由导师提供科研方向或者近期正在研究的项目，让本科生依据自己现有的知识构架、兴趣爱好以及导师的要求，采用"双向选择"的原则，从学习成绩、专业兴趣、个人综合素质等方面进行择优选拔。一个科研创新实践项目选取3～5个对科研创新实践有浓厚兴趣、学有余力的本科生进入项目小组。构建本科生科研创新实践平台是一项长期的工作，以"年级梯队"为模式加强本科生科研创新实践团队的建设，高年级的本科生可以作为项目负责人，同时让低年级的本科生参与到项目中，以利于本科生科研创新实践团队的有序交替和项目可持续研究。

2）合理指导，实施"导师—研究生—本科生"制度

构建"导师—研究生—本科生"模式的科研创新实践制度，在科研创新实践中以提高本科生科研创新能力为目的，配置专业教师为科研实践项目小组的导师，导师、研究生在科研能力、创新思路、实践动手上对本科生进行指导。本科生科研创新实践项目与研究生课题方向相互挂钩，研究生也参与本科生科研创新实践项目的设计，研究生在参与本科生科研创新实践项目指导中，一方面可以促进研究生自身的科研能力，另一方面可以更有效地加强对本科生科研创新实践的指导，帮助本科生更好地解决科研创新实践中遇到的问题与困难。

3）科学安排，培养本科生独立研究能力

科研创新实践前期着重指导本科生文献的收集，制定切实可行的研究方案、技术路线、安排合理的工作进度，以及如何分布推进实施、撰写报告、项目验收等，待本科生熟悉科研流程、科研方式以及科研规律后，让本科生自主地从事科研创新实践训练，培养本科生独立开展研究的能力。遇到重要或关键技术性实验，师生需共同参与，在实际指导中应杜绝出现导师、研究生只在开始时给予指导，而后就撒手不管的现象，本科生倘若在科研创新实践中遇到的问题得不到有效指导和帮助，就容易丧失信心，可能会使项目进度一拖再拖，最终导致科研创新实践项目半途而废。

4）引入考核评比机制，保证项目的良性循环

本科生科研创新实践的管理工作分为立项审核、过程监督、中期检查和结题验收四个

过程。在申请的相关科研项目时需同时设定本科生科研创新实践各个阶段的成果目标（以专题报告、论文、专利、实物为主），分阶段推进实施方案。本科生科研创新实践活动引入激励机制，实行滚动支持模式。在科研创新实践活动中定期提交阶段性成果，项目小组由研究生为主负责进行内部考核工作，分阶段对本科生科研创新实践进度进行督促检查。在项目结题前，导师对科研创新实践项目进行全面考核评估，通过考核方可进行下阶段的科研创新实践项目，考核是为了促进科研创新实践的有序进行，提高本科生参与科研创新实践活动的积极性。

当科研创新实践活动获得一定成果时，鼓励本科生发表专业论文，其作用有：一是本科生对科研创新实践成果进行总结；二是可以帮助本科生设定科研创新实践目标，提高本科生的书面表达能力，同时也起着督促检查本科生参与科研创新实践活动效果的作用；三是论文发表可以作为本科生本人科研创新实践的成果，促进本科生参与科研创新实践活动的热情，也是各级科研创新实践活动评审的硬件基础。本科生通过科研创新实践活动评审后，以取得的科研创新实践成果为基础，鼓励和支持部分本科生申报更高层次的大学生科研创新实践项目，保证科研创新实践项目良性滚动循环。

5.1.3　项目结题

项目结题的评价指标主要包括：学生的收获、项目的成果、项目管理单位的评价。学生通过参与课题培养自身的专业素养及创新实践能力，致力于达到以下 3 点目标。

1）培养学生"四会"精神

着力培养学生"四会"能力，即"会说、会写、会学、会做"能力。"会说"指的是语言表达能力；"会写"指的是书面表达能力，或者说论文写作能力；"会学"指的是自学能力；"会做"指的是完成任务的能力。基于"以学生为中心，教学与实践相结合"的理念，学生在导师的指导下，根据给定的课题，自己填写申请书，制作PPT，参与申请答辩，锻炼了本科生"会写"、"会说"的能力。申请成功后，待学生熟悉科研流程、科研方式以及科研规律后，引导学生根据给定的实验目的和实验条件，自己查阅文献设计实验方案、确定实验方法、选择实验器材、拟定实验操作程序，最后自己动手实验，对实验结果进行分析处理并发表文章，以激发学生的科研意识和科研热情，提高学生"会学"、"会做"、"会写"的能力。通过动手实践，让学生明白"主动比被动好，做比不做好，多做比少做好"的道理，主动积极提前完成任务，为下一步工作做好准备，这样往往能获得更多、更好地机会。

2）培养学生团队协作意识

在竞争日益激烈的环境中培养学生的团队协作意识，是全面提高学生综合素质的必然要求。在本科生创新实践平台中，强调团队的集体智慧。每个项目都由高年级学生作为项目负责人，项目负责人应把握实验的整体方案、实验进度以及做好组员的分工安排。当某个项目人手不够或者实验遇到困难的时候，平台里其他成员便一起想办法，共同参与完成实验。课题之间相辅相成，组员与组员之间，项目组与项目组之间既相互分工又相互协作，这样的创新实践平台必将产生一股强大而且持久的力量。

3）培养学生创新能力

古人云：授人以鱼，不如授人以渔。大学生走向社会，参与市场竞争，必须具备各种各样的能力，以适应市场经济的发展。实践动手能力和创新能力的培养是现今教育中的一个重点，本科生创新实践平台为大学生施展个人特长、接受新知识和发挥创新能力提供了一个个性发展的舞台。

在培养学生创新实践的过程中，时刻给学生提供一个自主、愉悦、和谐的实践环境，学生课题申请成功后，在查阅文献资料的基础上，自主设计实验方案并动手实践，在互相讨论交流或者实际动手操作过程中往往会有新的发现或新的思路。此外，创新实践平台应多设置一些能促进学生多向思维、个性思考的开放型问题，鼓励学生大胆实践，尽情发挥自己的聪明才智。让学生能从不同视角思考问题，多方位、多层次地寻找解决问题的方法，从而在巩固已有知识的基础上培养扩散性思维，构思新的创意。在创新思维引导下参与实践，在实践中进行创新，将创新与实践和谐统一起来，从而达到锻炼和培养创新能力、实践能力的目的。

5.2 专利

5.2.1 专利类型

创新型人才的培养对于国家发展有着举足轻重的作用，是实现经济转型发展和推动社会建设发展的核心力量。"创新是一个民族进步的灵魂，是一个国家兴旺发达的不竭动力。"时代呼唤创新型人才，而创新型人才的关键在于创新教育。创新教育是指以培养学生的创新意识、创新精神和创新能力，促进学生全面发展为主要特点的素质教育。

学生在创新创业实践过程中若有符合专利申请的成果，可以将该成果以专利的形式进行保护。一方面可以训练学生撰写专利的能力，另一方面让学生具备成果保护意识。在此简要介绍常见专利类型及注意事项。

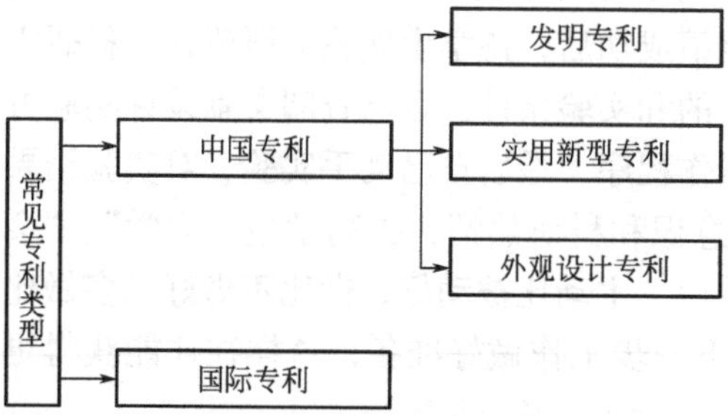

常见专利类型有中国专利和国际专利，图5-2为常见专利类型。

中国专利有三种类型，即发明专利、实用新型专利和外观设计专利。发明专利、实用新型和外观设计专利都有一个保护范围。依专利法实施细则第二条规定，发明是指对产品、方法或其改进所提出的新的技术方案；实用新型是指对产品的形状、构造或其结合所提出的适于实用的新的技术方案；外观设计是指对产品的形状、图案、色彩或其结合所做出的富有美感并适于工业上应用的新设计。专利权的法律保护具有时间性，中国的发明专利权期限为20年，实用新型专利权和外观设计专利权期限为10年，均自申请日起计算。

图5-2 常见专利类型

发明专利是利用了自然规律而取得的发明创造，而不仅仅是揭露自然界中原来存在但人们尚未认识的东西，它既可以是产品，也可以是方法。

实用新型专利必须是产品。中国专利局27号公告规定下述范围的发明创造不授予实用新型专利权：1）各种方法、产品的用途；2）无确定形状的产品，如气态、液态、粉末状、颗粒状的物质或材料；3）单纯材料替换的产品以及用不同工艺生产的同样形状、构造的产品；不可移动的建筑物；4）仅以平面图案设计为特征的产品，如棋牌等；由两台或两台以上的设备组成的系统，如电话网络系统、上下水系统、采暖系统，楼房通风空调系统、数据处理系统、轧钢机、连铸机等；5）单纯的线路，如纯电路、电路方框图、气动线路图、液压线路图、逻辑方框图、工作流程图、平面配置图以及实质上仅具有电功能的基本电子电路产品（如放大器、触发器）；6）直接作用于人体的电、磁、光、声、放射或其结合的医疗器具。实用新型专利保护的是具有固定形状或结构的产品。

外观设计专利保护的载体必须是产品。下列产品不能作为外观设计的载体：1）建筑物、桥梁等不能在工厂组装的固定物；2）气态液态、粉末状、颗粒状等没有固定形状的物质；3）产品不能单独出售或使用的部分；4）不能用视觉或肉眼判断的物品，如集成电路等。除上述四项内容外的产品的外形、色彩和图案等都可申请外观设计专利，它可以是平面设计，也可以是产品的立体造型，它不涉及内部结构的任何细节，例如一种花瓶式室内电视天线，外观设计保护的只是这种天线的外形设计而不是它的结构特征。

国际专利是指申请人就一项发明创造在《专利合作条约》（Patent Cooperation Treaty，简称PCT）缔约国获得专利保护时，按照规定的程序向某一缔约国的专利主管部门提出的专利申请。国际专利准确名称应为"专利的国际申请"，就是《专利合作条约》缔约国的国民想要对某一技术向《专利合作条约》缔约国中的一个或多个国家申请获得专利保护时，可以按照《专利合作条约》所规定的程序，向《专利合作条约》所指定的受理单位或国际局，递交指定语种的申请文件，这一个递交程序就视为已经在所有的《专利合作条约》缔约国递交了专利申请。也就是说，申请人提交一项国际申请，在《专利合作条约》缔约国均有效。《专利合作条约》的宗旨是通过简化国际专利申请的手续、程序，强化对发明的法律保护，促进国际的科技进步和经济发展。

国际专利分类系统按照技术主题设立类目，把整个技术领域分为部、大类、小类、大组、小组五个不同等级。如部分为A（人类生活必需）、B（作业、运输）、C（化学、冶金）、D（纺织、造纸）、E（固定建筑物）、F（机械工程、照明、加热、武器、爆破）、G（物理）、H（电学）八部。

5.2.2 专利申请

专利法保护的发明，包括所有由人创造出来的产品和所有利用自然规律的方法，也可以是现有产品和方法的改进。绝大多数发明都是对现有技术的改进，例如对产品或方法中某些技术特征进行新的组合或新的选择等，只要这种组合和选择产生新的技术效果，就可以获得专利法保护。

科学研究主要包括基础理论研究、应用基础研究、应用技术研究等几个层面。基础理论研究主要从事理论方面的探索和研究，其科研成果可采取公开发表论文的方式，将自己的创新思想以及科学前沿的发现等公布于众，由此获得其在该领域内的公认和引用。而对应用基础研究和应用技术研究方面的成果，均可通过申请专利对其进行知识产权保护。

在应用基础研究过程中，很多发明创造的技术方案都是在基础理论的指导下，利用新理论、新方法，解决现有技术中存在的技术问题，或者直接运用基础理论研究成果获得原创性的发明创造，特别是在新技术领域，容易产生原创性的发明创造成果。在这个阶段，发明创造可能只是一个比较成熟的构思，在理论上能够实现的技术方案，其技术方案多以对现有技术中存在的产品、方法在性能、功效等方面存在的缺陷进行改进、提升的方法为主，可以对产品性能优化方法、改进过程等申请专利，这个阶段提交的专利申请以方法专利为主。

在应用技术研究中，主要是将基础理论、应用基础理论方面的研究成果应用于生产实践中，解决现有技术中产品以及生产制造过程、生产工艺等方面存在的技术缺陷。在知识产权阶段，发明创造技术方案的构思成熟、针对性强，已经有能够对产品实施的功能结构的完整方案，有的甚至已经进入样机的设计或试制阶段，处于产业化的前期。此时，提出的专利申请可以是对产品构造、产品性能进行改进，或采用新方法直接得到新产品的产品专利，也可以是对生产产品的新技术、新工艺、控制处理流程的方法改进，这个阶段可以申请产品和方法专利。

在产品产业化阶段，产品样机、生产工艺、生产流程已基本形成，为了提高产品的性能，改进产品质量、降低能耗等对产品结构、制造方法、生产工艺等进行的技术改进，可以申请产品或方法发明专利。如果只是针对产品的形状、构造所做出的改进、技术革新等，为了尽早获得专利授权，在产品进入市场后能尽快获得专利保护，此时最好申请实用新型专利，以缩短授权周期。对于一些市场前景好，有持久生命力的产品，为了使其获得更长时间的专利权保护，可以对其同时申请发明和实用新型专利，先获得实用新型专利权，等获得发明专利权后再放弃实用新型专利权。

针对产品外观形状、图案及色彩的新设计方案，适宜申请外观设计专利。专利权实质上是一种工业产权，必须能够在产业上应用。因此，申请专利的客体必须是一种技术方案，而不能是抽象的概念或者理论表述。对于科学发现、科学原理、数学公式推导、信息表述等属于智力活动的规则，均不能获得专利保护。

5.2.3 专利保护

对于新的研究开发成果，不要轻易泄露，应当首先决定采取何种方式予以保护。最常用的保护方式有两种，即专利保护和作为技术保密形式保护。由于专利保护虽有法律效力，但却受地域性、时间性和公开性的限制，并非所有的科研成果都要申请专利。而对于某些不易泄露且市场需求比较持久的关键技术，例如，可口可乐的配方以及某些中药的家传秘方等，则以技术秘密的形式保护为宜。

一般而言，下列情况有必要申请专利。

1）从竞争战略角度考虑应申请专利的情形：技术比较复杂、竞争对手难以绕过去的比较重要的技术创新成果，如企业核心技术，基本发明；通过申请专利可有效地控制竞争对手的技术创新成果；通过专利申请和确权能有效地防止竞争对手控制自己，如为了防止竞争对手对自己研究开发的技术成果申请专利。在很多情况下，专利申请是为了达到一定的商业目的，使对手无法进入某产品或业务的市场。

2）从技术开发难度的角度考虑应申请专利的情形：竞争对手容易通过反向工程获得该发明创造技术要点的；属于那些市场潜力较大但创造性较低的发明创造技术成果，这类技术成果容易由他人开发出来，应及时申请专利，否则可能错失商机。

3）从市场角度考虑应申请专利的情形：由于专利权的获得与维持需要承担一系列的

费用，如申请费、审查费、专利年费等。如一项申请获得专利权后无太大市场价值，经济上不合算，可不申请或申请后不确权。对那些市场前景好、经济价值大的创新技术成果应重点申请，在申请之前应对该技术实施的市场前景、国内外市场动态等做较全面的分析。在考虑发明的技术水平和先进性的同时应充分认识市场因素在决定是否申请专利时的重要性。因为企业组织技术开发和发明创造的目的就是为企业取得经济效益，为占领市场作贡献。

另外，在有些情况下，需要为未来的市场作必要的技术储备，在目前市场不明朗的情况下也要申请专利，而不是尽快开发专利产品投入市场。是否考虑要去国外申请专利，要根据市场情况决定。在考虑申请时机，可在国内先申请，然后要求优先权，可以有一年的调查研究时间。还可以按照《专利合作条约》提出国际申请。这样，可在30个月内选择决定进入哪些国家，使之有更充裕的时间准备。在需要申请专利时，应当选用合适的形式。当然，有些技术也可以同时申请发明专利和实用新型。利用实用新型审批快和发明专利保护期长的不同优势平行互补，争取在产品上市前先得到实用新型的保护，待发明专利授权时再放弃实用新型，以获取相对长期稳定的法律保护。

教授学生撰写专利的能力，可以增加学生参加创新创业实践的积极性，在指导学生参与创新创业实践过程中，鼓励学生将自身的创新成果用专利的形式进行保护与体现。学生在该培养模式下更有获得感，同时也能激发周围学生参与创新创业实践，形成良好的氛围。

5.3　创新性训练论文

5.3.1　论文类型

论文是进行各个学术领域的研究和描述学术研究成果的文章。它既是探讨问题进行学术研究的一种手段，又是描述学术研究成果进行学术交流的一种工具。这种文章，可以是科研工作获得了新的发现或发明，以陈述新的见解或主张，可以是否定某一学科领域中的某种旧观点，或者是对某种旧理论、旧观点有新的补充和发展，也可以是在某一学科领域，把一些分散的资料加以系统化，运用新的观点或方法加以论证，得出新的结论等。科学研究贵在创新，只有不断创新，才能推动科学文化蓬勃向前发展，因而说创新是科学研究生命力之所在。

科学研究是一种相当复杂的思维活动，从选择研究题目开始，经过调查研究、查阅文献资料、设计研究方案、试验观察、记录整理，到分析、归纳、提炼、撰写研究总结报告等一系列复杂的过程，然后才能进行技术鉴定、申报研究成果。纵观科学研究的全过程，可以清楚地看出，科学论文的写作是科研工作一个重要的组成部分，它既是研究成果的文字总结，又是进行科技交流、发挥科学作用、产生经济效益和社会效果的手段。在自然科学内部，按其内容和层次可分为基础理论科学、应用技术科学和发展科学。它们虽有不同的研究对象、范围和作用，但三者又有其内在的密切联系。相对应的自然科学科研课题及科学论文也分为三种基本类型：基础理论研究、应用技术研究、开发研究。

基础理论科学是以自然现象和物质运动形式为研究对象，探索自然界发展规律的科学，包括数学、物理学、化学、生物学、天文学、地球科学、逻辑学七门基础学科及其分支学科、边缘学科。基础理论科学是整个自然科学的理论基础，它的主要任务是在科学的新领域探索自然界运动、变化、发展的规律，但不考虑任何特定的实用目的。研究成果形式是新发现或者新理论的建立，它常常对广泛的科学领域产生影响。基础理论研究，旨在增加科学技术知识，加深人类对自然界的认识，它是应用技术科学和发展科学前进动力和源泉。

应用技术科学是直接应用于物质生产中的技术、工艺性质的科学，是基础理科学通向发展科学的桥梁，它涉及特定领域的问题。其研究有特定的实际目标，研究成果对科学领域的影响是有限的。应用技术研究的职能是将基础理论科学中高度抽象的规律、原理拟化为特定专业的具体规律，并发展到易于同生产实践挂钩。应用研究的目的是旨在把基础理论转化为物质技术和方法技术。

发展科学是高度的综合性和专业性的统一，其职能是把基础理论科学和应用技术科学的规律、原理运用于开发事业，使之成为改造客观世界的手段。发展研究的任务，就是具体地解决推广物质技术和方法技术中所遇到实际问题。因为发展研究是以直接投入实际生产和应用为特征的，故对经济发展起着最直接的影响。

就自然科学科研课题的分类和层次而论，在纵深配置上保持合理结构，形成基础理论研究、应用技术研究、开发研究三者之间的最佳比例，对于促进科研事业发展，加速科研成果的转化，具有极为重要的战略意义。

关于以上三种不同类型科研课题的举例，为了能够让读者较为直观的了解三者之间的区别，这里引用联合国教科文组织的表例。表5-1为基础理论研究、应用技术研究、开发研究三种类型科研课题举例。

基础理论研究、应用技术研究、开发研究三种类型科研课题举例　　　表 5-1

序号	基础理论研究	应用技术研究	开发研究
1	研究微分方程的理论	为说明波荡（如无线电波传输的强度和速度）研究微分方程	用于微分方程的计算机程序的发展
2	研究气流中的压力条件与固体浮力	为获得建造导弹和飞机所需的空气动力学数据，进行气流中压力情况和固体浮力的研究	飞机样机机身的发展
3	对地热区地质位置和地热发生过程研究	为利用蒸汽、热水等自然资源，研究地热源	为进行发电、取暖或作为提取矿物的来源，研制使用地热蒸汽或热水的方法
4	研究与微生物耐辐射有关的生物化学和生物物理的机制	为获得保存果汁方法所需的知识，就辐射对酵母生存的影响进行微生物学研究	研制一种用 γ 射线保存果汁的方法
5	研究乳糖酶消化乳糖（破坏乳糖）的过程	为获得有关确定成年人不耐乳糖的实验方法所需的数据，对此现象广泛进行研究	研制一种用于确定乳糖下耐性（在乳糖消化后测血糖）的方法
6	有机体区分自己与外来细胞的机制（基因、抗原生物个体的标志）	为寻找一种抑制在器官移植中会引起对外来组织、排他性的免疫机制的方法，对这种免疫机制进行研究	为使移植成活或能够成功进行器官移植，研制一种抗排他机制的药物

续表

序号	基础理论研究	应用技术研究	开发研究
7	研究心理学因素对残病的影响	为得到适当的治疗方法所需的数据，对引起胃溃疡的心理因素进行研究	发展一种新的治疗心理因素所造成的胃溃疡的方法
8	研究同工酶的等电势样式	研究在各种培养基中土豆的组织培养	研制一种能够通过组织培养产生无病毒土豆植株的方法
9	研究植物蛋白质合成与光合速率	为获得培育更能抗病的新谷物品种所需的数据，对有关抗病的谷物遗传性质进行研究	培育新的有较强抗病性能的新谷物品种

根据上述的科学研究课题方向，我们可以把论文的类型分为科学论文、调研报告、学位论文、教研论文四个种类。图5-3为论文类型。

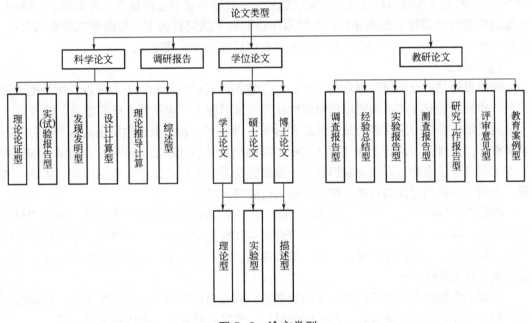

图 5-3　论文类型

1）科学论文

科学论文又称为一般性学术论文、研究论文。它既有工具性、创新性，又有成果性。科学论文根据内容可划分为理论论证型、实（试）验报告型、发现发明型、设计计算型、理论推导计算型、综述型六种。

（1）理论论证型。对基础性科学命题的论述与证明。如对数、理、化、天、地、生、人文等基础学科及其他众多的应用性学科的公理、定理、原理、原则或假设的建立、论证及其适用范围、使用条件的讨论。

（2）实（试）验报告型。采用先进的实（试）验设计方案和测试手段，合理、准确的数据处理及科学、严密的分析与论证，来描述一项科学研究的结果及对该试验的评价。其写作重点应放在研究上。

（3）发现发明型。论述被发现事物的背景、现象、本质、特性及其运动变化规律和人类使用这种发现的前景。文章应阐明被发明的装备、系统、工具、材料、工艺、配方形式或方法的功效、性能、特点、原理及使用条件。

（4）设计计算型。指为解决某些工程问题、技术问题和管理问题进行的计算、计算机优化设计及程序设计，和某些过程的计算机模拟，某些产品或物质的设计或调配等。这类论文总的要求是要"实用"，数学模型的建立和参数的选择要合理，编制的程序要能正常运行，计算结果要合理准确，设计的产品要经试验证实或经生产、使用考核。

（5）理论推导计算型。对提出的新的假说及数理方程通过数学推导、逻辑推理、数学运算以及计算机辅助计算，得到新的理论，包括定理、定律和法则。其写作要求是数学推导要科学、准确，逻辑推理要严密，并能准确地使用定义和概念，力求得到无懈可击的结论。

（6）综述型。这类论文是在作者博览群书的基础上，综合介绍、分析、评述该学科（专业）领域里国内外的研究成果、发展趋势，并表明作者自己的观点，作出科学的预测，提出较中肯的建设性意见和建议。它的写作以汇集文献资料为主，加以客观着重的评述。通过回顾、观察和展望，提出合乎逻辑的具有启迪性的看法和建议。

2）调研报告

调研报告是可行性研究报告的一种，但是它不以实验过程和结果为重点，而是把调查情况、研究问题取得的材料提炼出规律性认识，又可称为"表述调查研究结果"的文章。

调研报告的核心是实事求是地反映和分析客观事实。调研报告主要包括两个部分：一是调查，二是研究。调查，应该深入实际，准确地反映客观事实，不凭主观想象，按事物的本来面目了解事物，详细地钻研材料。调研报告是整个调查工作，包括计划、实施、收集、整理等一系列过程的总结，作为调查人员成果的总结。

调研报告的特点是：（1）注重事实。通过调查得来的事实材料说明问题，用事实材料阐明观点，揭示出规律性的东西，引出符合客观实际的结论；（2）论理性。把调研的东西加以分析综合，进而提炼出观点；（3）语言简洁。有简明朴素的语言报告客观情况，同时也应该具备可读性。

相较于实验报告多用于自然科学研究领域，调查报告多用于社会科学领域。调研报告的类型可以分为经济调研报告、课题调研报告、情况调研报告、科技调研报告等。

3）学位论文

学位论文是学位申请者为获得学位而提交的学术论文，又称为"规范性学术论文"，是学术论文的基本形式之一。国家规定"学位论文是表明作者从事科学研究取得创造性成果或有了新的见解，并以此为内容撰写而成，作为提出申请授予相应学位时盲审用的学术论文"。

学位论文不同于一般的学术论文，它有固定的完整格式。包括前置部分（封面、题名等）、主体部分（引言、正文、结论等）。学位论文除了具有一般科学论文科学性、创造性、实践性和平易性的特点外，还具有自身的教学专业性、学术理论性、格式规范性。学位论文根据所申请的学位不同，可分为学士论文、硕士论文、博士论文三种。根据不同学位等级其学位论文的要求和写作目的也不相同，表5-2为学位类型、学位要求与论文要求。

学位类型、学位要求与论文要求   表 5-2

类型	学位要求	论文要求
学士学位	高等学校本科毕业生，成绩合格，达到下述学术水平者，授予学士学位	（1）较好地掌握本门学科的基础理论、专门知识和基本技能 （2）具有从事科学研究工作或担负专门技术工作的初步能力
硕士学位	高等学校和科学研究机构的研究生，或具有研究生毕业同等学力的人员，通过硕士学位课程考试和论文答辩，成绩合格，达到下述学术水平者，授予硕士学位	（1）在本门学科上掌握坚实的基础理论和系统的专门知识 （2）具有从事科学研究工作或独立担负专门技术工作的能力
博士学位	高等学校和科学研究机构的研究生，或具有研究生毕业同等学力的人才，通过博士学位课程考试和论文答辩，成绩合格，达到下述学术水平者，授予博士学位	（1）在本门学科上掌握坚实宽广的基础理论和系统深入的专门知识 （2）具有独立从事学科研究工作的能力 （3）在科学或专门技术上做出创造性的成果

按照研究方法不同，学位论文可分理论型、实验型、描述型三类，理论型论文运用的研究方法是理论证明、理论分析、数学推理，用这些研究方法获得科研成果；实验型论文运用实验方法，进行实验研究获得科研成果；描述型论文运用描述、比较、说明方法，对新发现的事物或现象进行研究而获得科研成果。按照研究领域不同，学位论文又可分人文科学学术论文、自然科学学术论文与工程技术学术论文两大类，这两类论文的文本结构具有共性，而且均具有长期使用和参考的价值。

学位论文有着自己的特点，它是高等学校、科研机构的毕业生为获得各级学位所撰写的论文。是通过大量的思维劳动而提出的学术性见解或结论，具有一定的独创性。在学位论文中参考文献多、全面，有助于对相关文献进行追踪检索。它一般不公开出版。

4）教研论文

教研论文，即教育科研论文，是教育工作者对教育科学领域中的理论问题和实际问题进行探讨、研究、表述教育科研成果的文章。教研论文属于广义的学术论文范畴，在学术论文的基本特点上是一致的，具备科学性、创造性、理论性、学术性、探索性、应用性、专业性、规范性和观点鲜明性等九个方面等特点。教研论文应包括教改经验总结、优秀教法交流、思想教育方法等类型的文章。

教研论文根据内容的不同可以分为调查报告型、经验总结型、实验报告型、测查报告型、研究工作报告型、评审意见型、教育案例型七种。

5.3.2 论文撰写

为培养创新人才，我们应该将论文写作与人的研究探索能力结合起来，与人的科研兴趣结合起来，与人的正确、有效、科学合理地表达思想与意志的愿望结合起来，变被动式的写作教育为主动性的写作实践，变拼凑式及堆砌式的写作形式为科学合理的探索和研究思想的逻辑性表达，并借此来倡导并实施一种创新性的论文写作教育。下面我们就论文的撰写作详细的介绍。目前，国内外科技论文结构基本一致，都遵从IMRD（introduction-method-results-discussion，即引言-方法-结果-讨论）基本构架，图5-4为科技论文基本构架。这种构架是西方科技论文写作中最通用的一种结构模式，构架中各部分内容要求布

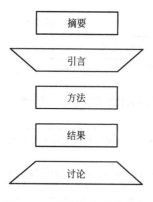

图 5-4　科技论文基本构架

局合理、重点突出、篇幅适宜。

1）题名

题名是能反映论文中特定内容的恰当、简明的词语的逻辑组合。一个好的题名，常会使文章增色添辉，起到多方面的作用，如揭示文章的主要内容，激发读者的阅读兴趣等。因此，在写作时应考虑用言简意赅的20字以内的词语组合为宜。英文题名应与中文题名含义一致，一般不超过10个实词。尽量不设副题，不用第1报、第2报之类。论文题目都用直叙口气，不用惊叹号或问号，也不能将科学论文题目写成广告语或新闻报道用语。

题名中常见的问题如下：（1）题目大、内容少和题目小、内容多。这主要是没有把握好文题关系。对于前一种，或根据内容重新给题，或根据题目充实内容；对于后一种，应把握好与题目无多大关系的略写或不写。（2）随意设置副标题。一般情况下，最好不设副标题，仅在靠正标题无法完全表达想要表达的意思时加设。同时要注意避免副标题大于主标题。（3）连用同义、近义词。如"××分析研究"，"××研究探讨"，"分析、研究、探讨"为近义词，题名中保留其一即可。（4）拔高文章层次。有的文章只是一般的论述分析，谈不上研究，但作者往往喜欢冠上"研究"二字作为题目，这就很不恰当地拔高了文章的层次，因此"研究"一词应当删去。应该抓住提名简明扼要，提纲挈领的特点。

2）作者署名

科学论文应该署真名和真实的工作单位。主要体现责任、成果归属并便于后人追踪研究。严格意义上的论文作者是指对选题、论证、查阅文献、方案设计、建立方法、实验操作、整理资料、归纳总结、撰写成文等全过程负责的人，应该是能解答论文的有关问题者。往往把参加工作的人全部列上，那就应该以贡献大小依次排列。论文署名应征得本人同意。学术指导人根据实际情况既可以列为论文作者，也可以一般致谢。行政领导人一般不署名。

3）摘要及关键词

摘要是以提供文献内容梗概为目的，不加评论和补充解释、简明、确切地记述文献重要内容的短文。其基本要素包括研究的目的、方法、结果和结论。摘要应具有独立性和自明性，并拥有与论文中同等量的主要信息，相对完整地反映出作者研究工作的创新点，即不阅读全文，就能获得必要的信息。通常中文文摘以不超过400字为宜，纯指示性文摘应控制在200字上下。外文文摘不超过250个实词，文摘中要用第三人称，不要使用"本人"、"作者"、"我们"等作为文摘陈述的主语。

关键词是科技论文的文献检索标识，科技论文的关键词是从其题名、层次标题和正文中选出来的，要求能反映论文的主题内容，《科学技术报告、学位论文和学术论文的编写格式》GB 7713规定每篇报告、论文应选取3～8个词作为关键词。在写作时，根据论文的主题来提炼关键词。论文的主题，也是说论文要论证的东西、研究的方向，这个方向就是关键所在，无论是论据，还是假设，还是最终论述的观点结果，都可以是关键词所在。提炼论文的关键词，可以从以下几个方面考虑，第一个关键词是论文所属的相关学科；第二个关键词是论文所属的子学科；第三个关键词是研究对象；第四个关键词是研究方法；第五个关键词是研究结论。关键词通常是名词或者是名词性的词组，具有明确的学术含义，单独的动词或形容词是不适合作为关键词。

4）引言

一段好的论文引言常能使读者明白你这份工作的发展历程和在这一研究方向中的位置。要写出论文立题依据、基础、背景、研究目的。

概述研究的背景可以充分地表达作者本人的研究目的，更明确地突出作者研究成果的创新意义，与此有关的表述应尽可能做到言简意赅，尽量用加注文献的方式进行说明。对于论文内容中涉及的相关知识，可在引言中加注文献或注语，而将具体的内容以附录（表）的形式列于文后。应把作者自己研究的创新之处作为引言写作的重点，即着力阐述对于相关领域的研究，自己和别人所切入的角度有何不同之处，所用的方法、所提出的理论以及所得到的结果与别人相比有何优越之处或独特之处。而对于研究目的的表述则要非常确切、明了，用语宜简练。

5）正文

正文是作者研究成果的详细报道，是整篇论文的核心部分。写作的原则是严谨、科学、客观，写作所要达到的目的是能够真实、清楚、完整地反映研究成果的学术性和创造性，彰显研究内容的创新价值。为此，在写作过程中应把握好下述几个环节。

（1）在素材的组织取舍上，不能照搬、堆砌原始的研究材料，而是要精心地斟酌选择，去粗取精、去伪存真，使所引入的实验数据和各种观测计量数据翔实可靠，计算公式及计算结果正确无误，能真实、集中、充分地反映作者的研究成果及其科学价值。

（2）在行文结构的安排上，应根据研究内容的类型（纯理论性研究还是实验性研究或其他）理清所论问题的逻辑关系，在此基础上确定各部分的逻辑顺序，逐层排列。对于图表的穿插利用和数据公式的前后排列要尽可能做到恰当适宜，合理有序。从而使正文的整体内容层次分明，逻辑严密，重点突出，结构严谨，脉络清晰，自成系统。

（3）在文字语言的表述上，无论是对理论的阐述还是对方法的描述，都要清晰、准确，符合科学原则和规范。要做到立论鲜明，前提完备，论据充分。科技论文通常运用严整而很少变化的句式，其完全句多，长句多，各种限制性的附加成分多，用连接词语的复句多。

（4）在实验过程的介绍上，应按规定如实写出实验对象、器材和试剂及其规格，写出实验方法、指标、判断标准等，写出实验设计、分组、统计方法等。实验结果应高度归纳，精心分析，合乎逻辑地叙述。应该去粗取精，去伪存真，但不能因不符合自己的意图而主观取舍，更不能弄虚作假。必须在发现问题当时就在原始记录上注明原因，不能在总结处理时因不合常态而任意剔除。废弃这类数据时应将在同样条件下、同一时期的实验数据一并废弃，不能只废弃不合己意者。实验结果的整理应紧扣主题，删繁就简。论文行文应尽量采用专业术语。能用表的不要用图，可以不用图表的最好不要用图表，以免多占篇幅，增加排版困难。实验中的偶然现象和意外变故等特殊情况应作必要的交代，不要随意丢弃。

（5）在论文的讨论分析上，应统观全局，抓住主要的有争议问题，从感性认识提高到理性认识进行论说。要对实验结果做出分析、推理，而不要重复叙述实验结果。应着重对国内外相关文献中的结果与观点做出讨论，表明自己的观点，尤其不应回避相对立的观点。

在论文的图表上，应注意所表述的内容的逻辑性、准确性。图和表的中、英文应并列给出将便于外国读者了解作者得出结论的重要依据。另外要注意，科技表格采用三线表格，必要时可加辅助短线。

6）结论

论文的结语应写出明确可靠的结果，写出确凿的结论。论文的文字应简洁，可逐条写出。文章中我们应该要弄清摘要、引言、结论三部分的功能与关系。摘要侧重于研究内容实质性的具体反映，以达到自明的效果；引言侧重于对研究工作独创性的分析，以达到点题的目的；而结论则侧重于对研究结果作具体的总结，其中包括对研究结果的客观定论、存在的问题以及尚需继续研究之处等，以起到突出创新点的作用。

7）参考文献

列出论文参考文献的目的是让读者了解论文研究命题的来龙去脉，便于查找，同时也是尊重前人劳动，对自己的工作有准确的定位。因此这里既有技术问题，也有科学道德问题。

对于参考文献的标引和著录应遵循下述原则：（1）新颖前沿。一定要标引最新、最前沿的参考文献；（2）客观求实。一定要引用与自己研究内容相关，自己读过并理解消化了的文献；（3）规范完整。参考文献的标引和著录要严格遵循《信息与文献参考文献著录规则》GB 7714的有关规定。做到文中标引正确无误，文后著录项目齐全，著录顺序和著录符号（文献标识码、标点符号等）准确、规范。

为了使科技论文写作达到突出创新、利于传播的最终目标，除了遵循上述的写作原则和要求外，作者还应在论文写作之前和成稿之后做好一些必要的工作。这就是此处所谓的"瞻前"与"顾后"。

8）论文的选题

选题是论文写作关键的第一步，直接关系论文的质量。选择论文题目要注意以下几点：结合学习与工作实际，根据自己所熟悉的专业和研究兴趣，适当选择有理论和实践意义的课题；论文写作选题宜小不宜大，只要在学术的某一领域或某一点上，有自己的一得之见，或成功的经验，或失败的教训，或新的观点和认识，言之有物，读之有益，就可以作为选题；论文写作选题时要查看文献资料，既可了解别人对这个问题的研究达到什么程度，也可以借鉴人家对这个问题的研究成果。以下提供几种选题的方法。

（1）从读书和讨论中发现问题。在选题前，应先在自己熟悉或有兴趣的范围内广泛阅读有关文献信息，分析已有研究成果，开阔思路，扩大视野。

（2）突破学科"空白处"或"空缺处"及"交叉口"。"空白处"是本学科领域尚未涉猎的课题，如改革中提出的各种新问题；新产品、新工艺的应用等。这类课题参考文献较少，甚至无所借鉴，研究空间广阔，创造性发挥余地较大，具有较高的学术价值。"空缺处"是在本学科领域已有人研究但还有探讨余地的选题；或不同意既往观点，或对旧主题独辟蹊径，选择新角度阐述问题；或纠正研究方法的错误或缺陷的选题。多学科"交叉口"，是指现处在知识经济和信息化社会，科学技术发展呈现相互渗透、交叉、综合的趋势，要求我们在前人尚未探索的多学科交叉新领域选题，在学科综合和比较中发现新问题，产生新思想。

（3）综合比较与社会调查法。比较法是指首先要确认对象具有可比性，即属于同一种类或同一条件、同一关系。既有纵向比较，也有横向比较。纵向比较是历史比较，即比较同一事物在不同时间内的具体变化，横向比较是不同的具体事物在同一标准下的比较，确定其相同与相异之处，并探索原因何在。最终目的是为社会服务，选题的确定，应以社会需要为出发点，注重社会调查，从社会实践中搜集第一手资料，去粗取精，去伪存真，将感性认识上升为理性认识，最终确立选题。真正做到选题源于实践，服务于实践。

（4）材料提取、拟想验证与启发法。材料提取法是指阅读材料是多多益善，要勤于动手、认真思考、归纳分类。要弄清哪些属于本学科目前亟待解决的问题，哪些属于本学科争论的焦点问题。拟想验证法是指先有拟想，而后通过阅读资料并验证来确定选题的方法。根据自己平素的观察和学习，初步确定选题范围，再阅读大量资料，了解学术界的探讨。启发法。教师在讲授中，将课堂知识与课外阅读相结合，就某一问题论证的观点、依据、方法给研究生以启发，开拓思路，使其找到合适的选题。

（5）回溯法。这种方法是从事物结果或现状着手，进行逆向思维，追根究底，寻找矛盾的根源，确定选题。

（6）移植法。移植法指借鉴其他学科的方法研究本学科的问题，在正确理解其他学科基本原理和方法基础上，与本学科特点和规律有机地结合。类比移植法的重要前提是必须找到两者之间的共同点或联系点，包括选择类比对象和类比推理两个环节。前者要以研究目的为依据，选择自己熟悉的，或生动直观的东西作为类比对象；后者通过比较考虑其相同点或相似处，找到类比移植的着眼点。

（7）换位思考法。换位思考的目的是摆脱原有思维定式，从不同角度和层次认识研究对象，以形成关于对象的新认识。这就需要重新编排整理一组熟悉的资料，从不同角度看待它，并摆脱当时流行理论的影响。

在最后需要指出，论文写作选题与论文的标题既有关系又不是一回事。标题是在选题基础上拟定的，是选题的高度概括，但选题及写作不应受标题的限制，有时在写作过程中，选题未变，标题却几经修改变动。

9）论文的文献检索查新

科技工作者经过对文献信息的筛选与分析，才有可能将文章的主题恰当地表述出来，既保证了论文的科学性和创新性，又体现了论文的发表价值。查新是确定研究选题时必做的工作，因为这个环节是保证研究成果创新性的前提，查新时需要查阅大量的文献，但在此期间，研究者并不能确定将来撰写论文时会用到哪些文献，所以为了避免以后反查的麻烦，应做好文献查新的详细记录。

在科技文献搜集与选择中，有3个原则可供遵循：（1）针对性原则，要紧紧围绕论文选题，尽力搜集那些最新、最重要、最典型的科技文献资料；（2）计划性原则，作者应事先做出周密计划，逐步深化、逐步扩展，提高效率；（3）积累性原则，要求作者注意平时的不断积累，以保持资料系统性、连贯性和完整性。

文献检索查新的方法有四种：（1）利用图书馆馆藏检索；（2）利用检索工具书检索；（3）利用计算机光盘检索文献；（4）查阅核心期刊。

10）论文的写作提纲确立

论文提纲是所探讨和论述问题的纲目和要点，编写提纲就是将论文的纲目和要点简明扼要地列示出来。通过编写提纲，谋篇布局，安排论文的段落、层次和结构，规划论文的基本内容，有助于作者确立正确的写作方向，减少盲目性，克服随意性，提高写作效率，保证论文质量。论文提纲具有纲要性和条理性的特点。论文提纲分为标题式提纲、要点式提纲及混合式提纲。标题式提纲是只写出论文各个段落的小标题。标题式提纲就如同图书的目录，翻开一本书，前面都有目录，以便读者一看目录就知道整本书的篇章结构、大概内容。标题式提纲简单明了，只要作者自己明白即可，比较省时省力。要点式提纲是较为具体、详细，需要用简要的文字写出各个段落的大致内容。编写要点式提纲虽然比较费时费力，但更利于之后的写作。混合式提纲就是综合运用上述的两种类型的提纲。以下为编写提纲的方法步骤。

（1）初步拟定标题。在编写提纲这个阶段，标题不需要过分考究，只需要列出论文研究问题的范围和主要观点，为论文的谋篇布局指导方向，因为具体写作过程中往往出现一些新的情况，比如占用材料的多少、写作思路的变化、思想认识的改变等都影响论文写作，不少论文的最后标题是在论文修改阶段确定的。

（2）安排段落层次。论文的段落层次反映了论文内容安排的先后次序和展开论证的步骤。根据段落层次之间的不同关系，可以把论文的结构形式划分为并列式、递进式和混合式三种类型。并列式结构，又称平列式结构或横式结构。即围绕中心论点，划分为几个分论点和层次，各个分论点和层次平行排列，分别从不同角度、不同侧面论证中心论点，使论文呈现出一种多管齐下、齐头并进的格局。递进式结构，又称推进式结构或纵式结构，即对需要论证的中心论点，采取层层递进的形式安排结构，使层次之间呈现出清晰的逻辑关系，从而使中心论点得到深刻、透彻的论证。混合式结构，也称并列递进式结构或纵横交叉式结构，有些论文的层次关系比较复杂，不能只用一种单一的结构形式展开论证，需要把并列式和递进式结合起来，形成一种混合的结构形式。

（3）检查修改提纲。提纲写好后，需要做必要的修改，即增加、删除、调整等。一是检查论文标题是否适当，提纲内容与初步拟订的标题是否一致；二是各个段落是否围绕一个中心、一条主线论点安排层次和段落；三是各层次、段落之间的联系是否紧密，各部分之间的逻辑关系是否合理。此外，还应注意检查各层次、段落的材料是否充分、适当。

作者在论文成稿后，一定要反复阅读，对数据、公式，各种量和单位仔细订正核对，对图表、参考文献悉心检查，对语言文字以至标点符号精心推敲修改。这些看似细小的表象，实质上反映的是研究者的一种科学态度和科研素质。科技论文写作，既可以说是科学研究的总结，又可以说是科学研究的延伸，它同样要求研究者严谨、细致，一丝不苟。一篇成功的科技论文所具有的基本特征是内容的创新性与表述的科学性。

5.3.3 论文发表

1）论文的投稿步骤

一篇论文的成稿后，就需要考虑文章的发表问题。一般来说论文的投稿步骤如下：第一步，论文排版。期刊都要求按照期刊规定论文模板格式对论文进行调整，以便审稿。因此需要在投稿期刊官网上下载论文格式模板，并严格按照要求调整格式；第二步，在调整好格式后，登入所投期刊官网，注册账号用于投稿；第三步，进入投稿系统入口（一般期刊网上会有相应提示），按照投稿系统流程进行操作；第四步，收到邮件回复，表示杂志社已经收到稿件，部分杂志社会同时要求交纳审稿费，并给出审稿费汇款地址，需要去邮局汇款审稿费（汇款时一定要写上文章编号），并等待录用。表5–3为各期刊分类。

各期刊分类　　　　　　　　　　　　　　　　　　　　　　　　　　表 5-3

期刊分类	期刊介绍
SCI刊源	最著名的国际性索引，包括自然科学、行为科学等领域，主要侧重基础科学
EI刊源	收录文献涉及动力、电子、自动控制、电工、矿冶、机械制造、金属工艺、土建、水利等工程技术各个领域
SSCI刊源	收录不同国家和地区的重要社会科学期刊论文，收录期刊覆盖经济、政治、法律、人类学、历史、地理、心理学等
中文核心期刊	国内学术界对某一学科中高水平、高影响力的期刊的称呼
CSCD刊源	即中国科学引文数据库，具有建库历史最为悠久、专业性强、数据准确规范、检索方式多样、完整、方便等特点
一般行业核心	—
普通期刊	—

科技论文是作者科研成果的总结，凝聚着作者辛勤的劳动，是科技工作者智慧的结晶。作为论文发表的重要一步，不少作者对如何有效地发布自己的科研论文不够重视，对期刊性质也不够了解，结果往往将科研论文发布在一些缺乏影响力的刊物上，甚至是非法期刊上，导致科研论文未能有效地得到发布、推广，也给自己的科研成果鉴定带来了明显的负面影响，以下对于期刊的选择方法作简要介绍。

2）论文期刊的选择方法

（1）对于投稿对象的基本鉴定。我们在进行选择投稿对象时，最初就要先甄别是不是非法期刊，这样能够杜绝无意义的发表。所谓的非法期刊简单说是指违反某国、某地区新闻出版条例、法规的期刊。国家新闻出版总署与扫黄打非办先后公布了数批非法假冒期刊。这些非法期刊以医学类占有较大比例。非法期刊往往具有录用率高、发表快、不能开正规发票等特点。根据国家新闻出版总署2005年12月1日施行的《期刊出版管理规定》（中华人民共和国新闻出版总署令第31号）中的相关原则，非法期刊大致有以下几种：境外期刊、刊号严重错误或杜撰刊号的期刊、合法期刊制造的非法期刊及非法期刊办的学术版。

（2）对于投稿中文还是外文期刊的选择。国外期刊主要以英文形式出现，在这类期刊上发表论文有助于研究成果的国际交流，其优势还体现在出版周期相对国内期刊短、影响因子高等。快速发表无疑有助于论文中科研成果的及时发布与著作权的保护。国外期刊属于境外期刊，大都没有在中国大陆地区登记发行，但由于其期刊被收录国际著名检索数据库，国际影响力大，国内对于其成果认同。让论文产生国际影响力是每个科技作者所追求的，论文在国际权威期刊的发表往往是对科研成果以及科研能力的最好肯定。国内期刊以中文为主，其影响范围通常是国内。一些在国内领先的成果，或不便于翻译成外文的论文往往都选在国内期刊发表。国内期刊出版周期往往较长，尤其是双月刊、季刊等。

（3）对于外文期刊的投稿选择。通常来说，著名外文期刊的档次和质量高于国内期刊，因为它能在世界范围内进行公开的传播和交流，当然也要求科研工作者以外文撰写。一般来说，进入了SCI检索的刊物都要求科研工作者的科研工作不仅具有很强的创新度，还要求有完整的工作体系，在选择发表时，可以从以下6个方面考虑。

①针对自己的文章的新颖程度、对本领域的贡献、技术难度等方面进行大致评估，这样一般能大概估计出目标期刊的影响因子所在的范围，可借助SCI期刊汇总方面的资料（如LetPub网站），对准备投稿的期刊进行筛选。

②选择一个合适的刊物后，应阅读期刊的"目标和范围"，确定稿件内容是否符合其要求。近几年内影响因子的走势以保持上升或稳定为佳，另一个重要因素是该期刊是否接受中国作者的文章。科学期刊是商业杂志，出版商以赢利为最终目的，世界各地的期刊都有自己的偏好，也有部分期刊拒绝中国作者的投稿。

③期刊的审稿周期是从期刊收到投稿到编辑发出第一封决定性回复的时间（接受、退修或拒稿）。某些期刊会主动介绍审稿周期，这是给作者公开性的承诺，如果没有，则只能参照LetPub网站的经验总结来判断。审稿周期能很大程度影响作者的作品出版的时间，审稿周期太长对科研投稿不利。

④稿件的格式十分重要。据统计，90%以上的SCI检索刊物对所投稿件要进行严格的格式审查，格式不正确会被初审退回。同时，国外的期刊也都有查重环节，和国内绝大多数采编系统类似，重复率超过20%就认定为抄袭或剽窃。其次，英文的表达也相当重要，档次越高的刊物对英文的要求越高，有些甚至不允许错别字或拼写错误出现，因此，投稿前需要仔细检查。

⑤合理选择期刊的档次是比较关键的，档次越高（影响因子越高）的期刊给作者带来的影响越大，但不同专业的影响因子没有直接的可比性，稿件录用才是关键。相反，与科研工作者专业吻合的经典刊物才更具有说服力，所以不必盲目追求档次很高的期刊。

⑥长期多次锁定某一个外文刊物发表论文，也有利于与对方编辑部建立良好的友谊，有助于后续持续性投稿，这同国内中文刊物的运行模式是相同的。

（4）对于综合性期刊和专业期刊之间的投稿选择。在同是核心期刊的情况下，优先的原则为：首先比较二者的影响因子，如综合期刊影响因子明显高于专业期刊，则选择综合期刊发表。如综合期刊影响因子较专业期刊没有明显的优势，甚至不如专业期刊的，则优先选择专业期刊发表，如二者都不是核心期刊，则专业期刊优先。

如综合期刊是核心期刊，而专业期刊不是核心期刊，其优先原则为：一般论文选择综合期刊发表，如是课题来源的论文，因涉及成果的鉴定，专业期刊的发表将使研究成果更有说服力，故可考虑专业期刊优先。

（5）对于国家级期刊、省级期刊的投稿选择。首先我们应该了解两者之间的划分标准，国家级期刊通常是指国家政府主管、主办，或是国家级学会、协会主办的官方或半官方期刊。国家级期刊刊名中往往带有"中国"字样。省级期刊是指省一级政府部门或学会、协会主管、主办的期刊，刊名常带有所在地的地名。两者的选择原则主要是进入国际数据库者优先，办刊质量好的优先。一旦省级期刊在期刊创办时间、期刊出版周期、论文发表费用、期刊装帧印刷质量、被国内数据库收录情况等多方面超过备选的国家级期刊，则具优先权。

了解目标期刊的内容与特色。在选择投稿期刊时，也应该对期刊的内容作大致的了解。是人文社科类，还是自然科学类；是学报类，还是非学报类；是学术性的，还是实用性的。对所投期刊的内容与特色做到心中有数，才能增强针对性，提高投稿效率和命中率。

（6）从其他多方面综合考虑决定投稿选择。在对于投稿对象难以甄别的时候也可以从以下几点较为直接的方面进行比较，选择适合自己论文情况的投稿期刊。诸如，选择发表费用较为少的期刊；选择本行业主办的期刊；选择发表速度较快的期刊。

在论文发表的过程中，除开科研成果，写作能力，对于投稿人自身的态度，心理等也有相应的要求。针对可能遇到的问题，谈应对策略，以增加投稿命中率。

在心理层面应该做到充满自信、不畏惧。绝大多数作者都碰到过拒稿的结果，这并不代表科研论文就失去了自身的价值，而是说需要更多更好地完善之后进行重投，投稿之前应端正心态，既不畏惧审稿结果，也需要充满自信，相信自己的科研成果。

应该做到长期坚持、修改中得到提高。不管是退稿，还是大修、小修，均能得到宝贵的审稿意见，不断从修改中坚持才能不断进步。

在什么时候作者都要相信刊物的编辑，因为任何一个刊物都不愿看到自己收不到任何稿件。编辑通常情况下是站在作者这边的，审稿意见只是一个判断性的参考，碰到大修的稿件要耐心细致、不舍不弃、精雕细琢地认真对待。

5.4 创新性竞赛

5.4.1 竞赛类型

1）中国"互联网+"大学生创新创业大赛

"互联网+"大学生创新创业大赛是全国知名度最大、覆盖院校最广、申报项目种类最多、参与学生最多且涉猎国际项目、国家重视度最高的大学生创新创业大赛。"互联网+"大学生创新创业大赛从2015年由吉林大学首届承办至今。为深入贯彻落实全国教育大会精神，全面落实习近平总书记给中国"互联网+"大学生创新创业大赛"青年红色筑梦之旅"大学生的重要回信精神，贯彻落实国务院办公厅《关于深化高等学校创新创业教育改革的实施意见》（国办发〔2015〕36号）等文件要求，进一步深化高等教育综合改革，激发大学生的创造力，培养造就"大众创业、万众创新"的生力军。

（1）赛事目的与任务

以赛促学，培养创新创业生力军。大赛旨在激发学生的创造力，培养造就"大众创业、万众创新"生力军；鼓励广大青年扎根中国大地了解国情民情，在创新创业中增长智慧才干，在艰苦奋斗中锤炼意志品质，把激昂的青春梦融入伟大的中国梦，努力成长为德才兼备的有为人才。

以赛促教，探索素质教育新途径。把大赛作为深化创新创业教育改革的重要抓手，引导高等学校主动服务国家战略和区域发展，开展课程体系、教学方法、教师能力、管理制度等方面的综合改革。以大赛为牵引，带动职业教育、基础教育深化教学改革，全面推进素质教育，切实提高学生的创新精神、创业意识和创新创业能力。

以赛促创，搭建成果转化新平台。推动赛事成果转化和产学研用紧密结合，促进"互联网+"新业态形成，服务经济高质量发展。以创新引领创业、以创业带动就业，努力形成高等学校毕业生更高质量创业就业的新局面。

（2）参赛项目类型

参赛项目能够将移动互联网、云计算、大数据、人工智能、物联网、下一代通信技术等新一代信息技术与经济社会各领域紧密结合，培育新产品、新服务、新业态、新模式；发挥互联网在促进产业升级以及信息化和工业化深度融合中的作用，促进制造业、农业、能源、环保等产业转型升级；发挥互联网在社会服务中的作用，创新网络化服务模式，促进互联网与教育、医疗、交通、金融、消费生活等深度融合。参赛项目主要包括以下类型。

①"互联网+"现代农业，包括农林牧渔等；

②"互联网+"制造业，包括先进制造、智能硬件、工业自动化、生物医药、节能环保、新材料、军工等；

③"互联网+"信息技术服务，包括人工智能技术、物联网技术、网络空间安全技术、大数据、云计算、工具软件、社交网络、媒体门户、企业服务、下一代通信技术等；

④"互联网+"文化创意服务，包括广播影视、设计服务、文化艺术、旅游休闲、艺术品交易、广告会展、动漫娱乐、体育竞技等；

⑤"互联网+"社会服务，包括电子商务、消费生活、金融、财经法务、房产家居、高效物流、教育培训、医疗健康、交通、人力资源服务等。

参赛项目不只限于"互联网+"项目，鼓励各类创新创业项目参赛，根据行业背景选择相应类型。

2）"挑战杯"全国大学生课外学术科技作品竞赛和中国大学生创业计划竞赛

"挑战杯"是"挑战杯"全国大学生系列科技学术竞赛的简称，是由共青团中央、中国科协、教育部和全国学联共同主办的全国性的大学生课外学术实践竞赛。"挑战杯"竞赛在中国共有两个并列项目，一个是"挑战杯"全国大学生课外学术科技作品竞赛，另一个是"挑战杯"中国大学生创业计划竞赛。这两个项目的全国竞赛交叉轮流开展，每个项目每两年举办一届。

自1989年首届竞赛举办以来，"挑战杯"竞赛始终坚持"崇尚科学、追求真知、勤奋学习、锐意创新、迎接挑战"的宗旨，在促进青年创新人才成长、深化高等学校素质教育、推动经济社会发展等方面发挥了积极作用，在高等学校乃至社会上产生了广泛而良好的影响，被誉为当代大学生科技创新的"奥林匹克"盛会。吸引高等学校学生共同参与的科技盛会。从最初的19所高等学校发起，发展到1000多所高等学校参与；从300多人的小擂台发展到200多万大学生的竞技场，"挑战杯"竞赛在广大青年学生中的影响力和号召力显著增强。

"挑战杯"成为引导高等学校学生推动现代化建设的重要渠道。成果展示、技术转让、科技创业，让"挑战杯"竞赛成为从象牙塔走向社会，推动了高等学校科技成果向现实生产力的转化，为经济社会发展做出了积极贡献。深化高等学校素质教育的实践课堂。"挑战杯"已经形成了国家、省、学校三级赛制，高等学校以"挑战杯"竞赛为龙头，不断丰富活动内容，拓展工作载体，把创新教育纳入教育规划，使"挑战杯"竞赛成为大学生参与科技创新活动的重要平台。展示全体中华学子创新风采的亮丽舞台。香港、澳门、台湾众多高等学校积极参与竞赛，派出代表团参加观摩和展示。竞赛成为青年学子展示创新风采的舞台，增进彼此了解、加深相互感情的重要途径。

3）全国大学生节能减排社会实践与科技竞赛

全国大学生节能减排社会实践与科技竞赛是由教育部高等教育司主办、唯一由高等教育司办公室主抓的全国大学生学科竞赛，为教育部确定的全国十大大学生学科竞赛之一，也是全国高等学校影响力最大的大学生科创竞赛之一。该竞赛充分体现了"节能减排、绿色能源"的主题，紧密围绕国家能源与环境政策，紧密结合国家重大需求，在教育部的直接领导和广大高等学校的积极协作下，起点高、规模大、精品多、覆盖面广，是一项具有导向性、示范性和群众性的全国大学生竞赛，得到了各省教育厅、各高等学校的高度重视。

全国大学生节能减排社会实践与科技竞赛从2008年由浙江大学首届承办至今。竞赛作品分为"社会实践调查"和"科技制作"两类，倡导大学生深入社会调查，发现国家重大需求，启发创新思维，形成发明专利，将人文素养融合到科学知识技能之中，使学以致用不仅体现于头脑风暴，而且展现在精巧的创造之中。

4）全国大学生给排水科技创新大赛

全国大学生给排水科技创新大赛是由教育部高等学校给排水科学与工程专业教学指导分委员会和中国城镇供水排水协会科学技术委员会主办，深圳市水务（集团）有限公司和给排水科学与工程专业类相关高等学校承办。2015、2017、2019年举办了三届，第三届后每年举办一次。大赛的主要目的是引导高等学校在本科教学中加强对大学生创新意识、创新能力、协作精神的培养以及提升大学生综合运用所学知识解决复杂工程问题的能力，强化大学生对给排水专业知识的理解，全面提高大学生在给排水产品研发、方案设计、创新创业等方面的能力和水平，提高解决专业复杂工程问题的能力。通过竞赛活动加强学校与企业、在校师生与行业从业者之间的联系。

大赛是面向全国给排水科学与工程专业在校本科生的课外竞赛活动，参赛作品应为原创，形式可为具有创新性的方案、工艺、设计、产品等。研究手段和展示形式不限，但应符合学术规范，无知识产权纠纷。作品资料可包括文字材料+展示材料（模型、实物）。大赛分为预报名、校级初赛、全国总决赛三个阶段。每个学校可评选出3项作品推荐至全国总决赛。总决赛分为知识竞赛与创意大赛两部分。知识竞赛采用闭卷笔试方式，着重考察给排水专业基础课及专业课相关知识。创意大赛必须以团队形式参赛，包含方案、设计、工艺、产品等创新成果的展示，着重考察集体协作能力、创新能力、科技研发能力以及解决复杂工程问题的能力。

5）全国大学生水利创新设计大赛

全国大学生水利创新设计大赛是由中国水利教育协会、教育部高等学校水利学科教学指导委员会主办，水利类专业的高等学校承办。从2009年由河海大学首届承办至今，每两年举办一次。大赛贯彻落实《关于深化高等学校创新创业教育改革的实施意见》（国办发〔2015〕36号）的要求，强化实践育人环节，激励广大水利类专业本科学生踊跃参加创新实践训练，通过创新实践培养学生的协作精神、创新意识和实践能力，为我国水利事业建设和发展培养一批创新型人才。

6）水与环境安全未来工程师（FEWES）国际大学生竞赛

水与环境安全未来工程师（FEWES）国际大学生竞赛由南开中加水与环境安全联合研发中心、联合国儿童基金会共同发起，由南开中加水与环境安全联合研发中心、天津市滨海新区科技和工业创新委员会共同主办。竞赛是为鼓励青年工程师和科学家们运用自己潜能解决实际社会实际问题的一项新举措。2018年举办了首次竞赛，首次竞赛聚焦于环境安全和公共健康的低成本水技术。提交所有作品经过国际评选委员会的评选，有来自加拿大麦克马斯特大学、滑铁卢大学、卡尔顿大学以及英国利物浦大学，国内南开大学、清华大学、华中理工大学、天津大学、河北工程大学、福州大学等14支团队受邀参加本次竞赛的总决赛。来自纽约联合国儿童基金会、加拿大、美国、瑞士、新加坡、韩国、中国台湾地区等专家也受邀参加此次盛会。会议组委会还邀请了国内政府部门、企事业单位以及科研单位的领导、专家与会。

5.4.2 竞赛组织

创新性竞赛对培养学生勇于探索的创新精神和善于解决问题的实践能力尤为重要，对于水社会循环领域学生来说也是一种非常有效地锻炼手段。良好的竞赛组织与体制是保障竞赛持续、健康发展的关键所在，在指导学生参与竞赛的同时，建立了以节能减排社会实践与科技竞赛活动为抓手，可持续培养学生专业素养的模式，以下简要介绍该实践模式的经验，旨在为新时代水社会循环领域人才的培养提供参考性建议。

1）一体两翼，构建"创新驱动型"的学生团队

为了使该培养模式具有可持续性，成立了校级给排水科学与工程协会、绿色建筑与建筑节能科技创新实践团队。其中协会负责学科竞赛的组织、选拔，实践团队负责学科竞赛项目的孵化、落地。学生团队成员以大二、大三本科生为主体，在自愿报名参加的前提下，采用"双向选择"的原则，从个人兴趣、专业成绩、综合素质等方面进行择优选拔。以"年级梯队"方式加强本科生创新实践团队的建设，高年级的本科生可以作为项目负责人，同时吸收低年级的学生参与，以利于本科生创新创业实践团队的有序交替和项目可

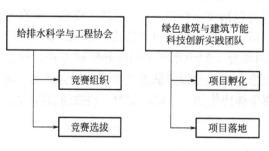

图5-5 "创新驱动型"的学生团队

持续开展。协会可以快速历练学生的组织、协调能力；实践团队可以快速培养学生实践、创新能力，两者相辅相成，锻炼更加全面的综合能力。"创新驱动型"学生团队的建立，可以为节能减排社会实践与科技竞赛源源不断的输送参赛队员。学生团队的构建一方面可以为非参赛学生提供锻炼的平台，另一方面又可以科学有效的培养参赛学生的热情。图5-5为"创新驱动型"的学生团队。

2）高效指导，实行校内外"导师—研究生—本科生"运行机制

大部分本科生的专业知识不够完善，具有一定的局限性，为此需要构建高效的指导机制。在发挥本科生主观能动性的同时，给予积极有效的指导意见，可以更好地完善参赛作品，也可以拓展本科生的思维方式与科学视野。构建校内外"导师—研究生—本科生"方

式的运行机制，在创新创业实践活动中以提高本科生创新创业能力为目的，配置校内专业教师为创新创业实践项目小组的导师，导师、研究生在科研能力、创新思路、实践动手上对本科生进行指导，校外配置企业导师，对项目的市场化进行指导。图5-6为高效指导运行机制。

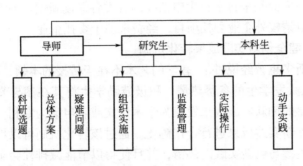

图 5-6　高效指导运行机制

3）多级选拔，完善"院级—校级—国家级"竞赛机制

为更加完善本科生创新实践项目，以节能减排社会实践与科技竞赛为抓手，举办围绕给排水科学与工程专业"水"为主线，紧扣主题、与时俱进的竞赛。该竞赛主要由"院级—校级—国家级"三级机制组成。作品孵化阶段，在学院举办"绿色建筑"创意设计大赛，为参与学校节能减排社会实践与科技竞赛做准备；作品初成阶段，参与学校举办的节能减排社会实践与科技竞赛，为参加全国节能减排社会实践与科技竞赛选拔作品与队伍；作品成熟阶段，参与全国节能减排社会实践与科技竞赛，接受更大平台的检验。学生的创新实践项目通过多级竞赛机制得以不断优化，创新实践能力也通过多级竞赛机制不断提高。围绕节能减排社会实践与科技竞赛，学生可以参与其他相关学科竞赛，如"挑战杯"、交通科技大赛、水利创新大赛等，参赛获奖作品又可以参与相关科技作品展活动，从节能减排社会实践与科技竞赛又可以衍生出其他创新实践活动，从而达到创新实践的良性循环。该机制可以持续地培养学生的专业素养，让参与的学生各司其职，获得相应的锻炼，并全面提高其综合素质。图5-7为多级竞赛选拔机制。

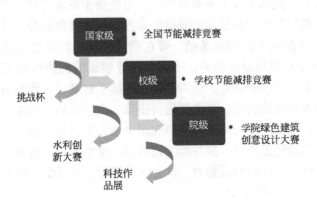

图 5-7　多级竞赛选拔机制

4）有效保障，完善创新实践活动的实施保障方式

为了保障各项创新实践活动能够有效地进行，需要为本科生提供固定场所与必要设备、项目来源及经费保障。本科生所需的固定场所主要来自校外的实践基地与校内的实验室，学生可以根据项目的需要制定相应的实验方案并且购买必要的实验设备；项目经费来源于两方面，其中一方面是来自本科生申请校内各类各级创新创业训练项目，有一定的经费支持，另一方面申请校外企业委托项目，经费来源于委托企业。

5）辅助孵化，健全创新实践成果转化机制

德国教育家第斯多惠曾经说过："教学的艺术不在于传授的本领，而在于激励、唤醒、鼓舞。"为了更好地激发学生的参赛热情，积极鼓励学生将其在参与节能减排社会实践与科技竞赛过程中获得的创新实践成果发表为学术论文或者申请为专利，并且邀请有意向的企业对学生取得的创新实践成果进行合作孵化。通过该转化机制可以更加完善学生的创新实践成果，促进学生参与创新实践的热情，并且使得以节能减排社会实践与科技竞赛为抓手，可持续培养学生专业素养的实践模式得以持续进行。

5.4.3 竞赛意义

1）加快人才培养与教育改革进程

根据国家人才培养计划，创新创业大赛是实施科教兴国、人才强国的一大重要举措。高等学校通过举办创新创业大赛，有利于将学生的专业知识与社会实践相结合从而运用到社会生产实践的各个领域内，创新创业大赛的开展不仅给生产力的发展提供了不断的动力，还使得科技成果迈向现实生产力有了可能性，其崇尚科学、追求真知的理念已渐渐融入到校园文化中，对高等学校人才培养计划的实施起了一定的作用。近年来，国家政策一直重视培养大学生的科技创新能力和优质就业能力，每学年都设置了"互联网+"、"挑战杯"、各类创新创业等大赛。通过一系列创新创业大赛，来提高学生的综合素质，加快高等教育改革进程。

2）提升大学生科研与创新能力

高等学校举办的创新创业大赛具备一定的严谨性和权威性，特别是以"互联网+"、"挑战杯"、社会实践与科技竞赛等，其承办单位多为实力雄厚的985、211学校，该项目主要依据学生先有的专业知识水平为基础条件，但是由于竞赛具有一定的水平，且参赛高等学校和学生多，要想在全省甚至全国获得好成绩的话，其作品必须具备一定的创新性特点。创新的前提是掌握扎实的理论基础，要在项目上获得好成绩的话，需要从横向和纵向两个方向提升专业知识与专业能力，了解本专业领域的前瞻性知识。在这一系列条件下，学生除了学习书本上的知识外，还需要课后不断了解其设计作品内容的一些前沿性知识。如果参赛项目涉及实验的话，还需要进科研室、实验室做一些相关的实验活动。以学生申报新课题为例，仅仅依靠查阅网上资料和图书杂志资料是不够的，还需要实地调查与走访、收集与整理归纳数据资料、撰写相关报告等，学生在研发新课题和设计新产品的同时，也逐步提高了自身的科研创新能力、自主学习能力、人际交往能力等多方面的能力。

3）增强大学生团队协作意识

由于高等学校创新创业大赛项目一般比较复杂，需要花费的人力、时间比较多，为此仅仅靠个人是难以完成项目或难以达到项目的最佳标准，为此需要加强团队协作，发挥各

个组员的优势，采取分工协作，根据其优点长处或者不同专业类型来进行项目分工。比如在研发一个新课题时，擅长写作的人主要负责后期撰写报告；擅长交际的人负责实地走访；做事仔细的人可以去查阅和记录相关资料等，力求达到发挥各自所长的局面。通过将不同兴趣爱好、不同专业的大学生组织在一起去完成参赛项目作品，大学生的团队协作意识在该过程中不断增强和强化。

4）提高大学生就业与创业能力

以全国大学生节能减排社会实践与科技竞赛为例，高等学校学生要在国赛中获得好成绩，需要掌握扎实的理论基础，从横向和纵向两个方向提升专业知识与专业能力，了解本专业领域的前沿知识。大学生通过参赛的经历和过程，不知不觉中就将专业知识提高到了一定水平。在此基础上学生去参加招聘时，无论是专业还是答辩能力、谈吐举止方面的优势都是显而易见的。

一般参加大学生创业计划竞赛的多为已有一定创业经验或者是有创业兴趣的大学生。学生的创业计划在专家的不断评估下得到提升，在不断修改创业计划的过程中，大学生及其团队的创业思路愈加清晰和明朗。这些为大学生团队后期创业提供了一定的经验，提升了大学生的管理能力、商业洞察力和用于探索挑战的能力，为大学生日后创业打下了良好的基础。

5）促进高等学校教师队伍的发展

随着国家对高等学校创新创业大赛的重视程度不断加强，目前大部分高等学校逐渐在初步尝试开设一些关于创新创业培训的选修课程。创新创业课程能否有效开展与教师的水平素质有着密切的关系，教师除了需要具备扎实的专业知识，了解本学科的前沿知识外，还需要具备一定的科研创新能力和实践经验。高等学校在重视创新创业课程的同时，也必然会重视教师队伍的培养，从而进一步提高高等学校教师队伍的整体素质。

第6章 科学道德和科研伦理

科学道德和科研伦理是指科研人员在从事科学研究职业活动过程中所遵循的基本道德、价值理念、行为规范和道德实践活动。当今世界，科学技术是一种强大的工具或力量，对它善的使用还是恶的使用完全取决于人的伦理道德价值指向。爱因斯坦指出："科学是一种强有力的工具。怎样用它，究竟是给人类带来幸福还是带来灾难，全取决于人自己，而不取决于工具。"科学技术的迅速发展，实际上是把人类推向一个必须由自己选择未来的"十字路口"。对于科学技术善的使用，能给人类生活的方方面面带来巨大的福利，推动人类文明的快速发展；对它恶的使用，又可能给人类生活的方方面面带来巨大的灾难。今天，世界各国纷纷高度重视科学道德和科研伦理建设，旨在借助道德理性的力量，依靠人类的伦理自觉精神来趋利避害，规约科学技术的研究与应用方向，使之造福于人类，而不是加害于人类。

个人职业道德可以直接影响到本领域的科学研究风气，群体职业道德则直接决定了整个国家、社会的科研作风，科研能力，科研水平及成果转化。科研人员科学道德和科研伦理不但是其个人学术水平的地平线，更联系着整个国家、整个社会各科技基础研究、实践应用领域的发展高度。因此，关注科研人员的科研水平、大力推进科技发展的前提应是全面提倡其科学道德的践行。黑格尔曾说过："一个人做了这样或那样一件合乎伦理的事情，还不能说他有道德，只有这种行为方式成为他性格中的固定要素时，他才可以说是有道德的。"所以，科研人员应该在日常专业工作和继续教育培训中把以上所说的科学道德内化为自身的固有品质，才能不断提高自己、潜移默化他人，最终为我国科技的进步和社会的发展做出自己的贡献。

对刚步入科研一线的学生，应把科学研究的行为准则作为科研人员研究工作的支撑。科学道德和科研伦理都是在科学研究实践的土壤中生长和蔓延，不能规定为一定要这样研究，或者非这样研究不可，不采用这种研究方法，就会危及科学。著名科学家巴甫洛夫曾说过，"无论鸟翼是多么的完美，但如果不凭借着空气，它是永远不会飞翔高空的。事实就是科学家的空气，你们如果不能凭借事实，就永远也不能飞腾起来。"科研人员进行学术研究和推广都必须能客观反映理论的先进性，并能正确指导实践；获得的仿真结果必须真实，经得起实践结果的反复检验，只有这样，才能真正值得推敲，才能叫作科学成果。科学先辈都要求继承者尊重客观事实，无论之前有多少成就，但在事实面前只能是一名谦逊的学生，绝不能用欺骗、编造事实和篡改数据等方式获得既得利益。忠于事实、不任意编造、实事求是是任何科研人员道德与素养的一个最基本、最起码的底线。突破这个底线，终将落入深渊。

科学道德和科研伦理是科学技术发展的内在要求，建立和完善符合科学发展规律的机制成为重要一环。客观评价、奖励激励和监督机制要成为科学道德的防线，同时，始终恪守科学道德行为的个体和团体要及时得到充分肯定、宣扬和奖励，而对违反科学道德的行为应第一时间予以阻止、批评和惩处。让所有科研人员透彻看到，与科学道德背离，最大的受害者不仅是科学，也是那些科学失信者，这一些人必将丧失其科学声誉。因此，维护科学道德和科研伦理是促进科学事业的双刃剑，是加强科学道德和科研伦理建设的动力，是提高恪守科学道德和科研伦理自觉性的源泉。

6.1　科学道德

　　道德是一种优良品质，主要是强调社会上人与人之间以及人与社会之间关系的行为规范，其中包括以善和恶、公正和自私、正义和非正义等相关内容，在道德理念下评价和调节人与人之间的关系，有助于降低社会个体矛盾冲突。而科学道德正是在科学中更应该遵守的道德准则，科研工作必须是建立在良好的道德结构之上的。学术不端行为和科研活动中的不正之风正是违反科学道德的恶劣行为，所以我们通过分析学术不端行为来更加深刻地认识科学道德和学术诚信的重要性。

　　基于前人研究达成的共识，就科学道德定义来看，科学道德主要是现代科学技术快速发展和完善到一定时期衍生而来，指的是以科学技术活动为职业，具有共同价值、行为规范和共同信念的社会群体则是科学道德的主体所在，科研人员属于科学道德主体范畴，对于社会主义事业建设和发展具有重要促进作用。

　　顾秉林院士曾说过，"科学道德是人类一般道德规范在科研过程中的具体表现，同时也是规范科研人员行为方式和思想观念的关键所在。在科学道德环境中，保证科学家相互信任、相互协作，才能确保研究结果真实可靠，对于科研事业健康持续发展具有重要促进作用。只有在良好的诚信环境中，科学道德才能真正地落到实处，促使科学研究结果的准确、合理，获得社会各界的重视和支持，为科研事业发展提供动力支持。"科学道德研究的意义主要表现在两个方面：一方面科学道德自身重要性；另一方面从科学领域持续发展角度来看，加强科学道德建设是我国科学领域发展的必然选择。通过大量实践可以了解到，加强科学道德理论和实证研究，有助于深刻认识到中国科学道德中的缺陷和不足，把握社会转型期我国科学共同体在科学道德方面的转变问题，在相关理论知识基础上，构建更具中国特色的科学道德体系。

6.1.1　主要内容

　　职业道德是指该职业范围对道德的特殊要求，是人们在该职业工作中所必须遵循的行业行为规范。科研人员的职业道德即科学道德，是人们在从事科学研究活动中，思想、行为等应遵循的道德规范和标准，主要包括以下4个方面。

　　1）科研诚信

　　诚实的反面即为抄袭、剽窃。诚实作为科研工作的科学道德组成部分，应表现为：完全依靠自己的劳动获得科研成果；对于课题密切相关的前人工作，应公开承认或指出；个人发表成果，应充分考虑前人工作基础及集体的贡献，如实反映实际情况。

　　2）科研保密

　　自我保密意识的提高，是保护科研成果、杜绝他人抄袭的重要手段。科研人员必须做好科研保密工作，保护科研人员的科研成果不受侵犯。项目的申请、修改、批准，到科研工作的实施，成果的发表、专利的申请这一系列科研活动，都需要专业技术人员自己首先做好保密工作。此外，科研管理人员、单位项目与成果汇总的组织人员甚至涉事领导，也应该自觉配合项目申报人员、成果发表人员的保密工作，未经本人允许不外传他人工作思路与成果，经本人同意后，方可拿出来分享经验。

3）科研创新

创新是一个民族进步的灵魂，是一个国家兴旺发达的不竭动力。科研人员的科学道德核心应该是创新。科研工作的最终目的就是创新，创新才能适应科技快速发展的需要。专业技术人员一定不能消极等待，被动接受。在科研工作中，只有思维活跃、逻辑清晰、勤恳探索才能够实现科研的最终目的。

4）科研合作

在科研实践中，个人的力量是非常有限的，一个专家也只能在一个方面有较深的造诣。而科学发展如今已出现了较为明显的学科交叉趋势，因此，充分了解本团队科研人员的优势，把握已有科研资源已不足以有效提高科研效率；联系其他课题组进行优势互补，整合各类科研人员的优势研究领域，推进科研资源的共享，组建多学科交叉型科研团队则更能促进前沿科技的创新与进步。

6.1.2　现状分析

随着人类社会的发展以及科学事业本身的发展，科学研究的现状与之前存在较大差别，违背科学道德的事件屡见不鲜，在一定程度上制约科学研究工作有序开展，依靠科学共同体自律的体制无法顺利落到实处，执行力度不足。在此大背景之下，主体的科学道德信念和科学道德行为就不可避免地面临着一系列矛盾和冲突，从而出现了违背科学道德的现象。近几年来，部分科研人员为了谋求私利，私自篡改、盗取原始实验数据和研究成果，出现学术抄袭、剽窃行为，或是对成果进行夸张评价和宣传、同行评议中某些评议人弄虚作假、成果运用中的失范行为等学术不端事件，阻碍了科研领域发展的同时，在社会上也造成了极大的负面影响，在一定程度上制约科研事业的健康持续发展。在当今科学技术高速发展的时代，仅仅依靠自律已经不能保证科学的正常发展。

1）科学立法及法律法规不健全

科技法制建设是科学道德建设的法律保证，科学研究不仅需要科学精神的引领，而且还需要公平、公正、公开原则的指导。当前科学立法及法律法规存在的问题如下；首先，我国科研不端行为监管的法制化程度不高，科研不端行为判罚的条款内容滞后，司法解释不合理，存在实际可操作性不足等问题。给我国的科研诚信建设造成了极坏的影响。对于违背科学道德的行为应该予以揭露和严厉惩处，规范化科学道德主体的行为方式和道德观念。其次，在科学研究和科研行为的监督方面缺少科学合理的监管机制，极大地影响了科学体系的持续发展。故此，应该立足实际情况持续推进科研体制改革，对于科研领域诚信问题予以高度重视，明确道德范畴和法律范畴的诚信问题所产生的消极影响。最后，目前我国科学评价体制不健全，缺乏公平、公正性，对于科学不端行为缺少规范的法律制度予以严厉惩处，导致科研不端行为屡见不鲜。

2）社会舆论监督和宣传力度不够

在科学道德和行为习惯规范化发展中，社会舆论在其中所起到的作用较为突出，主要是通过科研人员对科学道德的内化和社会舆论来实现的。由于我国传统文化理念的束缚和影响，导致功利主义、利己主义等不良价值观念深深扎根于社会群体，仍然占据主导。部分科研人员为了谋求短期利益，急功近利、追逐名利行为屡见不鲜。当下中国社会经济文化转型期间，科研人员的社会价值标准和个人的价值取向发生了不同程度上的变化，受到不良价值观念影响，部分科研人员将经济利益作为唯一利益，在一定程度上导致科研人员原有目标发生偏离，过分急功近利，导致不同程度的急功近利和浮躁心理的形成。在我国，科技活动主体创新文化理念不强，科技活动主体的竞争动力不强、自主创新能力不强，风险意识薄弱。

3）机构内部监督机制不完善

科学道德是科学体系能够健康发展的重要保障，我国当前科学领域在发展中，由于种种客观因素影响缺乏完善的科学道德监督机制，科技信用体系不健全。首先，科学不端行为缺乏合理有效的约束和监督，没有建立良好的监督机制。其次，对违背科学道德的行为主体没及时进行监督和处理，得不到应有的惩处，使影响不断扩大。最后，学术内部机构监督机制和相关法律法规、学术评审应遵循公开公正原则，评审专家库和随机遴选制也应完善。我国科学信用意识没有具体体现到制度层面，保持科学公正与纯洁的使命。

4）部分科研人员道德自律性不足

我们在科学道德建设时，加强科学道德"自律"是必然选择。结合行业发展需要，着重培养科研人员的自律意识，以科学道德为行为方式和思想观念的主要标准，针对性树立正确的价值观和道德观，养成良好的道德品质和个性素养，为个人行为规范提供支持。首先，科研人员的自律品德是科学道德中不可或缺的构成内容，科研人员要尊重他人的劳动成果，并要认真履行尊重科学道德责任。其次，科研人员须遵守学术规范的准则，推动科研创新和发展。再次，加强科研人员自省意识培养，坚持诚信原则，在无形中规范科研人员的行为习惯。最后，科研人员需要具备较强的科学责任感，全身心投入到工作中。只有这样，才能推动科研创新，为社会主义现代化事业发展做出更大的贡献。

6.1.3　存在问题

当前高等学校学生科学道德和学术规范教育缺失现象较为严重，在校园里面形成了不良的风气。通过对高等学校及学生的调查，发现学校和学生两方面都存在各自的问题，而且并没有引起足够的重视，如高等学校在组织管理思路和模式上薄弱化，学生在科学研究上存在道德缺失，不遵循学术规范的现象等，现针对这两方面问题进行具体分析。

1）对于高等学校而言

（1）指导协调作用力度不够。高等学校对于学生在科学道德和学术规范教育上的指导十分重要。学校应该加强自身组织结构的建设，完善学生教育的体系结构，才能实现高等学校对学生科学道德和学术规范教育的有效指导。当前高等学校学生群体是庞大的，他们活动范围和自由度是宽广的，这使得高等学校在科学道德和学术规范教育中不能很好地及时地发挥引导作用，不能让学生在学习中尽早地形成良好的科学道德规范意识。同时，高等学校自身存在的层级结构不清晰的问题，导致了学校领导层在落实具体事物上存在不一致或层级弱化现象。

（2）校园文化建设不够丰富。高等学校对自身校园文化建设非常重视，希望学生们都能够尽快地融入学校的良好文化氛围里面，如对学生进行爱国主义教育，校史教育等。但是许多高等学校并没有针对学生的科学道德和学术规范开设相关的课程和专题讲座，教师在教学过程中也很少涉及有关科学道德与学术规范的阐释。同时，在校园业余文化活动中，我们时常能够看到各式各样的特色活动，如社团文化节，歌手大赛，演讲比赛等等，但是很少有学术模范之星，科学道德标兵的评选活动。这说明了高等学校在校园文化建设过程中有些片面，没有从宏观上进行全局地把握。

（3）长效反馈机制不够健全。高等学校学生在科学道德和学术规范教育上出现的问题不能够及时反馈到教师或是学校层面，一方面是学校师生没有引起足够的重视，认为这类现象已经普遍，没有必要大张旗鼓；另一方面是为了某种私利而掩盖事实的原委，从侧面助长此类歪风邪气的扩散和蔓延。随着问题的长期堆叠和积压，便会在学生中间造成学术不端的普遍现象。因此，高等学校应该建立健全长效反馈机制，及时发现问题，反馈问题，并且对问题及时做出妥善的处理，将不良之风扼杀在摇篮之中。

2）对于学生而言

（1）伪造篡改实验数据。高等学校学生在进行数据实验或构造建模时，为了证明实验结论或者是满足实验中某种特性的需要，在实验报告或论文中对相关数据进行伪造和篡改，这使得高等学校在实验教学中难以达到教学目标，在论文写作上难以保证文章的质量。更为严重的是，针对这一学术不端的行为，部分学生却并不在意，表现出理所当然和满不在乎的态度。

（2）抄袭剽窃他人研究成果。在学生进行文章写作和发表时，对他人的研究成果进行剽窃，在未经许可的情况下擅自使用他人的结论、数据及图像。为了证明自己的实验结论，不会顾忌所用论据是否具有合法性。在进行学术研究过程中，为了贪图省时省力，没有进行自主研究和自主创新，只是为了机械化地完成学业任务，对他人研究成果进行篡改和抄袭。在每年毕业生撰写毕业论文时，都能够查出大量的抄袭论文、伪造数据，这阻碍了高等学校学生开发自身的学术潜力，让学生自身的学术水平受到很大影响。

（3）重复发表论文。由于毕业所需条件以及个人所获荣誉的关系，当代高等学校学生对自己发表的论文数量非常重视，这些关乎他们实得的利益以及今后的发展走向。论文论点的片面化，模糊化以及一稿多投现象日趋严重。许多学生将一个实验成果分为两篇文章去撰写，或者将一篇文章稍加改动就投到其他期刊上，这虽然增加了自己文章的数量，但却大大降低了论文的整体质量，对高等学校学生积极探索未知学科领域，研究新的科研成果起到负面影响。

6.1.4 教育途径

要有效地在高等学校当中开展科学道德和学术规范教育，杜绝大学生的学术不端行为，应当构造一个广域的教育体系，充分利用校园、课堂、教师、学生自身开展相关教育工作。

1）利用校园文化开展潜移默化的教育。高中生走进大学之后，相当多的精力都会放在各种校园活动当中。这时候校园文化会对大学生的思想行为产生潜移默化的影响。此时应当充分利用大学的各种社团活动、课外活动，构建一个以诚信和创新为主题的校园文化环境，使学生可以在无形当中树立起良好的科学道德和学术规范价值观念。

2）利用思想政治课堂开展启发和渗透教育。思想政治课是所有大学生都要进行的必修课，而这类课程恰恰可以对学生的思想道德进行良好的教育。因此要善于利用这类课堂的教育内容和风气，对学生开展科学道德和学术诚信教育，积极地利用各类正反面案例和学术名人故事开展教育。

3）利用教师开展模范教育。大学教师是高层次人才的象征，尤其是大学生更容易受到教师的影响。因此应当充分利用教师来树立科学道德榜样，同时在教师的带领下构建一个诚信而规范的学术环境，自上而下的开展科学道德和学术规范的学习。

4）开展学生的自律教育。只有让学生真正意识到学术不端行为对个人和社会造成的影响，才能让他们自觉地学习科学道德和学术规范的相关知识，提高自身的学术修养和道德修养，真正做到诚信自律，成为未来学术界的中流砥柱。因此要充分开展各种引导活动，让学生进行自律教育，以自身的能动性来对抗社会不良风气的影响。

5）开展科学精神教育。除了利用上述四个主体开展科学道德和学术规范教育之外，还应当在一般的课程当中开展科学精神教育。科学精神在学生上专业课、做实验的过程当中都会接触到，在课本上都会有相应领域的科学故事，这是开展科学精神教育的重要方式。一般来说，科学本身具有探索性、严谨性、批判性、创新性和实验性，这些精神的教育都可以让学生以更加严谨的态度面对学术行为，也就可以有效地减少学术不端行为的产生。

6.2 科研伦理

科研伦理是指科研人员与合作者、受试者和生态环境之间的伦理规范和行为准则。科研伦理不只是研究者的伦理，如果把科研伦理归结为研究者的伦理，会引发一些其自身难于解决的理论和实践的难题。首先，它难于解决科研中的伦理责任问题。粗看起来，只要研究者把好了科学道德关，科研伦理问题就会消弭于研究者的手中。例如，如果研究者拒绝在试验中弄虚作假，就不会有科研舞弊现象。再如，如果研究者拒绝、中止或终止有害的科研项目的研究，或拒绝将有害的科研成果交付使用，科研的负面作用就不会发生。类似的理由还可以列举很多。然而，事情并非这么简单。因为，在许多情况下，会遇到双方责任或多方责任以及责任轻重的问题。原子弹的研制和使用就是一个典型的例证。在这个问题上，科学家、政治家和军事家都负有伦理责任，但"使我感到奇怪的是，为什么单挑出科学家来承受这种指责"。还有，按照学界的看法，当科学家预见到某项科学成果的应用会给人类利益带来某些有害的后果时，他负有告知的义务。假设科学家履行了这一义务，但被告知者仍然使用这一成果，该如何评判？在这种情形下，科学家显然已尽到责任，在道德上无可指责；可是责任由谁来承担呢？

近年来，关于科研伦理治理问题的研究越来越受到学术界和各国政府的关注。从狭义上来讲，科研伦理是指在科研研究过程中涉及的伦理问题；广义上来讲，科研伦理包含着更为广泛的科研研究所产生的社会价值和对人类所产生的风险收益问题，即科研与道德的关系问题，是指人们在从事科研创新活动时对于社会、自然关系的思想与行为准则，它规定了科学家及其共同体所应恪守的价值观念。

对于科研伦理，在学术界主要有以下几种理解：一种认为研究伦理特指诚信和科研不端行为（包括利益冲突问题）；另一种认为研究伦理主要是针对人的研究，包括以人为被试的实验调查，其所涵盖的风险类型中包含对个人隐私性的侵害、守密义务等；还有一种认为研究活动本身具备了社会性，对环境和未来发展具有影响，对环境和社会的责任也包括在科研伦理之中。

既然科研伦理规范是实现科研伦理目标的正确行为，那么科研伦理目标就内在地包含两个方面：一方面，促进科研知识的创新与进步，保证科研服务于人类的可持续生存和发展。另一方面，科研伦理既要有利于求真，也要有利于求善，应体现对科研与人类的双重关怀。

6.2.1　主要内容

毋庸讳言，一切所谓科研伦理都衍生于与科学发生现实关系的人身上。因此，科研伦理就是指在科学运行过程中与科学发生伦理关系的所有当事人对科学应当承担的义务和责任。简言之，它是科学当事人对科学的伦理。比较而言，它从两个方面对科研伦理的内涵进行了扩展：一是科研伦理的主体；二是科研伦理的内容。从主体来看，由于"当事人"概念的引入，使所有与科学发生伦理关系的人都成为伦理主体，而不仅仅限于科学家，因而是全员伦理；从内容来看，它涵盖了科学运行的各个阶段，而不仅仅限于科学研究及应用阶段，因而是全程伦理。这一命题内在地包含3方面的意思。

1）科研伦理是关于科学的伦理。这意味着，只有与科学有直接关联的问题才是科研伦理问题。因此，凡因科学产生的伦理问题都是科研伦理问题，不论它是否与科学家有关，如非科学家对科学的伦理信念；反之，凡不是因科学产生的伦理问题都不是科研伦理问题，也不论它是否与科学家有关，如科学家的私生活。同理，不论他是否是科学家，只要他对科学实施了某种具有伦理意义的行为，就属于科研伦理调整的范围。这就解决了科研伦理的理论边界问题。

2）科研伦理是全员伦理，即是所有科学当事人的伦理，主要体现在以下3个方面。

（1）它不是单主体辐射的科研伦理，而是多主体聚焦的科研伦理。这种多主体聚焦表现在科学运行的每一个阶段。每当科学运行到一个特定阶段，就会产生特定的当事人，这些当事人就会形成一个科研伦理共同体，各负义务和责任。譬如说，在制定科学政策阶段，凡参与制定科学政策的人，如政府官员、实业界人士、法律界及伦理界人士以及民意代表等等，都对制定合理的科学政策负有一定的道德义务、承担一定的道德责任。其他阶段也是如此，只不过当事人角色不同，义务和责任不同罢了。

（2）它是一种权利与责任对等的科研伦理，是公平伦理。这是因为在科学运行的不同阶段，当事人是不同的，各自所处的地位和所拥有的权力是不同的，因而所承担的伦理责任也是不同的。譬如，在制定科学政策阶段，科学家可能具有较重要或平等的发言权；在科学应用阶段尤其是当科学成果应用于政治、军事或经济的目的时，科学家只有次要的发言权甚至被剥夺发言权；但在科学研究阶段，科学家则具有垄断性的发言权，因为这个阶段的科学只是科学家的事。同理，在制定科学政策阶段和科学成果应用阶段，政治家或政治共同体享有较多的发言权；但在科学研究阶段，他们没有发言权。因而，它比较好地解决了责任主体及其责任划界问题。

（3）它既是个人伦理，也是社会伦理。由于科学处于一种不断的运行状态，在运行的不同阶段及其时点上，涉及的当事人是不同的，所形成的伦理关系及产生的伦理问题是具体的，所引发的伦理责任是由特定阶段及其时点上的当事人来承担的，因而属于当事人伦理即个人伦理。但是，在科学是一个包含各阶段的整体存在的意义上，在科学是在一种特定的文化时空——国内的或国际的——背景下运行的意义上，在科学成为一国社会化甚至国际社会化事业的意义上，科研伦理就成为一种既包含当事人又超越当事人的社会伦理：不仅是一国的社会伦理，而且还是国际的社会伦理。概言之，科研伦理在其现实性上是当事人伦理，但在本质上是社会伦理。而且，也只有从社会的层面把握科研伦理，才能真正地理解它，才能找到解决科研伦理问题的正确方向。因此，人类不仅仅需要科学家的伦理规范，更需要科研伦理规范；不仅仅需要一国的科研伦理规范，更需要国际的科研伦理规范。

3）科研伦理是科学运行的全程伦理。它包含如下几个方面的内容。

（1）科学政策伦理。包括对科学发展及其方向的价值取向，如何协调基础研究和应用研究之间的关系，如何确定优先发展的学科，建立一个什么样的科学评价制度和科研奖励制度等问题。

（2）科学组织与管理伦理。主要包括组织者和管理者如何进行科学选择和科学评价、分配科学资源、处理科学中的不当行为等问题。

（3）科研伦理。主要是科学家在申报科研项目、进行科学试验、撰写及发表科研论文等环节涉及的科研伦理问题，是科学界内部的伦理问题。

（4）媒体伦理。如媒体有无责任区分科学和伪科学，科研成果在得到科学共同体承认之前能否进行报道，在报道时有无权利使用评价性语言等。

（5）科学成果及应用伦理。一是科学成果的伦理，即真理性知识本身是否存在善恶问题，二是科学成果应用伦理。主要涉及要不要应用，如何应用某一科学成果，以及在发现某一成果的应用带来了不利后果时是否应当继续应用等问题。具有挑战性的问题是，当某一成果的应用会引发价值冲突时，如经济价值与生态价值和人文价值发生冲突，当事人应依据什么标准、按照何种程序来加以解决。

6.2.2 现状分析

联合国教科文组织1993年开始关注科研伦理问题，在社会科学与人学部设置了科学伦理处，于1997年开设了独立的专家机构：世界科学知识与技术伦理委员会，作为联合国教科文组织的咨询团体以及与知识分子交流思想和经验的论坛，它的目标在于"察觉风险态势的基本的早期征兆，促进科学共同体和决策者、公众之间的广泛对话"。世界科学联盟于1996年建立科学责任与伦理常设委员会，挪威等一些国家设置了科研伦理研究国家委员会。

科研伦理规范也是科研伦理的重要表现形式与实现机制，是对于特定道德情境中的行为选择的社会共识与共同约束，是道德的对象化存在。它作为科学的公共价值的表达文本，引导科学活动中的道德选择。在规范的建构方面，应该说世界已经取得了比较显著的进展。这些规范都在一定程度上反映了科研伦理价值选择的共识，它们在价值导向上都是明确的，但是在约束效力上具有很大的差异，有的依靠赏罚、强制，有的诉诸道德良心、责任。同时，这些诉求又成为个人道德选择中一种新的价值参照，或者从经济的角度来看，它们是科学主体进行道德选择中的成本要素。不过对于目前的伦理规范，相关研究机构也意识到存在一些问题。有些规范对于规约的对象与执行含糊其辞，有些伦理规范也并没有涉及对于失范情况的调查与惩戒及其负责机构。具有教育和鼓励性质的规范在约束力上是属于自愿性质的。而且，科学共同体的伦理规范很多是通过相关组织的自愿加入而生效的，许多科研人员不是这些组织的成员，因此，大量科研人员不受任何伦理规则的影响。

从2007年起，中国科学技术协会先后制定颁布了《科技工作者科学道德规范（试行）》《学会科学道德规范（试行）》《中国科协科技期刊科学道德规范》与《科技期刊出版伦理规范》等，通过明确科研人员、学会与期刊三类不同主体科学行为的规范，为弘扬科学精神，促进科研伦理建设起到了一定的作用，同时，大学、研究所等一些机构也制定了内部科研伦理规范。目前，这些规范还处在试行的阶段，对于在实践中遇到的问题还有待研究，在如何保证其实践有效性、如何促进而非限制科学发展、如何落实与追究责任等问题以及吸取国外科研伦理规范的经验等问题上，需要进一步深入探索。1996年，中国科学院在国内率先设立了学部科学道德建设委员会，在具体学科的伦理建制中，医学伦理或生命伦理陆续建立了相关的研究中心、委员会等机构。近年来，依托于既有的研究团队，几所大学陆续设立了科研伦理研究机构，主要包括2003年成立的东南大学科学技术伦理学研究所、2005年成立的中国科学院科研伦理研究中心、大连理工大学科研伦理与科技管理研究中心等。总体上来说，国内"科研伦理的社会建制化程度还不够"，至今没有专门的科研伦理研究机构，在行政层面比较缺乏权威机构，全国具有规模的科研伦理研究团队较少。既有的科研伦理研究成果发表主要集中于伦理学、科技哲学等期刊的栏目中，欠缺专门的科研伦理学术期刊。研究经费来源有限且单一。一些机制的缺失造成科研伦理的实施保障与教育普及工作变得力不从心。

6.2.3 存在问题

我国高等学校学生对科研伦理具有一定程度上的感性认识，尤其是对一些可能存在着明显伤害的科研活动态度比较明确。但是，在部分科研伦理意识上仍然存在着不少问题。

1）许多学生对科研伦理还存在着认识的误区，认为伦理对科研发展是一种束缚作用，拒绝伦理对科研实践的干预，对科研伦理教育不予重视。不少学生之所以认为伦理对科研发展是一种束缚，背后的原因是科研的价值中立思想。科研活动与其他人类活动一样是文化的、历史的产物，科学技术既是人为的，也是为人的，科学真理的追求与科学价值的实现具有内在统一性。因此，价值中立论表面上看来维护了科学技术的独立性和纯洁性，而实际上不但没有有效地维护科学技术的声望，反而危害了科学技术自身的发展。它使科研人员误认为科学技术研究既然是无禁区的，科研伦理因素就不应该插手科学技术的事务。价值中立思想还遮蔽了科研人员作为科学活动主体应该承担的社会责任。当科研发展给人类带来负面社会影响的时候，它往往又成为某些科研人员逃脱社会伦理责任的挡箭牌。因此，要打破学生对科研伦理的偏见，必须首先从认识上转变价值中立思想。

2）我国学生在科研伦理意识的不同方面存在不均衡，在科学道德、科研伦理、技术伦理、工程伦理、生命伦理和环境伦理等方面的表现存在差异。我国学生在生命伦理中的一些敏感问题上，如克隆人研究、人体增强技术研究等，能够采取比较谨慎的态度，对其社会后果进行比较全面的考量；在环境伦理上，也基本能注意到科研活动对环境的影响。但是在科学道德、工程伦理方面则存在着突出的问题。面对这种严峻的情况，科研伦理教育的重要性就显得尤为突出。科研伦理作为一套规约科研活动的系统，可以告诉人们什么样的科研活动是善的或者是恶的，什么样的科研行为是应该做的或者是不应该做的。有些学生并没有将这种规约系统内化于心，自觉按照这些行为规范去进行科研活动，自觉抵制不良行为。

3）许多学生不愿承担责任或推脱本应该属于自己的伦理责任，伦理责任意识还有待加强。许多学生的责任意识还不太强，这是造成当今诸多社会问题的根源之一。因为他们一旦走上社会，就可能明知某个产品存在严重的质量问题，却为了一己之私迎合上级领导，对公众隐瞒实情，违背科研人员应有的科学道德。因此，在科研伦理意识养成过程中应加强伦理责任的培养。具体包括两个方面：一是职业伦理责任，即科研人员在从事本职工作时须具备的基本道德品质；二是社会伦理责任，包括在科研和工程风险方面向公众预测、通告、建议的责任。事实上，许多学生尽管承认自己对科研活动负有责任，但他们认为他们只有发展科学知识的责任，即追求知识系统的扩展和完善。对于科研成果的社会运用及由此产生的伦理责任问题，他们认为这是人们在使用中出现了问题，与他们无关。

4）有些学生不能做到言行一致、知行统一。思想上承认科研伦理的重要性，但在行动上违反科研伦理规范的事件时有发生。通过调查发现，大多数学生都或多或少具有一定的科研伦理意识，也认识到违背科研伦理的严重后果，但在现实中受到各种压力或诱惑，可能心存侥幸不惜冒险做出违背科研伦理的事件。学生的这种思想倾向受到校内外某些学术不端行为的潜在影响，除了赤裸裸的抄袭之外，在作者署名方面，有些对所发表文章没有做出贡献的人，往往由于其所处地位之特殊而成为论文的"作者"。一旦这些论文出了问题，这些"特殊作者"又纷纷宣称他们不负责任，逃避惩罚。我国从 20 世纪 80 年代开始，就已经制定道德规范准则来正确地引导科研人员的科学行为。2002 年 3 月，教育部制定了《关于加强学术道德的若干意见》。2015 年 11 月，由中国科协、教育部、科技部、卫生计生委、中科院、工程院、自然科学基金会七部门联合发布了《发表学术论文"五不准"》（科协发组字〔2015〕98 号）。2016 年教育部又发布《高等学校预防与处理学术不端行为办法》（中华人民共和国教育部令第 40 号），将高等学校处理学术不端行为的依据由规范性文件上升为部门规章。另外，在"科学共同体"内部也组织讨论、制定了许多规章制度。但是，在现实生活中有些科研人员对各种规范视而不见，明知故犯，并呈现出上升趋势，这种不良风气对学生会产生很强的误导作用。

6.2.4　教育途径

1）强化教师对科研伦理教育重要性的认识

这需要高等学校认识到科研伦理教育在科技与工程教育领域的重要性，克服短视的教育思路，并请相关社科教师对教师开设科研伦理的师范课程，之所以要对全体教师开设课程，是由于上文所提到的伦理意识的非理论性。因此，伦理意识的教育绝不应该仅仅停留在科研伦理的课程上，而是应该由全体科研伦理意识足够高的教师，在日常的所有授课中对学生进行濡染，大学课堂的开放性在这里成为最值得利用的优势。在专业教师团队的教学过程中，教师合理地把工程伦理章程的相关内容潜移默化地融入教学之中，让学生牢记工程师与社会之间存在的内在契约关系，使其正确的伦理行为在工程实践活动中为人类带来健康、安全和福祉，促进人与自然的和谐发展。当然，科研伦理教育乃是对人才的长期投资，由于它的非理论性，只有在长期的濡染中才能在学生意识中形成体系化的道德律，并且真正起到伦理意识在其日后相关工作中的引导与规避作用，也正因如此，尽快建立科学合理的高等学校科技与工程伦理课程体系才显得如此紧迫。

2）对大学生科研伦理观的培养应与教学活动紧密相连

恩格斯曾说过："实际上，每一个阶级，甚至每一个行业，都有各自的道德。"大学生应该有自己的职业道德——求学道德。学生以学习为天职，做好把科研伦理观培养贯穿于平时的日常学习生活中。

（1）改革课程教学

目前我国无论是在义务教育阶段，还是在高等教育阶段，科研伦理的教育严重滞后，科研伦理没有完全融入学校的课程体系中，现有的资源完全无法满足大学生极为活跃的思想道德要求。因此，我们的课程设置、课堂教学必须与现代科技相适应，将科研伦理纳入学校的教育教学体系中，使科研伦理进入书本，进入课堂。

（2）培养良好的协作精神

大学生正处在学习阶段，在学习中不但要向书本学习，向实践学习，更要向优秀的科研人员学习，要博采众长，丰富自己。但前提是要尊重他人，谦虚做人。现代科学技术所面临的课题越来越复杂，这种科学技术社会化的趋势不断改变着科研人员的科技活动方式。科技活动方式的改变要求从事科技活动的人们必须培养群体意识、协作精神。科学技术活动已经从个体研究、集体研究向国际合作的方向发展。这就要求大学生不断培养协作意识和协作能力。

（3）注重在科技实践活动中培养科研伦理观

科研伦理观的培养可以从大学生的科技活动抓起，现代科学技术的发展已经达到了前所未有的成就，在造福人类的同时也给人类带来了不安和忧虑。作为当代大学生应该始终在科技活动中贯彻落实科研伦理观，保证科技活动正常有序地进行。要学科学、爱科学，用科学技术去造福人类。要认识自己的责任，了解自己科技活动的社会后果，并以自己的优秀成果去推动社会进步。科技活动是一种精细、复杂、艰苦的创造性劳动，它要求大学生专心致志，踏实苦干，肯于钻研。因此，大学生必须培养坚强的意志和百折不挠的精神，不畏艰险，勇于探索，这样才有可能攀登上科学的顶峰。科技活动的客观对象是自然界，科学活动是科学、客观地分析事物的发展过程，它要求大学生必须具有实事求是的作风和大公无私的思想品德，不可在科学活动中投机取巧，伪造科学成果。牛顿从认识万有引力定律到万有引力定律的公开发表竟相隔22年，这是科学家实事求是的科学美德的具体体现，他应该成为我们大学生的学习楷模。

总之，为了克服科技加速发展与社会伦理价值体系的巨大冲突，使现代科技真正服务于人，必须认真贯彻科研伦理观。现代大学生作为国家科技发展的后备力量，更应该充分重视科研伦理观的培养，用科研伦理观武装自己，发展自己，为我国的科技复兴贡献自己的力量。

附录1 科技工作者科学道德规范（试行）

（2007年1月16日中国科协七届三次常委会议审议通过）

第一章 总则

第一条 为弘扬科学精神，加强科学道德和学风建设，提高科技工作者创新能力，促进科学技术的繁荣发展，中国科学技术协会根据国家有关法律法规制定《科技工作者科学道德规范》。

第二条 本规范适用于中国科学技术协会所属全国学会、协会、研究会会员及其他科技工作者。

第三条 科技工作者应坚持科学真理、尊重科学规律、崇尚严谨求实的学风，勇于探索创新，恪守职业道德，维护科学诚信。

第四条 科技工作者应以发展科学技术事业，繁荣学术思想，推动经济社会进步，促进优秀科技人才成长，普及科学技术知识为使命。以国家富强，民族振兴，服务人民，构建和谐社会为己任。

第二章 学术道德规范

第五条 进行学术研究应检索相关文献或了解相关研究成果，在发表论文或以其他形式报告科研成果中引用他人论点时必须尊重知识产权，如实标出。

第六条 尊重研究对象（包括人类和非人类研究对象）。在涉及人体的研究中，必须保护受试人合法权益和个人隐私并保障知情同意权。

第七条 在课题申报、项目设计、数据资料的采集与分析、公布科研成果，确认科研工作参与人员的贡献等方面，遵守诚实客观原则。对已发表研究成果中出现的错误和失误，应以适当的方式予以公开和承认。

第八条 诚实严谨地与他人合作。耐心诚恳地对待学术批评和质疑。

第九条 公开研究成果、统计数据等，必须实事求是、完整准确。

第十条 搜集、发表数据要确保有效性和准确性，保证实验记录和数据的完整、真实和安全，以备考查。

第十一条 对研究成果做出实质性贡献的专业人员拥有著作权。仅对研究项目进行过一般性管理或辅助工作者，不享有著作权。

第十二条 合作完成成果，应按照对研究成果的贡献大小的顺序署名（有署名惯例或约定的除外）。署名人应对本人作出贡献的部分负责，发表前应由本人审阅并署名。

第十三条 科研新成果在学术期刊或学术会议上发表前（有合同限制的除外），不应先向媒体或公众发布。

第十四条 不得利用科研活动谋取不正当利益。正确对待科研活动中存在的直接、间接或潜在的利益关系。

第十五条 科技工作者有义务负责任地普及科学技术知识，传播科学思想、科学方法。反对捏造与事实不符的科技事件，及对科技事件进行新闻炒作。

第十六条 抵制一切违反科学道德的研究活动。如发现该工作存在弊端或危害，应自觉暂缓或调整、甚至终止，并向该研究的主管部门通告。

第十七条 在研究生和青年研究人员的培养中，应传授科学道德准则和行为规范。选拔学术带头人和有关科技人才，应将科学道德与学风作为重要依据之一。

第三章 学术不端行为

第十八条 学术不端行为是指，在科学研究和学术活动中的各种造假、抄袭、剽窃和其他违背科学共同体惯例的行为。

第十九条 故意做出错误的陈述，捏造数据或结果，破坏原始数据的完整性，篡改实验记录和图片，在项目申请、成果申报、求职和提职申请中做虚假的陈述，提供虚假获奖证书、论文发表证明、文献引用证明等。

第二十条 侵犯或损害他人著作权，故意省略参考他人出版物，抄袭他人作品，篡改他人作品的内容；未经授权，利用被自己审阅的手稿或资助申请中的信息，将他人未公开的作品或研究计划发表或透露给他人或为己所用；把成就归功于对研究没有贡献的人，将对研究工作做出实质性贡献的人排除在作者名单之外，僭越或无理要求著者或合著者身份。

第二十一条 成果发表时一稿多投。

第二十二条 采用不正当手段干扰和妨碍他人研究活动，包括故意毁坏或扣压他人研究活动中必需的仪器设备、文献资料，以及其他与科研有关的财物；故意拖延对他人项目或成果的审查、评价时间，或提出无法证明的论断；对竞争项目或结果的审查设置障碍。

第二十三条 参与或与他人合谋隐匿学术劣迹，包括参与他人的学术造假，与他人合谋隐藏其不端行为，监察失职，以及对投诉人打击报复。

第二十四条 参加与自己专业无关的评审及审稿工作；在各类项目评审、机构评估、出版物或研究报告审阅、奖项评定时，出于直接、间接或潜在的利益冲突而作出违背客观、准确、公正的评价；绕过评审组织机构与评议对象直接接触，收取评审对象的馈赠。

第二十五条 以学术团体、专家的名义参与商业广告宣传。

第四章 学术不端行为的监督

第二十六条 中国科学技术协会科技工作者道德与权益专门委员会负责科学道德与

学风建设的宣传教育，监督所属全国学会及会员、相关科技工作者执行科学道德规范情况，建立会员学术诚信档案，对涉及学术不端行为的个人进行记录，向中国科学技术协会通报。

第二十七条　调查学术不端行为应遵循合法、客观、公正原则。应尊重和维护当事人的正当权益，对举报人提供必要的保护。在调查过程中，准确把握学术不端行为的界定。

第二十八条　中国科学技术协会科技工作者道德与权益专门委员会重视社会监督，对学术不端行为的投诉，委托相关学会、组织或部门进行事实调查，提出处理意见。

附录2 发表学术论文"五不准"

2015年11月23日，由中国科协、教育部、科技部、卫生计生委、中科院、工程院、自然科学基金会关于印发《发表学术论文"五不准"》（科协发组字〔2015〕98号）的通知。

1. 不准由"第三方"代写论文。科技工作者应自己完成论文撰写，坚决抵制"第三方"提供论文代写服务。

2. 不准由"第三方"代投论文。科技工作者应学习、掌握学术期刊投稿程序，亲自完成提交论文、回应评审意见的全过程，坚决抵制"第三方"提供论文代投服务。

3. 不准由"第三方"对论文内容进行修改。论文作者委托"第三方"进行论文语言润色，应基于作者完成的论文原稿，且仅限于对语言表达方式的完善，坚决抵制以语言润色的名义修改论文的实质内容。

4. 不准提供虚假同行评审人信息。科技工作者在学术期刊发表论文如需推荐同行评审人，应确保所提供的评审人姓名、联系方式等信息真实可靠，坚决抵制同行评审环节的任何弄虚作假行为。

5. 不准违反论文署名规范。所有论文署名作者应事先审阅并同意署名发表论文，并对论文内容负有知情同意的责任；论文起草人必须事先征求署名作者对论文全文的意见并征得其署名同意。论文署名的每一位作者都必须对论文有实质性学术贡献，坚决抵制无实质性学术贡献者在论文上署名。

本"五不准"中所述"第三方"指除作者和期刊以外的任何机构和个人；"论文代写"指论文署名作者未亲自完成论文撰写而由他人代理的行为；"论文代投"指论文署名作者未亲自完成提交论文、回应评审意见等全过程而由他人代理的行为。

附录3 高等学校预防与处理学术不端行为办法

（中华人民共和国教育部令第40号）

《高等学校预防与处理学术不端行为办法》已于2016年4月5日经教育部2016年第14次部长办公会议审议通过，现予发布，自2016年9月1日起施行。

教育部部长　袁贵仁

2016年6月16日

高等学校预防与处理学术不端行为办法

第一章　总则

第一条　为有效预防和严肃查处高等学校发生的学术不端行为，维护学术诚信，促进学术创新和发展，根据《中华人民共和国高等教育法》、《中华人民共和国科学技术进步法》、《中华人民共和国学位条例》等法律法规，制定本办法。

第二条　本办法所称学术不端行为是指高等学校及其教学科研人员、管理人员和学生，在科学研究及相关活动中发生的违反公认的学术准则、违背学术诚信的行为。

第三条　高等学校预防与处理学术不端行为应坚持预防为主、教育与惩戒结合的原则。

第四条　教育部、国务院有关部门和省级教育部门负责制定高等学校学风建设的宏观政策，指导和监督高等学校学风建设工作，建立健全对所主管高等学校重大学术不端行为的处理机制，建立高校学术不端行为的通报与相关信息公开制度。

第五条　高等学校是学术不端行为预防与处理的主体。高等学校应当建设集教育、预防、监督、惩治于一体的学术诚信体系，建立由主要负责人领导的学风建设工作机制，明确职责分工；依据本办法完善本校学术不端行为预防与处理的规则与程序。

高等学校应当充分发挥学术委员会在学风建设方面的作用，支持和保障学术委员会依法履行职责，调查、认定学术不端行为。

第二章　教育与预防

第六条　高等学校应当完善学术治理体系，建立科学公正的学术评价和学术发展制度，营造鼓励创新、宽容失败、不骄不躁、风清气正的学术环境。

高等学校教学科研人员、管理人员、学生在科研活动中应当遵循实事求是的科学精神和严谨认真的治学态度，恪守学术诚信，遵循学术准则，尊重和保护他人知识产权等合法权益。

第七条 高等学校应当将学术规范和学术诚信教育，作为教师培训和学生教育的必要内容，以多种形式开展教育、培训。

教师对其指导的学生应当进行学术规范、学术诚信教育和指导，对学生公开发表论文、研究和撰写学位论文是否符合学术规范、学术诚信要求，进行必要的检查与审核。

第八条 高等学校应当利用信息技术等手段，建立对学术成果、学位论文所涉及内容的知识产权查询制度，健全学术规范监督机制。

第九条 高等学校应当建立健全科研管理制度，在合理期限内保存研究的原始数据和资料，保证科研档案和数据的真实性、完整性。

高等学校应当完善科研项目评审、学术成果鉴定程序，结合学科特点，对非涉密的科研项目申报材料、学术成果的基本信息以适当方式进行公开。

第十条 高等学校应当遵循学术研究规律，建立科学的学术水平考核评价标准、办法，引导教学科研人员和学生潜心研究，形成具有创新性、独创性的研究成果。

第十一条 高等学校应当建立教学科研人员学术诚信记录，在年度考核、职称评定、岗位聘用、课题立项、人才计划、评优奖励中强化学术诚信考核。

第三章　受理与调查

第十二条 高等学校应当明确具体部门，负责受理社会组织、个人对本校教学科研人员、管理人员及学生学术不端行为的举报；有条件的，可以设立专门岗位或者指定专人，负责学术诚信和不端行为举报相关事宜的咨询、受理、调查等工作。

第十三条 对学术不端行为的举报，一般应当以书面方式实名提出，并符合下列条件：

（一）有明确的举报对象；

（二）有实施学术不端行为的事实；

（三）有客观的证据材料或者查证线索。

以匿名方式举报，但事实清楚、证据充分或者线索明确的，高等学校应当视情况予以受理。

第十四条 高等学校对媒体公开报道、其他学术机构或者社会组织主动披露的涉及本校人员的学术不端行为，应当依据职权，主动进行调查处理。

第十五条 高等学校受理机构认为举报材料符合条件的，应当及时作出受理决定，并通知举报人。不予受理的，应当书面说明理由。

第十六条 学术不端行为举报受理后，应当交由学校学术委员会按照相关程序组织开展调查。

学术委员会可委托有关专家就举报内容的合理性、调查的可能性等进行初步审查，并作出是否进入正式调查的决定。

决定不进入正式调查的，应当告知举报人。举报人如有新的证据，可以提出异议。异议成立的，应当进入正式调查。

第十七条　高等学校学术委员会决定进入正式调查的，应当通知被举报人。

被调查行为涉及资助项目的，可以同时通知项目资助方。

第十八条　高等学校学术委员会应当组成调查组，负责对被举报行为进行调查；但对事实清楚、证据确凿、情节简单的被举报行为，也可以采用简易调查程序，具体办法由学术委员会确定。

调查组应当不少于 3 人，必要时应当包括学校纪检、监察机构指派的工作人员，可以邀请同行专家参与调查或者以咨询等方式提供学术判断。

被调查行为涉及资助项目的，可以邀请项目资助方委派相关专业人员参与调查组。

第十九条　调查组的组成人员与举报人或者被举报人有合作研究、亲属或者导师学生等直接利害关系的，应当回避。

第二十条　调查可通过查询资料、现场查看、实验检验、询问证人、询问举报人和被举报人等方式进行。调查组认为有必要的，可以委托无利害关系的专家或者第三方专业机构就有关事项进行独立调查或者验证。

第二十一条　调查组在调查过程中，应当认真听取被举报人的陈述、申辩，对有关事实、理由和证据进行核实；认为必要的，可以采取听证方式。

第二十二条　有关单位和个人应当为调查组开展工作提供必要的便利和协助。

举报人、被举报人、证人及其他有关人员应当如实回答询问，配合调查，提供相关证据材料，不得隐瞒或者提供虚假信息。

第二十三条　调查过程中，出现知识产权等争议引发的法律纠纷的，且该争议可能影响行为定性的，应当中止调查，待争议解决后重启调查。

第二十四条　调查组应当在查清事实的基础上形成调查报告。调查报告应当包括学术不端行为责任人的确认、调查过程、事实认定及理由、调查结论等。

学术不端行为由多人集体做出的，调查报告中应当区别各责任人在行为中所发挥的作用。

第二十五条　接触举报材料和参与调查处理的人员，不得向无关人员透露举报人、被举报人个人信息及调查情况。

第四章　认定

第二十六条　高等学校学术委员会应当对调查组提交的调查报告进行审查；必要的，应当听取调查组的汇报。

学术委员会可以召开全体会议或者授权专门委员会对被调查行为是否构成学术不端行为以及行为的性质、情节等作出认定结论，并依职权作出处理或建议学校作出相应处理。

第二十七条　经调查，确认被举报人在科学研究及相关活动中有下列行为之一的，应当认定为构成学术不端行为：

（一）剽窃、抄袭、侵占他人学术成果；

（二）篡改他人研究成果；

（三）伪造科研数据、资料、文献、注释，或者捏造事实、编造虚假研究成果；

（四）未参加研究或创作而在研究成果、学术论文上署名，未经他人许可而不当使用他人署名，虚构合作者共同署名，或者多人共同完成研究而在成果中未注明他人工作、贡献；

（五）在申报课题、成果、奖励和职务评审评定、申请学位等过程中提供虚假学术信息；

（六）买卖论文、由他人代写或者为他人代写论文；

（七）其他根据高等学校或者有关学术组织、相关科研管理机构制定的规则，属于学术不端的行为。

第二十八条 有学术不端行为且有下列情形之一的，应当认定为情节严重：

（一）造成恶劣影响的；

（二）存在利益输送或者利益交换的；

（三）对举报人进行打击报复的；

（四）有组织实施学术不端行为的；

（五）多次实施学术不端行为的；

（六）其他造成严重后果或者恶劣影响的。

第五章 处理

第二十九条 高等学校应当根据学术委员会的认定结论和处理建议，结合行为性质和情节轻重，依职权和规定程序对学术不端行为责任人作出如下处理：

（一）通报批评；

（二）终止或者撤销相关的科研项目，并在一定期限内取消申请资格；

（三）撤销学术奖励或者荣誉称号；

（四）辞退或解聘；

（五）法律、法规及规章规定的其他处理措施。

同时，可以依照有关规定，给予警告、记过、降低岗位等级或者撤职、开除等处分。

学术不端行为责任人获得有关部门、机构设立的科研项目、学术奖励或者荣誉称号等利益的，学校应当同时向有关主管部门提出处理建议。

学生有学术不端行为的，还应当按照学生管理的相关规定，给予相应的学籍处分。

学术不端行为与获得学位有直接关联的，由学位授予单位作暂缓授予学位、不授予学位或者依法撤销学位等处理。

第三十条 高等学校对学术不端行为作出处理决定，应当制作处理决定书，载明以下内容：

（一）责任人的基本情况；

（二）经查证的学术不端行为事实；

（三）处理意见和依据；

（四）救济途径和期限；

（五）其他必要内容。

第三十一条　经调查认定，不构成学术不端行为的，根据被举报人申请，高等学校应当通过一定方式为其消除影响、恢复名誉等。

调查处理过程中，发现举报人存在捏造事实、诬告陷害等行为的，应当认定为举报不实或者虚假举报，举报人应当承担相应责任。属于本单位人员的，高等学校应当按照有关规定给予处理；不属于本单位人员的，应通报其所在单位，并提出处理建议。

第三十二条　参与举报受理、调查和处理的人员违反保密等规定，造成不良影响的，按照有关规定给予处分或其他处理。

第六章　复核

第三十三条　举报人或者学术不端行为责任人对处理决定不服的，可以在收到处理决定之日起30日内，以书面形式向高等学校提出异议或者复核申请。

异议和复核不影响处理决定的执行。

第三十四条　高等学校收到异议或者复核申请后，应当交由学术委员会组织讨论，并于15日内作出是否受理的决定。

决定受理的，学校或者学术委员会可以另行组织调查组或者委托第三方机构进行调查；决定不予受理的，应当书面通知当事人。

第三十五条　当事人对复核决定不服，仍以同一事实和理由提出异议或者申请复核的，不予受理；向有关主管部门提出申诉的，按照相关规定执行。

第七章　监督

第三十六条　高等学校应当按年度发布学风建设工作报告，并向社会公开，接受社会监督。

第三十七条　高等学校处理学术不端行为推诿塞责、隐瞒包庇、查处不力的，主管部门可以直接组织或者委托相关机构查处。

第三十八条　高等学校对本校发生的学术不端行为，未能及时查处并做出公正结论，造成恶劣影响的，主管部门应当追究相关领导的责任，并进行通报。

高等学校为获得相关利益，有组织实施学术不端行为的，主管部门调查确认后，应当撤销高等学校由此获得的相关权利、项目以及其他利益，并追究学校主要负责人、直接负责人的责任。

第八章　附则

第三十九条　高等学校应当根据本办法，结合学校实际和学科特点，制定本校学术不端行为查处规则及处理办法，明确各类学术不端行为的惩处标准。有关规则应当经学校学术委员会和教职工代表大会讨论通过。

第四十条　高等学校主管部门对直接受理的学术不端案件，可自行组织调查组或者指定、委托高等学校、有关机构组织调查、认定。对学术不端行为责任人的处理，根据本办法及国家有关规定执行。

　　教育系统所属科研机构及其他单位有关人员学术不端行为的调查与处理，可参照本办法执行。

　　第四十一条　本办法自2016年9月1日起施行。

　　教育部此前发布的有关规章、文件中的相关规定与本办法不一致的，以本办法为准。

附录4 本书涉及各类获奖项目汇总表

（共66项，其中国家级18项、省级15项、校级33项）

序号	项目号/日期	级别	项目类型	项目名称
1	201310386010	国家级	大学生创新创业训练计划项目	既有建筑排水系统水封检测装置
2	201510386036	国家级	大学生创新创业训练计划项目	福州品漾科技有限公司
3	201310386053	省级	大学生创新创业训练计划项目	建筑排水系统地漏水封改进装置
4	201410386062	省级	大学生创新创业训练计划项目	建筑排水系统常用管件水力特性研究
5	201610386069	省级	大学生创新创业训练计划项目	城市桥梁排水BIM建模与水文模拟
6	201610386102	省级	大学生创新创业训练计划项目	福州家居型智能水设备有限公司
7	2017年（21）	省级	大学生创新创业优秀项目资助	PES钢塑复合型水箱
8	201810386059	省级	大学生创新创业训练计划项目	基于美丽乡村建设的既有化粪池改进研究
9	201810386063	省级	大学生创新创业训练计划项目	透水性路面砖及其铺装系统对径流污染的逐层除污效应研究
10	S201910386065	省级	大学生创新创业训练计划项目	区域供水管网智能化监测管理系统优化研究
11	12066	校级	本科生科研训练计划项目	浅析同层排水的应用情况
12	15033	校级	本科生科研训练计划项目	建筑排水系统地漏水封现状调查
13	16041	校级	本科生科研训练计划项目	建筑排水水封蒸发实验的初步研究
14	17049	校级	本科生科研训练计划项目	光催化TiO_2在陶瓷洗涤盆中应用性能研究
15	17060	校级	本科生科研训练计划项目	建筑排水系统水封抗正压性能研究
16	18083	校级	本科生科研训练计划项目	建筑排水系统地漏设置位置对排水能力的影响研究
17	18095	校级	本科生科研训练计划项目	建筑排水水封性能测试研究
18	20077	校级	本科生科研训练计划项目	建筑排水系统出户管流态分析
19	20102	校级	本科生科研训练计划项目	福州大学城周边特殊路段排水方式研究
20	22113	校级	本科生科研训练计划项目	低影响开发在校园雨水控制中的应用
21	23076	校级	本科生科研训练计划项目	雨水渗透技术实验研究与数值模拟

序号	项目号/日期	级别	项目类型	项目名称
22	23077	校级	本科生科研训练计划项目	透水路面砖中生物相研究
23	24101	校级	本科生科研训练计划项目	基于 Fluent 的饮用水水箱现状调查与数模研究
24	IRP03008	校级	土木工程创新性实验研究计划项目	建筑排水系统水封比的特性研究
25	IRP04009	校级	土木工程创新性实验研究计划项目	建筑排水系统水封容量的特性研究
26	2013年8月	国家级	全国高校给排水科学与工程专业本科生科技创新优秀奖	建筑排水系统水封比的特性研究
27	2019年8月	国家级	全国高校给排水科学与工程专业本科生科技创新优秀奖	基于美丽乡村建设的既有化粪池改进研究
28	2017年10月	国家级	第二届"全国高等学校给排水相关专业在校生研究成果展示会"	既有城区道路与水体护岸海绵城市建设技术与装置
29	2013年8月	国家级	第六届全国大学生节能减排社会实践与科技竞赛	微型发电稳压节水龙头
30	2014年8月	国家级	第七届全国大学生节能减排社会实践与科技竞赛	智能型长寿命家用净水器
31	2015年8月	国家级	第八届全国大学生节能减排社会实践与科技竞赛	基于全民健身项目的储水、浇灌及发电装置
32	2015年8月	国家级	第八届全国大学生节能减排社会实践与科技竞赛	江河水源段桥面安全与节能排水系统的构建
33	2016年8月	国家级	第九届全国大学生节能减排社会实践与科技竞赛	基于黑臭水体治理的生物净化装置
34	2016年8月	国家级	第九届全国大学生节能减排社会实践与科技竞赛	基于海绵城市的防涝、储水、发电一体化路面雨水收集系统
35	2016年8月	国家级	第九届全国大学生节能减排社会实践与科技竞赛	智能式太阳能超声波雾化除霾装置
36	2017年8月	国家级	第十届全国大学生节能减排社会实践与科技竞赛	基于海绵城市的节能防涝预警雨水系统
37	2017年8月	国家级	第十届全国大学生节能减排社会实践与科技竞赛	基于海绵城市的可发电污泥固化透水砖
38	2018年8月	国家级	第十一届大学生节能减排社会实践与科技竞赛	让便便更方便——基于厕所革命的智慧公厕
39	2019年8月	国家级	第十二届全国大学生节能减排社会实践与科技竞赛	"一仿肠态",一种用于污水处理的节能减排设备
40	2015年7月	国家级	第四届全国大学生水利创新设计大赛	太阳能自动曝气与生物浮岛净水装置
41	2017年7月	国家级	第五届全国大学生水利创新设计大赛	基于水源段水域安全的桥梁排水系统的优化构建

序号	项目号/日期	级别	项目类型	项目名称
42	2014年3月	省级	首届福建省大学生新能源创新科技创新大赛	微型发电稳压节水龙头
43	2019年5月	省级	福建省首届大学生水利创新设计竞赛	"一箱两治"——可分时分质供水的水箱改造
44	2019年5月	省级	福建省首届大学生水利创新设计竞赛	城市雨水调蓄预警系统
45	2019年5月	省级	福建省首届大学生水利创新设计竞赛	清道夫——智能清洁小乌龟
46	2019年5月	省级	福建省首届大学生水利创新设计竞赛	"格污治之"——一种新型智能模块化人工湿地
47	2019年5月	省级	福建省首届大学生水利创新设计竞赛	可再生水再利用智慧型一体化装置
48	2019年5月	省级	福建省首届大学生水利创新设计竞赛	"通粪清肠",一种用于污水处理的仿生节能设备
49	2013年6月	校级	第三届大学生节能减排社会实践与科技竞赛	微型发电稳压节水龙头
50	2014年6月	校级	第四届大学生节能减排社会实践与科技竞赛	船载式太阳能自动曝气净水装置
51	2014年6月	校级	第四届大学生节能减排社会实践与科技竞赛	微动力家庭中水回用便携装置
52	2014年6月	校级	第四届大学生节能减排社会实践与科技竞赛	智能型长寿命家用净水器
53	2015年6月	校级	第五届大学生节能减排社会实践与科技竞赛	基于全民健身的储水"提水"发电设计
54	2016年6月	校级	第六届大学生节能减排社会实践与科技竞赛	智能式太阳能超声波雾化除霾装置
55	2016年6月	校级	第六届大学生节能减排社会实践与科技竞赛	基于海绵城市的防涝、储水、发电一体化路面雨水收集系统
56	2016年6月	校级	第六届大学生节能减排社会实践与科技竞赛	基于黑臭水体治理的生物净化装置
57	2017年6月	校级	第七届大学生节能减排社会实践与科技竞赛	基于海绵城市的节能防涝预警雨水系统
58	2017年6月	校级	第七届大学生节能减排社会实践与科技竞赛	基于海绵城市的可发电污泥固化透水砖
59	2018年6月	校级	第八届大学生节能减排社会实践与科技竞赛	基于三格化粪池的智慧农村污水治理系统
60	2018年6月	校级	第八届大学生节能减排社会实践与科技竞赛	基于"最后一公里"饮用水安全的智慧水箱
61	2018年6月	校级	第八届大学生节能减排社会实践与科技竞赛	让便便更方便——基于厕所革命的智慧公厕

续表

序号	项目号/日期	级别	项目类型	项目名称
62	2019年5月	校级	第九届大学生节能减排社会实践与科技竞赛	可再生水再利用智慧型一体化装置
63	2019年5月	校级	第九届大学生节能减排社会实践与科技竞赛	"通粪清肠",一种用于污水处理的仿生节能设备
64	2019年5月	校级	第九届大学生节能减排社会实践与科技竞赛	河道清道夫——智能清洁小海龟
65	2019年5月	校级	第九届大学生节能减排社会实践与科技竞赛	"格污治之"——一种新型智能模块化人工湿地
66	2019年5月	校级	第九届大学生节能减排社会实践与科技竞赛	"一箱两治"——基于分质供水的水箱改造计划

注：为主统计2013～2019年国家级、省级、校级大学生创新创业训练计划项目，全国与学校大学生节能减排社会实践与科技竞赛等项目。

参考文献

［1］刘德明. 建筑给水排水工程课程综合教学体系建设与实践［J］. 高等建筑教育，2013，22（3）：58-60.

［2］刘德明，李泽裕，王子龙. 给排水科学与工程专业本科生科研创新实践平台研究［J］. 中国轻工教育，2013，（3）：73-75.

［3］刘德明，钟素娟，庞胜华，李泽裕. 多层次多学科本科生创新实践平台的构建与实践［J］. 高等建筑教育，2015，24（3）：123-126.

［4］刘德明，鄢斌，黄晗，陈琳琳. 在建筑给水排水工程课程教学建设中提高学生创新能力的探索［J］. 高等建筑教育，2016，25（4）：25-27.

［5］刘德明，鄢斌，黄晗，陈琳琳，龚旭. 基于"四会"目标的市政工程专业研究生培养模式的研究［J］. 高等建筑教育，2017，26（1）：85-88.

［6］刘德明，钟素娟. 本科生科研创新实践平台中教师角色定位［J］. 教育教学论坛，2017，（9）：27-28.

［7］韩林彤，刘德明，丁若莹，鄢斌，江羽. 双创教育下的大学生自主创业体悟［J］. 教育教学论坛，2017，（36）：26-27.

［8］刘德明，鄢斌，丁若莹，杨雪，黄晗. 台湾地区给排水科学与工程专业人才培养模式研究［J］. 高等建筑教育，2018，27（1）：11-14.

［9］刘德明，傅振东，鄢斌，丁若莹. 以节能减排竞赛活动为抓手，可持续培养学生专业素养的实践［J］. 教育现代化，2019，（46）：55-56.

［10］刘德明，傅振东，鄢斌，丁若莹. 基于科技竞赛的大学生创新精神和实践能力培养模式研究［J］. 教育现代化，2019，（48）：47-48.

［11］刘德明，鄢斌，黄晗等. 海绵城市建设概论——让城市像海绵一样呼吸［M］. 北京：中国建筑工业出版社，2017.

［12］李圭白，蒋展鹏，范瑾初，张勤. 给排水科学与工程概论（第三版）［M］. 中国建筑工业出版社，2018.

［13］刘德明，鄢斌，黄功洛，王子龙. 结合推理法即模拟法的雨水排水设计［J］. 市政技术，2017，35：154-157.

［14］钟素娟，刘德明，许静菊，陈巧辉. 国外雨水综合利用先进理念和技术［J］. 福建建设科技，2014（02）：77-79.

［15］鄢斌. 下穿道路雨水控制与管理关键技术研究［D］. 福州大学，2017.

［16］龚旭. 建筑排水系统水力实验与数值模拟研究［D］. 福州大学，2015.

［17］夏向阳，李伟，张红辉. 不同类型专利对我国技术进步影响的实证研究［J］. 科技管理研究，2012，（15）：189-193.

［18］丁成. 浅谈如何确定专利申请类型［J］. 城市建设理论研究（电子版），2013，（20）：1-3.

［19］高敏，胡冬云. 专利申请类型、申请时机及申请途径浅析［J］. 中国高校科技与产业化，2008，（6）：51-53.

［20］刘家宏，夏霖，王浩等. 城市深邃排水系统典型案例分析［J］. 科学通报，2017，62：3269-3276.

［21］张弛，徐康宁，苏冯婷. 国内外源分离排水工程项目概述［J］. 中国给水排水，2015，31（2）：28-33.

［22］李建波. 真空排水系统的原理、方法及应用［J］. 净水技术，2011，30（3）：30-33.

［23］郭琳，焦露. 海绵城市建设研究进展与展望［J］. 给水排水，2017，53（S1）：170-173.

［24］张宗农. 雨水收集利用技术介绍［J］. 环境与发展，2018，30（01）：90-91.

［25］仇保兴. 海绵城市（LID）的内涵、途径与展望［J］. 给水排水，2015，51（03）：1-7.

［26］盛棋楸. 预制装配式技术在综合管廊领域的应用与发展［J］. 中外建筑，2018（05）：192-193.

［27］张思瑜. 综合管廊技术创新与智慧建造［J］. 现代物业（中旬刊），2019（01）：74-75.

［28］徐祖信，徐晋，金伟，等. 我国城市黑臭水体治理面临的挑战与机遇［J］. 给水排水，2019，55（03）：1-5.

［29］宁梓洁，王鑫. 黑臭水体治理技术研究进展［J］. 环境工程，2018，36（08）：26-29.

［30］赵丽霞，尹峰杰，付敏，等. 装配式建筑技术研讨［J］. 中国科技纵横，2018（7）：75-76.

［31］孙红梅. 绿色消防技术应用研究［J］. 时代农机，2016，43（03）：171-172.

［32］李祖超，魏海勇. 导师主导的研究生科研道德教育探析［J］. 现代教育管理，2009（03）：123-125.

［33］岑娟，张峰. 论理工科科研人员的职业道德［J］. 时代教育，2015（23）：4.

［34］宝月. 学生科学道德和学术规范教育的必要性和措施［J］. 湖北函授大学学报，2015，28（10）：62-63.

［35］陈晓英，邹雨希. 对大学生科技伦理观的培养研究［J］. 沈阳工程学院学报（社会科学版），2012，8（04）：557-559.

［36］王前，杨中楷，刘盛博，等. 高校理工科学生科技伦理意识的问题与对策［J］. 科学学研究，2017，35（07）：967-974.

［37］刘国云. 中外科学伦理发展比较研究［J］. 自然辩证法研究，2013，29（02）：59-64.

［38］郑永芳. 市政给水处理技术发展趋势分析［J］. 居舍，2019（07）：19，54.

［39］菅昊. 现代城市给水处理技术研究［J］. 当代化工研究，2019（01）：7-8.

［40］张贵权，张丽娜．现代给水处理新技术探讨［J］．科技资讯，2018，16（25）：38，40．

［41］李立欣，刘婉萌，马放．复合型微生物絮凝剂研究进展［J］．化工学报，2018，69（10）：4139-4147．

［42］白静．非开挖管道修复技术在城市地下排水管道中的应用［J］．工程建设与设计，2018（06）：73-74．

［43］漆文光．臭氧-活性炭工艺在南方湿热地区的优化探讨［J］．供水技术，2017，11（05）：17-19．

［44］邹晓．关于管道施工技术在自来水给排水中的有效应用［J］．建材与装饰，2017（28）：33-34．

［45］李梁．市政给水管道非开挖修复技术［J］．低碳世界，2017（19）：189-190．

［46］吴佳佳．浅谈我国常规给水处理工艺及水处理新技术［J］．城市建设理论研究（电子版），2017（02）：133．

［47］李立欣，邢洁，马放，战友，朱亚威．复合型生物絮凝剂对水源水浊度和色度的去除效能［J］．黑龙江科技大学学报，2016，26（05）：524-527，551．

［48］廖家仕．聚合硫酸铁生产新技术在给水处理上的应用［J］．黑龙江科技信息，2014（28）：61．

［49］李四．刍议现代给水处理新技术的应用［J］．河南科技，2014（07）：25-26．

［50］孙鹏轩．微生物絮凝剂的研究进展及应用现状［J］．环境保护与循环经济，2013，33（01）：53-55．

［51］张宝铭，傅思亮．非开挖技术在给水管道修复中的应用［J］．城市公用事业，2012，26（04）：27-30，72．

［52］焦文云，李强，肖利萍．聚合硫酸铁生产新技术在给水处理上的应用［J］．辽宁工程技术大学学报（自然科学版），2012，31（02）：218-221．

［53］李立欣，马放，刘彦军．复合型生物絮凝剂处理低温低浊水［J］．黑龙江科技学院学报，2012，22（02）：107-110．

［54］周友新，欧彩丹．非开挖技术在给水排水工程中的应用［J］．科技信息，2010（14）：106．

［55］苗艳艳．非开挖技术在城市地下管道修复中的应用［A］．中国非开挖技术协会（China Society for Trenchless Technology）．2007非开挖技术会议论文专辑［C］．中国非开挖技术协会（China Society for Trenchless Technology）：非开挖技术杂志，2007：2．

［56］孙鑫．中水回用技术分析与研究［D］．南京农业大学，2006．

［57］袁志彬，王占生．臭氧-活性炭工艺在给水处理中的作用研究［J］．工业用水与废水，2005（01）：1-4．

［58］陈常洲，石慧珍．聚合硫酸铁在给水和排水处理中的应用［J］．化工给排水设计，1992（01）：1-5，17．

［59］钟来平．SCI论文的撰写与发表［J］．中国口腔颌面外科杂志，2009，5：461-463．

［60］桂建生．论教育科研论文的本质、特性及分类［J］．当代教育论坛，2007，11：

20-24.

［61］董琳. 论文撰写与科技文献检索［J］. 中国计划生育学杂志，2006，4：254-255.

［62］韦巍. BIM技术在市政给排水构筑物设计中的应用［J］. 中国市政工程，2014，5：42-45.

［63］汪文忠. 城市排水管道系统规划的设计［J］. 市政设施管理，2016，1：13-14.

［64］吴小平. 市政排水管网系统的研究与开发［J］. 中国市政工程，2006，6：55-56.

［65］薛敏. 基于物联网技术的智慧排水系统构建［J］. 中国给水排水，2012，6：62-64.

［66］王捷，张宏伟，贾辉，栗心. 分散式污水处理与再利用技术研究进展［J］. 中国给水排水，2006，20：15-17.

［67］雷晓东，熊蓉春，魏刚. 膜分离法污水处理技术［J］. 工业水处理，2002（02）：1-3，58.

［68］袁媛. 基于城市内涝防治的海绵城市建设研究［D］. 北京林业大学，2016.

［69］卿晓霞，龙腾锐. 污水处理系统中的人工智能技术应用现状与展望［J］. 给水排水，2006（08）：100-103.

［70］赵印，姜涛，陈兵. 智慧城市排水管网云服务系统设计与实现［J］. 中国给水排水，2017，33（05）：99-103.

［71］曹磊. 市政排水管网系统的研究与开发［J］. 建筑技术开发，2017，44（09）：80-81.

［72］李俊奇，车武. 德国城市雨水利用技术考察分析［J］. 城市环境与城市生态，2002（01）：47-49.

［73］张晓昕. 可持续城市雨水控制与利用系统初探［A］. 中国城市规划学会. 规划50年——2006中国城市规划年会论文集（下册）［C］. 中国城市规划学会：中国城市规划学会，2006：4.

［74］高新越，郝佩铎，代琦瑶，张智明. 绿色建筑与小区雨水资源化综合利用技术［J］. 住宅与房地产，2019（03）：11.

［75］崔晓春，张元广，谢兴龙，宋云豪，马鲁宁. 雨水综合回收利用技术助力海绵城市建设［J］. 低碳世界，2018（10）：178-179.

［76］李俊奇，车武，孟光辉，汪宏玲. 城市雨水利用方案设计与技术经济分析［J］. 给水排水，2001（12）：25-28.

［77］李俊奇，车武，施曼. 城市雨水利用与节约用水［J］. 城镇供水，2001（02）：40-41，39.

［78］车武. 我国缺水城市雨水利用技术的探讨［J］. 中国给水排水，1999（03）：23-24.

［79］乔东亮，李新利，李雯. 习近平新时代青年思想［J］. 前线，2018（05）：23-26.

［80］夏军，石卫. 变化环境下中国水安全问题研究与展望［J］. 水利学报，2016，

47（03）：292-301.

［81］董伟. 大众创业、万众创新背景下的高校创业教育［J］. 教育与职业，2015（35）：87-89.

［82］于爽.“大众创业，万众创新”背景下对大学人才培养的思考［J］. 亚太教育，2015（33）：263.

［83］王伟武，汪琴，林晖，龚迪嘉，张圣武. 中国城市内涝研究综述及展望［J］. 城市问题，2015（10）：24-28.

［84］王熹，王湛，杨文涛，席雪洁，史龙月，董文月，张倩，周跃男. 中国水资源现状及其未来发展方向展望［J］. 环境工程，2014，32（07）：1-5.

［85］陈进. 水生态文明建设的方法与途径探讨［J］. 中国水利，2013（04）：4-6.

［86］范圣玺. 关于创造性设计思维方法的研究［J］. 同济大学学报（社会科学版），2008，19（06）：48-54，61.

［87］侯悦民，季林红，金德闻. 设计的科学属性及核心［J］. 科学技术与辩证法，2007（03）：23-28，61，110.

［88］王冀强，温正忠，孙华丽. 创造性设计方法比较研究——TRIZ理论与BS法［J］. 机械制造，2003（03）：7-9.

［89］陈建国，潘云鹤. 基于空间探索的创造性设计方法的研究［J］. 计算机辅助设计与图形学学报，2000（06）：441-445.

［90］陈建国，潘云鹤. 创造性设计方法的研究［J］. 计算机科学，2000（02）：6-9，28.

［91］黄典. BIM在建筑给排水工程设计中的应用［J］. 中国住宅设施，2017（05）：16-17.

［92］刘长富，郭涛. 基于BIM，VR技术的沈阳地铁万泉公园站MEP设计研究［J］. 建筑技术开发，2017，44（09）：18-19.

［93］白庶，张艳坤，韩凤，张德海，李微. BIM技术在装配式建筑中的应用价值分析［J］. 建筑经济，2015，36（11）：106-109.

［94］程斯茉. 基于BIM技术的绿色建筑设计应用研究［D］. 湖南大学，2013.

［95］张建国，谷立静. 我国绿色建筑发展现状、挑战及政策建议［J］. 中国能源，2012，34（12）：19-24.

［96］颜正惠. 建筑给水排水工程的设计优化研究［D］. 华南理工大学，2012.

［97］梁超，濮文渊，王磊，梁广伟，耿跃云. BIM在建筑给排水工程设计中的应用［J］. 给水排水，2012，48（01）：142-144.

［98］张明明. 新加坡绿色建筑［D］. 天津大学，2012.

［99］张伟，车伍，王建龙，王思思. 利用绿色基础设施控制城市雨水径流［J］. 中国给水排水，2011，27（04）：22-27.

［100］蒋勤俭. 国内外装配式混凝土建筑发展综述［J］. 建筑技术，2010，41（12）：1074-1077.

［101］郝斯. 绿色消防技术浅议［J］. 甘肃科技，2010，26（15）：76-80.

［102］尤飞，蒋军成. 城市消防安全前沿技术及研究进展——新型主动和被动消防技

术［J］. 消防科学与技术，2010，29（06）：457-462.

［103］李贤亮，陈尚浩. 绿色消防技术研究［J］. 科技资讯，2008（20）：219-220.

［104］姜文源. 建筑给排水技术现状及发展趋向［J］. 给水排水，2007（S2）：5-17.

［105］李仕凤. 高层智能建筑中的给排水设计［J］. 广东建材，2007（06）：149-151.

［106］夏锐. 绿色消防技术研究［D］. 西南交通大学，2007.

［107］刘江虹，金翔，黄鑫. 哈龙替代技术的现状分析与展望［J］. 火灾科学，2005（03）：160-166，199.

［108］吴启鸿. 新世纪消防科学技术展望［J］. 消防技术与产品信息，2001（03）：3-12.

［109］杨力，何文，黄胜元. 市政给排水工程设计中BIM技术的应用［J］. 工程技术研究，2019，4（02）：225-226.

［110］宛海燕. BIM在给排水设计中的应用与发展［J］. 绿色环保建材，2019（01）：70，72.

［111］沈春山. 市政给排水工程设计中BIM技术的应用［J］. 低碳世界，2018（08）：209-210.

［112］苏锋. BIM技术在小寨海绵城市全生命周期工程建设应用［J］. 水利规划与设计，2018（02）：19-22，44.

［113］周莹，杨彬. BIM技术解决海绵城市建设中存在问题的可行性初探［J］. 粉煤灰综合利用，2017（03）：61-63.

［114］吴琴. 游泳馆建筑给排水及消防系统研究［D］. 重庆大学，2017.

［115］孙同谦，徐峥. BIM标准对市政给排水专业的指导［J］. 中国给水排水，2016，32（04）：28-31.

［116］吴丹洁，詹圣泽，李友华，涂满章，郑建阳，郭英远，彭海阳. 中国特色海绵城市的新兴趋势与实践研究［J］. 中国软科学，2016（01）：79-97.

［117］陈琳. 探讨三维仿真技术在建筑给排水管道施工中的运用问题［J］. 科技与创新，2015（10）：141，144.

［118］韦巍. BIM技术在市政给排水构筑物设计中的应用［J］. 中国市政工程，2014（05）：42-43，53，113-114.

［119］王希鹏. 三维仿真技术在建筑给排水管道工程中的应用研究［D］. 青岛理工大学，2013.

［120］张吕伟. 探索BIM理念在给排水工程设计中应用［J］. 土木建筑工程信息技术，2010，2（03）：24-27.